Roland Dincher

Heinrich Müller-Godeffroy

Michael Scharpf

Tino Schuppan

Einführung in die Betriebswirtschaftslehre für die Verwaltung

Schriftenreihe
der Forschungsstelle für Betriebsführung und Personalmanagement e.V.
Band 7

Einführung in die Betriebswirtschaftslehre für die Verwaltung

von

Prof. Dr. Roland Dincher

Prof. Dr. Heinrich Müller-Godeffroy

Prof. Dr. Michael Scharpf

Prof. Dr. Tino Schuppan

3., überarbeitete und erweiterte Auflage

Bibliografische Information Der Deutschen Bibliothek

Die Deutsche Bibliothek verzeichnet diese Publikation in der Deutschen Nationalbibliografie; detaillierte bibliografische Daten sind im Internet über http://dnb.ddb.de abrufbar.

ISSN 1618-3541

ISBN 978-3-936098-37-2

1. Auflage 2005
2. Auflage 2007
3. Auflage 2010

Satz und Druck: Chroma-Druck, Römerberg

Vorwort zur dritten Auflage

Die bewährte Konzeption des Werkes als Lehr- und Übungsbuch ist auch in der dritten Auflage unverändert beibehalten worden. Den Lesern soll eine kompakte und übersichtliche Einführung in die Grundfragen der Betriebswirtschaftslehre für die Verwaltung geboten werden.

Die dritte Auflage wurde inhaltlich vollständig überarbeitet und in einigen wesentlichen Punkten neu gefasst. Neu hinzugekommen sind die Kapitel 4.4 über (New) Public Management sowie 2.3 über Betriebszusammenschlüsse und Kooperationen. Gänzlich neu bearbeitet wurden die Kapitel 4.1 Organisation und 4.3 Controlling.

Die übrigen Kapitel wurden überarbeitet und teilweise ergänzt, ebenso der Übungsteil.

Insgesamt wird der Focus in der dritten Auflage noch deutlicher als bisher auf den Anwendungsbezug und auf die Besonderheiten der Betriebswirtschaftslehre in der Verwaltung gerichtet.

Neuhofen, im Juli 2010

Roland Dincher

Heinrich Müller-Godeffroy

Michael Scharpf

Tino Schuppan

Vorwort zur ersten Auflage

Der Reformprozess hat die öffentliche Verwaltung auf allen Gebieten mit betriebswirtschaftlichen Methoden und Denkweisen konfrontiert. Ein Paradigmenwechsel hat stattgefunden. Waren es ehemals die althergebrachten Prinzipien des Berufsbeamtentums und der Bürokratie, die das Verwaltungshandeln geprägt haben, so ist eine zeitgemäße Verwaltung durch Effektivität, Effizienz und Kundenorientierung gekennzeichnet, welche die Anwendung moderner Managementmethoden verlangen. Controlling, Marketing, Change-Management, Kostenrechnung und viele weitere Begriffe aus dem Repertoire der Betriebswirtschaftslehre, die in den privaten Unternehmungen seit langem selbstverständlich sind, bestimmen zunehmend den Alltag auch in den Verwaltungen. Dabei haben sich die Anforderungen an die Mitarbeiter gewandelt: Betriebswirtschaftliches Wissen gehört immer mehr zu den grundlegenden Schlüsselqualifikationen für alle Mitarbeiter und Führungskräfte in der Verwaltung.

Das vorliegende Lehr- und Übungsbuch ist als eine Einführung in die Betriebswirtschaftslehre speziell für die Verwaltung konzipiert. Es gibt einen kompakten Überblick über die grundlegenden Themen und Methoden der Betriebswirtschaftslehre, hat dabei jedoch stets die Besonderheiten und Anforderungen der öffentlichen Verwaltungen im Blick.

Nach einer einführenden Klärung der Grundbegriffe wird das betriebliche Handeln zunächst im Sinne der modernen Managementlehre als ein kybernetischer Prozess dargestellt. Auf dieser Grundlage werden im Weiteren die einzelnen betrieblichen Funktionen besprochen: die Beschaffung, die Produktion und der Absatz einerseits, sowie die Investition, die Finanzierung und das Rechnungswesen andererseits.

Die Darstellung wird visuell unterstützt durch zahlreiche Schaubilder und Übersichten und immer wieder anhand von Beispielen illustriert.

Am Ende eines jeden Kapitels gibt es Wiederholungsfragen zur Festigung des Wissens.

Ein umfangreicher **Übungsteil** am Ende des Bandes mit ausführlichen Lösungen dient der Vertiefung des Stoffes und sorgt für den notwendigen Anwendungsbezug der erworbenen Kenntnisse.

Das Buch wendet sich vor allem an Studierende der Verwaltungsfachhochschulen und sonstigen Bildungseinrichtungen der öffentlichen Verwaltungen sowie an die Mitarbeiter, Fach- und Führungskräfte auf allen Ebenen und Funktionen von Verwaltungen, die sich ein solides betriebswirtschaftliches Grundwissen aneignen wollen.

Neuhofen, im August 2005

Peter Cornelius

Roland Dincher

Heinrich Müller-Godeffroy

Inhalt

1 Grundlagen

1.1 Gegenstand der Betriebswirtschaftslehre

1.1.1 Wirtschaften als Erkenntnisobjekt der Betriebswirtschaftslehre

Die **Betriebswirtschaftslehre (BWL)** ist eine eigenständige Disziplin innerhalb der Wirtschaftswissenschaften. Als solche kann ihr Tätigkeitsfeld allgemein als der Bereich der **Wirtschaft** bzw. des **Wirtschaftens** bezeichnet werden. Das Wirtschaften ist das gemeinsame **Erkenntnisobjekt** der Wirschaftswissenschaften.

Die Notwendigkeit des Wirtschaftens ergibt sich aus dem Spannungsverhältnis zwischen den Bedürfnissen der Menschen (Bedarf) und den begrenzten Möglichkeiten der Bedarfsdeckung (Güter). Den prinzipiell unbegrenzten menschlichen Bedürfnissen stehen **knappe**, nur begrenzt verfügbare Güter zu ihrer Befriedigung gegenüber. Nur wenige Güter sind unbegrenzt, frei verfügbar. Heute sind Zweifel angebracht, ob es freie Güter tatsächlich gibt.

Die Knappheit der Güter zwingt zum Wirtschaften.

Wirtschaften ist ein zweckgerichtetes Handeln, das darauf ausgerichtet ist, knappe Mittel im Sinne der Bedarfsdeckung optimal zu nutzen. Das Prinzip des Wirtschaftens besteht darin, eine möglichst günstige Relation zwischen dem Mitteleinsatz und dem damit erzielten Ergebnis (Zweck) zu erreichen (Wirtschaftlichkeitsprinzip).

Abb. 1: Wirtschaftlichkeitsprinzip

Das Wirtschaftlichkeitsprinzip kann in zwei Ausprägungen formuliert werden:

Das **Maximalprinzip** besagt, dass mit einem gegebenen Mittelaufwand ein maximaler Ertrag angestrebt wird.

Das **Minimalprinzip** geht von einem vorgegebenen Ertrag aus, der mit dem geringst möglichen Mittelaufwand realisiert werden soll.

Das **Wirtschaftlichkeitsprinzip** ist in dieser Formulierung **formal**. Es sagt nichts darüber aus, wie es in der Praxis angewendet und verwirklicht werden kann. Hier setzt die Aufgabenstellung der Betriebswirtschaftslehre an. Sie beschäftigt sich mit den Voraussetzungen und Möglichkeiten wirtschaftlichen Handelns in Betrieben, also mit der Frage, wie das Wirtschaftlichkeitsprinzip betrieblich realisiert wird.

Neben dem Wirtschaftlichkeitsprinzip in seiner allgemeinen Form bezeichnen die Begriffe **Effektivität** und **Effizienz** spezifische Wirtschaftlichkeitsbegriffe.

Unter **Effektivität** wird der Grad der Zielerreichung einer Handlung verstanden. Damit ist der Umfang und die Genauigkeit gemeint, mit der ein vorgegebenes Ziel erreicht wird. Verschiedene mögliche Handlungsalternativen können hinsichtlich der Effektivität danach beurteilt werden, inwieweit sie zu einem definierten Ziel führen. Bei der öffentlichen Verwaltung ergibt sich hier ein Unterschied zur Privatwirtschaft. Bei Letzterer ist das Ziel der Gewinnerzielung ausschlaggebend, während bei der staatlichen Verwaltung die generell durch die Politik vorgegebenen Ziele (Outcome) im Vordergrund stehen und von den konkreten Leistungen der Verwaltung (Output) zu trennen sind.

Effizienz bezieht sich auf das Verhältnis von Mitteleinsatz und Wirkung. Hier ist die Relation von eingesetztem Aufwand im Hinblick auf die Vollständigkeit und Genauigkeit der Zielerreichung gemeint. Eine Handlung kann somit als effizient bezeichnet werden, wenn sie mit dem geringst möglichen Mitteleinsatz zum gewünschten Ergebnis führt.

Die der öffentlichen Verwaltung vorgegebenen politischen Ziele beziehen sich nicht nur auf die Effektivität, sondern auch auf die Effizienz. Die öffentliche Verwaltung ist angehalten, die Kosten-Nutzen-Relation zwischen den angestrebten Zielen (Outcome) und den entsprechenden Kosten zu berücksichtigen.

Effektivität und Effizienz stehen häufig in **Konflikt** zueinander. So kann beispielsweise mit ständig steigendem finanziellen Einsatz die Effektivität einer Werbekampagne weiter gesteigert werden; in der Regel nimmt dabei aber die Effizienz ab. Auf der anderen Seite kann aber auch eine effizient durchgeführte Werbung nicht effektiv sein, wenn das angestrebte Ziel nicht erreicht wird.

1.1.2 Betrieb als Erfahrungsobjekt der Betriebswirtschaftslehre

Das Erfahrungsobjekt der Betriebswirtschaftslehre ist der **Betrieb**.

„Als Betrieb bezeichnet man eine planvoll organisierte Wirtschaftseinheit, in der Produktionsfaktoren kombiniert werden, um Güter und Dienstleistungen herzustellen und abzusetzen." *(Wöhe/Döring 2008, S. 35)*

Gegenstand der Betriebswirtschaftslehre sind also die **produzierenden Einzelwirtschaften**.

Abb. 2: Kriterien des Betriebes

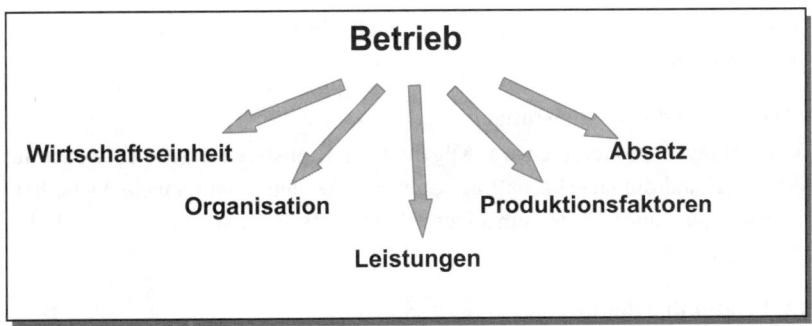

Nicht zum Objektbereich der Betriebswirtschaftslehre werden die Konsumwirtschaften (vor allem private Haushalte) gerechnet.

Der **öffentliche Sektor** war lange Zeit von der Betriebswirtschaftslehre wenig beachtet worden. Heute hat sich jedoch die Erkenntnis durchgesetzt, dass die öffentliche Verwaltung in den Erfahrungsbereich der BWL einzubeziehen ist, da die Verwaltungen alle wesentlichen Merkmale von Betrieben aufweisen.

(1) Wirtschaftseinheit

Verwaltungen sind **Wirtschaftssubjekte**. Sie wirtschaften mit knappen Mitteln. Die Begrenzung der verfügbaren Mittel findet ihren Ausdruck u.a. in den Vorgaben durch Haushaltspläne und Stellenpläne, in der beschränkten Gebäudekapazität, der technischen Ausstattung usw. Knappe Mittel erfordern die Beachtung des Wirtschaftlichkeitsprinzips.

Die Wirtschaftlichkeit gehört neben der Rechtmäßigkeit und der Menschlichkeit zu den traditionellen Prinzipien (Formalzielen) der öffentlichen Verwaltung. Es steht im Rang eines Verfassungsgebotes (Art. 114 Abs. 2 GG). Im Übrigen folgert das Prinzip der Wirtschaftlichkeit der Verwaltung aus ihrer Aufgabenstellung, insbesondere aus ihrer Gemeinwohlverpflichtung. Ihr Beitrag zum Gemeinwohl kann nur unter Beachtung des Wirtschaftlichkeitsprinzips optimiert werden.

(2) Organisation

Verwaltungen **sind** Organisationen, d.h. sie sind rational zweckgerichtete arbeitsteilige soziale Gebilde (**soziale Organisation**).

Sie **haben** eine Organisation, d.h. sie verfügen über eine innere Struktur von Stellen, Instanzen und Abteilungen (**Aufbauorganisation**) und über Regelungen zu den Arbeitsprozessen, die innerhalb dieser Struktur stattfinden (**Ablauforganisation**).

(3) Güter und Dienstleistungen

Verwaltungen produzieren im Allgemeinen **Dienstleistungen**, entweder für den Staat und die Gesellschaft als Ganzes (z.B. innere und äußere Sicherheit, Infrastruktur) oder für den einzelnen Bürger (z.B. Berufsberatung, Sozialhilfe, Altersvorsorge).

(4) Produktionsfaktoren

Die Leistungen der öffentlichen Verwaltung kommen zustande durch den Einsatz von Produktionsfaktoren, also durch die **menschliche Arbeitsleistung** in Verbindung mit **Betriebsmitteln** (z.B. Gebäude, technische Ausstattung) und **Werkstoffen** (z.B. Energie, Information).

(5) Absatz

Schließlich erstellen die Verwaltungen ihre Leistungen zur **Fremdbedarfsdeckung**, d.h. die Leistung wird nach außen abgegeben, entweder unspezifisch an die Allgemeinheit oder auch an einzelne Personen (z.B. Antragsteller, Ratsuchende).

Es ist daher festzustellen: **Verwaltungen (Behörden) sind Betriebe.**

Um die Besonderheiten, welche die öffentlichen Verwaltungen von anderen Betrieben (z.B. Industriebetrieben, Handelsbetrieben, Bankbetrieben) unterscheiden, zum Ausdruck zu bringen, werden sie auch als **Verwaltungsbetriebe** bezeichnet.

1.1.3 Arten von Betrieben

In einer hochentwickelten Industriegesellschaft findet die Differenzierung aller gesellschaftlichen Bereiche in der Produktion von Gütern und Dienstleistungen in einer großen Vielfalt von Betriebsarten ihren Niederschlag. Diese Vielfalt, die eine systematische Erfassung und Erforschung erschwert, kann durch die Bildung von **Betriebstypen**, die jeweils nach einem oder mehreren Merkmalen Betriebe zu Typen oder Klassen zusammenfassen, auf ein überschaubares Maß reduziert werden.

Abb. 3: Klassifikationen von Betrieben

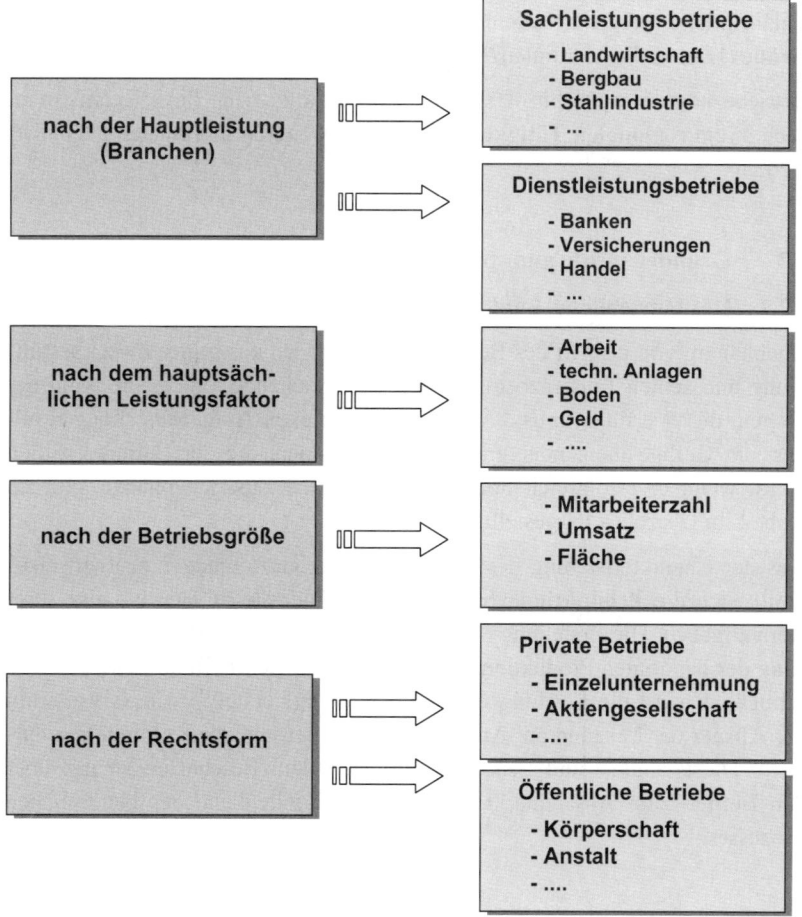

Die Typologie der Betriebe nach der hauptsächlich erbrachten **Leistung** gliedert die Betriebe zunächst in zwei Hauptgruppen: die **Sachleistungsbetriebe,** die (materielle) Güter herstellen, und die **Dienstleistungsbetriebe,** die (immaterielle) Dienstleistungen erbringen.

Die beiden Hauptgruppen können ihrerseits weiter unterteilt werden. Das Ergebnis dieser Untergliederung ist eine Klassifikation der Betriebe nach **Branchen.**

Eine andere Möglichkeit zur Gliederung der Betriebe ist die Typologie nach dem **hauptsächlichen Leistungsfaktor,** also nach jenem Produktionsfaktor, der den Engpassbereich der Produktion bildet.

Geläufig ist daneben vor allem die Klassifizierung von Betrieben nach ihrer **Größe** (Umsatz/Beschäftigtenzahl).

Betriebe können weiterhin nach ihrer **Zielsetzung,** nach ihrer **Rechtsform,** nach ihrem **regionalen Tätigkeitsgebiet** und weiteren Merkmalen gegliedert werden.

1.2 Grundelemente und -funktionen des Betriebes

1.2.1 Das betriebliche Funktionsgefüge

Unabhängig von der Art des Betriebes ergeben sich aus seiner Zweckbestimmung und seinen Existenzbedingungen weit reichende allgemeine Anforderungen, die er erfüllen muss. Aus seiner komplexen Aufgabenstellung resultiert ein Gefüge ineinander greifender Funktionen, die der Betreib erfüllen muss, wenn er erfolgreich operieren will. Diese Zusammenhänge sind im Abb. 4 im Überblick dargestellt.

Aus der Charakterisierung des Betriebes als produzierende Einzelwirtschaft ergibt sich die **Produktion** von Gütern und Dienstleistungen als eine ihrer Kernaufgaben. Die Erstellung einer Leistung erfordert ihrerseits die **Beschaffung** der benötigten Produktionsfaktoren von den Beschaffungsmärkten. Und schließlich wird die Leistung für fremden Bedarf erstellt, so dass weiterhin der **Absatz** der Leistung am Absatzmarkt eine betriebliche Kernfunktion darstellt. Dieser Güter- und Leistungsstrom von dem Beschaffungsmarkt über den Betrieb zum Absatzmarkt bildet die materielle Seite des betrieblichen Prozesses.

Abb. 4: Das betriebliche Funktionsgefüge

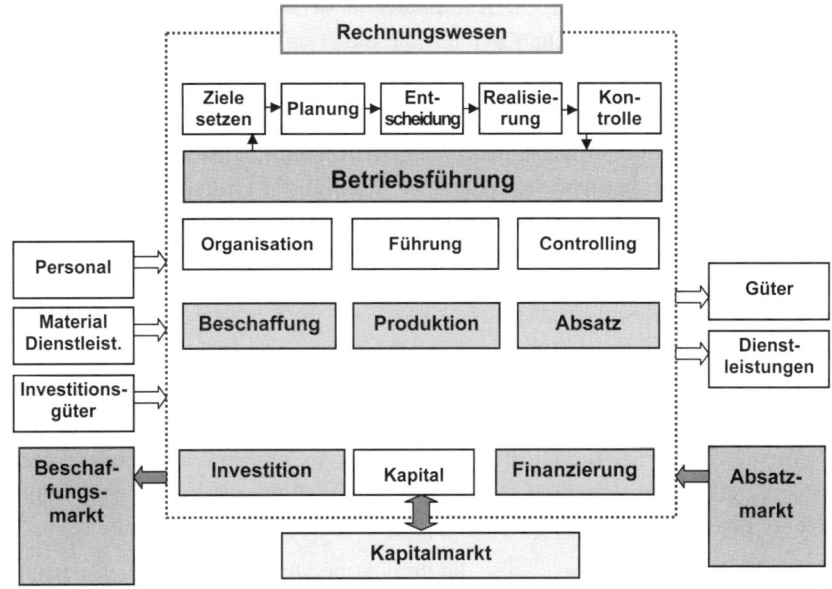

Ihm steht ein in umgekehrter Richtung fließender Geldstrom entgegen. Die Erlöse aus dem Absatz der Leistungen fließen dem Betrieb zu und werden erneut zur Beschaffung der Produktionsfaktoren verwendet. Neben dieser **Finanzierung** durch die Leistungsabgabe bezieht der Betrieb Eigen- und Fremdkapital vom Kapitalmarkt und gibt umgekehrt Ausschüttungen, Zins- und Tilgungszahlungen dorthin ab.

Die langfristige Sicherung der Wettbewerbsfähigkeit, der Ersatz für ausgediente Anlagen und auch die Erweiterung der Kapazitäten erfordern ständige **Investitionen** in die Betriebsmittelausstattung des Betriebes. Ziel der Investitionstätigkeit ist eine bestmögliche wirtschaftliche Nutzung des eingesetzten Kapitals.

So lässt sich in knappen Worten das Aufgabenspektrum und der funktionale Zusammenhang des Betriebes umreißen. In allen Teilbereichen des Betriebes sind ständig Entscheidungen zu treffen und zwar jeweils unter wirtschaftlichen Gesichtspunkten. Diese Entscheidungen bedürfen einer soliden Informationsgrundlage, die durch das **Rechnungswesen** bereitgestellt wird. Das betriebliche Rechnungswesen erfasst sämtliche wirtschaftlich relevanten Tatbestände und Vorgänge im Betrieb, unterzieht sie einer monetären Bewertung, verdichtet diese Daten und bereitet sie auf. *(vgl. Dincher/Ehreiser/Müller-Godeffroy 2008, S. 2-4)*

Gesteuert wird das betriebliche Geschehen durch die **Betriebsführung** (Unternehmensführung/Management). Die Betriebsführung ist nicht selbst an der Ausführung der betrieblichen Aufgaben beteiligt. Ihr Beitrag hierzu ist mittelbar. Sie schafft die Voraussetzungen und Rahmenbedingungen zur Erledigung der Aufgaben und zur Erreichung der Ziele. Ihre primären Handlungsfelder erstrecken sich daher auf die Organisation, die Personalführung und das **Controlling**.

1.2.2 Elementare Produktionsfaktoren

Versteht man den Betrieb definitionsgemäß als eine produzierende Einzelwirtschaft, dann steht die Erbringung einer Leistung, die Leistungserstellung oder **Produktion**, im Zentrum der betriebswirtschaftlichen Betrachtung.

Die betriebliche Leistung – also die Produktion von Gütern und Dienstleistungen – entsteht durch das planvolle Zusammenwirken produktiver Kräfte, der **Produktionsfaktoren.**

Anders als die Volkswirtschaftslehre, welche die Produktionsfaktoren in Arbeit, Boden und Kapital einteilt, unterscheidet die Betriebswirtschaftslehre zunächst zwei Hauptarten von Faktoren: die **Elementarfaktoren** und den **dispositiven Faktor**, die ihrerseits in jeweils mehrere Einzelfaktoren unterteilt werden können. Die Elementarfaktoren sind unmittelbar an der Leistungserbringung beteiligt, der dispositive Faktor hingegen nur mittelbar.

Die ausführende Arbeit, die Betriebsmittel und die Werkstoffe sind die elementaren Produktionsfaktoren.

Zur **ausführenden Arbeit** rechnen sowohl körperliche als auch geistige Tätigkeiten. Ausführend bedeutet, dass sie direkt und unmittelbar an der Leistungserstellung beteiligt ist. Die dispositive Tätigkeit hingegen ist in die Erbringung der Leistung nur indirekt und mittelbar einbezogen. So ist beispielsweise die Tätigkeit eines Maurers auf der Baustelle ebenso wie die eines Lehrers im Unterricht vorwiegend ausführender Art. Dagegen ist die Tätigkeit eines Betriebsleiters überwiegend dispositiver Natur. Praktisch ist die Abgrenzung zwischen ausführender und dispositiver Arbeit jedoch oft schwierig, weil jede ausführende Arbeit auch mehr oder weniger große dispositive Elemente enthält und umgekehrt auch dispositive Tätigkeiten zur Ausführung gelangen müssen, also ihrerseits ausführende Anteile enthalten. Dies widerspricht jedoch nicht einer analytischen Trennung von ausführender und dispositiver Arbeit und ihrer idealtypischen Charakterisierung.

Abb. 5: Das System der betrieblichen Produktionsfaktoren

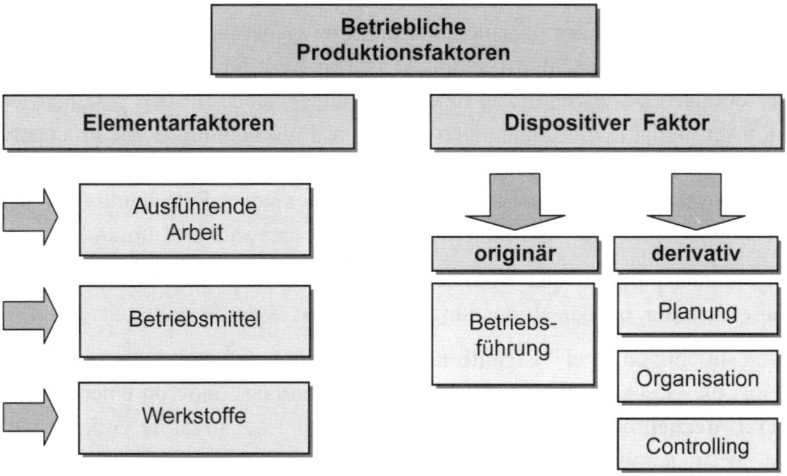

```
                    ┌──────────────────────────────┐
                    │      Betriebliche            │
                    │   Produktionsfaktoren        │
                    └──────────────────────────────┘

  ┌──────────────────────────┐      ┌──────────────────────────┐
  │    Elementarfaktoren     │      │    Dispositiver Faktor   │
  └──────────────────────────┘      └──────────────────────────┘

  ⇨  ┌─────────────────────┐           ⬇            ⬇
     │   Ausführende       │      ┌──────────┐  ┌──────────┐
     │      Arbeit         │      │ originär │  │ derivativ│
     └─────────────────────┘      └──────────┘  └──────────┘

  ⇨  ┌─────────────────────┐      ┌──────────┐  ┌──────────┐
     │    Betriebsmittel   │      │ Betriebs-│  │ Planung  │
     └─────────────────────┘      │  führung │  └──────────┘
                                  └──────────┘
  ⇨  ┌─────────────────────┐                    ┌──────────┐
     │     Werkstoffe      │                    │Organisation│
     └─────────────────────┘                    └──────────┘

                                                ┌──────────┐
                                                │Controlling│
                                                └──────────┘
```

Die **Betriebsmittel** umfassen die sachlich-technische Ausstattung der Betriebe. Dazu zählen Grundstücke, Gebäude, Maschinen und Werkzeuge, die für die Produktion der Güter und Dienstleistungen erforderlich sind bzw. zur Steigerung der Arbeitsproduktivität eingesetzt werden. Mit dem Fortschritt der technischen Entwicklung gewinnen die Betriebsmittel, die Maschinen und technischen Einrichtungen vor allem, ein immer stärkeres Gewicht bei den betrieblichen Entscheidungen. Die Kapital-(Betriebsmittel-)Intensität der Produktion steigt ständig.

Zu den **Werkstoffen** gehören alle Roh- und Hilfsstoffe sowie die Halb- und Zwischenfabrikate, welche als Ausgangsstoffe in die Produktion einfließen, sowie die Betriebsstoffe, die bei der Produktion verbraucht werden (z.B. Energie).

1.2.3 Dispositiver Faktor

Das Vorhandensein der elementaren Produktionsfaktoren führt für sich allein noch nicht dazu, dass eine Leistung entsteht. Die Elementarfaktoren repräsentieren ein **Leistungspotential,** das erst durch ihre zielgerichtete Koordination freigesetzt werden muss. Dies ist die Aufgabe des dispositiven Faktors.

Originärer Bestandteil des dispositiven Faktors ist die **Betriebsführung,** also das **Management.** Seine Befugnisse sind abgeleitet aus der Verfügungsgewalt des **Eigentümers** über den Betrieb, die wiederum im Rechtssystem im Prinzip des Privateigentums verankert ist. Im Kern handelt es sich dabei um die Befugnis des Eigentümers bzw. des Managements, für den gesamten Betrieb verbindliche Entscheidungen zu treffen; Entscheidungen, die im engeren Sinne die Führung (der laufenden Geschäfte) des Betriebes betreffen, in einem weiteren Sinn aber auch die konstituierenden Entscheidungen über Gründung/Schließung, Standortwahl, Rechtsformenwahl etc. umfassen.

Eigentümer sind bei den Unternehmungen z.b. die Inhaber, Aktionäre und Gesellschafter, bei den Verwaltungsbetrieben ist es der Staat.

Man spricht von einer **"Eigentümer-Unternehmung",** wenn der Eigentümer selbst die Geschäfte führt (z.B. Einzelunternehmung) und von einer **"Manager-Unternehmung",** wenn die Betriebsführung auf bezahlte Geschäftsführer übertragen wurde (z.B. Aktiengesellschaften). Letzteres gilt analog für öffentliche Verwaltungsbetriebe.

In dieser ursprünglichen, an dem Eigentümerrecht orientierten Auslegung, ist der Begriff der Betriebsführung sehr eng gefasst. Zur Betriebsführung in diesem engeren Sinne rechnet ausschließlich die oberste Führungsspitze des Betriebes, also entweder der Eigentümer selbst oder die von ihm unmittelbar bestellten Geschäftsführer (z.B. Vorstand der AG).

Diese enge Auslegung des Begriffes wird jedoch einer betriebswirtschaftlichen Aufgabenstellung nur bedingt gerecht. Wenn im System der Produktionsfaktoren zwischen ausführender und dispositiver Arbeit unterschieden wird, dann müssen dem dispositiven Faktor alle Stellen innerhalb eines Betriebes zugerechnet werden, die nicht überwiegend durch Ausführungsaufgaben gekennzeichnet sind. In dieser weiteren Fassung des Begriffes rechnen zur Betriebsführung alle Stellen mit Leitungs- und Führungsaufgaben, die **Instanzen,** also die gesamte Hierarchie des Betriebes oberhalb der ausführenden Ebene. Die grundlegende Entscheidungsfunktion des Managements bleibt bestehen, wird aber auf weitere Stellen übertragen. Zur Charakterisierung der hierarchischen Zuordnung dient die Benennung der jeweiligen Führungsebene (oberste ... unterste; erste, zweite ... Führungsebene; top, middle, lower management etc.).

Zur Betriebsführung als der originären Aufgabe des dispositiven Faktors kommen weitere – **derivative, also abgeleitete** – Aufgaben hinzu. Die Wahrnehmung der Eigentümerrechte, im und über den Betrieb zu entscheiden, kann nicht isoliert betrachtet werden. Entscheidungen verfehlen ihre Wirkung, wenn sie nicht auf sorgfältiger Planung beruhen, durch geeignete organisatorische Maßnahmen in die Tat umgesetzt und schließlich in ihrer Wirkung und ihrem Verlauf kontrolliert und hinterfragt werden. Planung, Organisation und Controlling sind damit notwendige Tätigkeiten im Rahmen der Betriebsführung und daher weitere typische Managementaufgaben.

1.2.4 Anspruchsgruppen und Gewaltenteilung bei der Betriebsführung

Neben der institutionellen Betrachtung ist ein weiterer Aspekt der Betriebführung die Frage, welche Interessen und Ziele mit der betrieblichen Tätigkeit verfolgt werden und welche Interessengruppen hierbei Berücksichtigung finden.

(1) Nach den in der Betriebsführung berücksichtigten **Anspruchsgruppen** stehen sich zwei Ansätze gegenüber:

* der Shareholder-Ansatz und
* der Stakeholder-Ansatz.

Der Shareholder-Ansatz betont die Rechte und Interessen der Eigenkapitalgebe. Demnach hat „ ... die Unternehmensleitung die Aufgabe, unternehmerische Entscheidungen so zu treffen, dass die Einkommens- und Vermögensposition der Shareholder (= Eigenkapitalgeber) verbessert wird. *(Wöhe/Döring 2008, S. 55)*

Der Stakeholder-Ansatz hingegen fasst die Interessen- und Anspruchsgruppen weiter. Die Aufgabe der Unternehmensleitung besteht nach dem Stakeholder-Ansatz vor allem darin, die teils gegensätzlichen Interessen der verschiedenen Anspruchsgruppen zusammenzuführen und einen fairen Ausgleich herbeizuführen.

Auch wenn in der Praxis die Shareholder-Interessen häufig dominieren, so stehen einer gänzlich hieran orientierten Unternehmensführung doch eine

Reihe von gesetzlichen Regelungen entgegen. Zu erwähnen sind hier beispielsweise die zahlreichen arbeitsrechtlichen Bestimmungen, die den Schutz
der Arbeitnehmer gewährleisten, Regelungen im Bürgerlichen Gesetzbuch
(BGB), die u.a. dem Verbraucherschutz dienen, Vorschriften des Handelsge-
setzbuches (HGB), des Akteingesetzes (AktG) und des GmbH-Gestzes
(GmbHG) zum Gläubigerschutz usw.

Abb. 6: Ansprüche der Stakeholder gegenüber dem Unternehmen

Anspruchsgruppen	Anspruch gegenüber der Unternehmung	Beitrag zur Unternehmung
Eigenkapitalgeber (Eigentümer; Anteilseigner)	Mehrung des eingesetzten Kapitals (Gewinnausschüttung und Kapitalzuwachs)	Eigenkapital
Fremdkapitalgeber	Zeitlich und beitragsmäßig festgelegte Tilgung und Verzinsung des eingesetzten Kapitals	Fremdkapital
Arbeitnehmer	Leistungsgerechte Entlohnung, motivierende Arbeitsbedingungen, Arbeitsplatzsicherheit	Ausführende Arbeit
Management	Gehalt, Macht, Einfluss, Prestige	Dispositive Arbeit
Kunden	Preisgünstige und qualitativ hochwertige Güter/Dienstleistungen	Abnahme von Leistungen
Lieferanten	Zuverlässige Bezahlung, langfristige Lieferbeziehungen	Lieferung hochwertiger Leistungen
Öffentlichkeit	Steuerzahlungen, Einhaltung der Rechtsvorschriften, schonender Umgang mit der Umwelt	Infrastruktur, Umweltgüter, Akzeptanz, Rechtsordnung

(bearbeitet nach Wöhe/Döring 2008, S. 56)

(2) Neben den allgemeinen arbeitsrechtlichen Schutzvorschriften werden den
Arbeitnehmern bzw. deren Interessenvertretern darüber hinaus weitergehende
gesetzliche Rechte auf Mitwirkung und Mitbestimmung bei der unmittelbaren
Betriebsführung eingeräumt durch:

- das Gesetz über die Mitbestimmung der Arbeitnehmer in den Aufsichtsrä-
  ten und Vorständen der Unternehmen des Bergbaues und der eisen- und
  stahlerzeugenden Industrie (Montan-Mitbestimmungsgesetz),

- das Gesetz über die Mitbestimmung der Arbeitnehmer (Mitbestimmungsgesetz),

• das Drittelbeteiligungsgesetz (DrittelbG).

(a) Montanmitbestimmungsgesetz von 1951

Es gilt für Kapitalgesellschaften in der Montanindustrie mit mehr als 1.000 Mitarbeitern. Arbeitgeber und Arbeitnehmer bilden danach je zur Hälfte den Aufsichtsrat. Durch entsprechende Gesetze wurde in der Folgezeit verhindert, dass Unternehmen infolge von Umstrukturierungen und einem sinkenden Anteil der Montantätigkeit aus der Montan-Mitbestimmung herausfallen.

(b) Mitbestimmungsgesetz von 1976

Durch dieses Gesetz wurde die Mitbestimmung der Arbeitnehmer außerhalb der Montanindustrie erweitert. Bei sonstigen Kapitalgesellschaften mit mehr als 2.000 Mitarbeitern wird der Aufsichtsrat je zur Hälfte aus Vertretern der Anteilseigner und der Arbeitnehmer gebildet. Bei mehr als 8.000 Arbeitnehmern werden die Arbeitnehmervertreter durch Wahlmänner gewählt, sonst unmittelbar von den Arbeitnehmern.

(c) Drittelbeteiligungsgesetz von 2004

Das Drittelbeteiligungsgesetz stellt die schwächste Form der Mitbestimmung der Arbeitnehmer dar. Es gilt für alle Unternehmungen mit mehr als 500 Mitarbeitern, mit Ausnahme der Personengesellschaften. Unter anderem sieht es eine 1/3-Beteiligung der Arbeitnehmer durch die von ihnen direkt gewählten Aufsichtsratsmitglieder vor.

Die Mitbestimmungsregelungen in der Bundesrepublik stellen einen Kompromiss zwischen den Interessen der Kapitalgeber und der Arbeitnehmer dar. Die Mitbestimmung hat in der Vergangenheit dazu beigetragen, dass der „soziale Friede" weitgehend gewahrt wurde mit positiven Folgen für die Volkswirtschaft. *(vgl. Schäfers/Zimmermann 2004, S. 134)* Innerbetrieblich kann Mitbestimmung dazu beitragen, die Motivation der Arbeitnehmer zu verbessern.

(3) Ein weiter gefasster Ansatz der Gewaltenteilung im Unternehmen wird mit dem Begriff ‚**Corporate Governance**' bezeichnet. „... Corporate Governance befasst sich mit der bestmöglichen Verteilung von Verfügungsrechten für eine erfolgreiche Unternehmensführung und -kontrolle." *(Wöhe/Döring 2008, S. 68)*

Ziel dieses Ansatzes ist es, betriebliche Rahmenbedingungen zu schaffen, die verhindern sollen, dass durch Opportunismus oder Unfähigkeit des Managements einer Organisation ein Schaden entsteht. Die Unternehmenszusammenbrüche und schweren Belastungen für die staatlichen Haushalte im Gefolge der Finanz- und Wirtschaftskrise von 2008 und den Folgejahren hat die Notwendigkeit derartiger Maßnahmen deutlich gemacht.

Die Handlungsfelder des Corporate Governance liegen vor allem in:

* der Gestaltung von **Strukturen und Prozessen** (Gewaltenteilung, Anreizsysteme, Frühwarnsysteme),

* der Erhöhung der **Transparenz** (umfassende Information der Stakeholder/Shareholder),

* der Intensivierung der **Kontrolle** (marktmäßige Kontrolle, institutionelle Kontrolle).

(vgl. Wöhe/Döring 2008, S. 70-73)

1.3 Verwaltungsbetrieb

1.3.1 Unternehmung – Verwaltung

Verwaltungen können als Betriebe bezeichnet werden, da sie alle erforderlichen Kriterien eines Betriebes erfüllen *(vgl. Kap.1.1.2)*. Es ist aber schon auf den ersten Blick ersichtlich, dass sich öffentliche Verwaltungen in vielerlei Hinsicht von privaten Unternehmungen unterscheiden, auch wenn sie beide Betriebe darstellen.

In der Betriebswirtschaftslehre herrscht dabei heute die Meinung vor *(vgl. z.B. Schmidt 2009, S. 11 ff.)*, dass ‚Betrieb' den Oberbegriff darstellt und ‚Unternehmung' und ‚Verwaltung' dem Betriebsbegriff unterzuordnen seien, also besondere Erscheinungsformen des Betriebes sind.

Diese begriffliche Differenzierung erlaubt es, die öffentlichen Verwaltungen den Erkenntnissen der Betriebswirtschaftslehre zu öffnen, ohne in einer unsachgemäßen Weise die Unterschiede zu privatwirtschaftlichen Unternehmungen zu leugnen oder zu verwischen. Verwaltungen sind zwar Betriebe, sie können aber nicht als Unternehmungen bezeichnet werden.

Diese Unterscheidung und Abgrenzung zwischen Unternehmung und Verwaltung ist daher gerade für das Verständnis der Verwaltungsbetriebe von grundlegender Bedeutung, denn nicht selten scheitern betriebswirtschaftliche Konzepte in der Verwaltungspraxis, weil sie nicht an die spezifischen Bedingungen der Verwaltung angepasst sind.

Zu beachten ist, dass in den folgenden Gegenüberstellungen die charakteristischen Merkmale und Eigenheiten der Unternehmungen und der Verwaltungen idealtypisch herausgearbeitet werden. Es handelt sich um eine bewusst pointierte Darstellung im Interesse einer deutlichen Herausarbeitung des jeweils Typischen.

Abb. 7: Betrieb - Unternehmung - Verwaltung

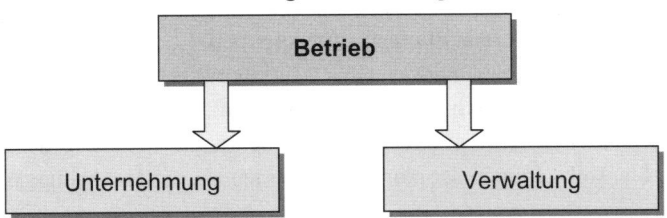

In der Praxis wird man diese idealtypische Trennung allerdings nicht immer antreffen. So zeigen beispielsweise die Ausführungen zu den Rechtsformen (vgl. Kap. 2.1.3), dass staatliche Aufgaben teilweise auch in Regiebetrieben oder Eigenbetrieben oder auch in privatwirtschaftlichen Rechtsformen wahrgenommen werden. Eine eindeutige Zuordnung dieser Betriebe in ein bipolares Schema Unternehmung-Verwaltung ist dann nicht möglich. Es gibt also durchaus Misch- und Zwischenformen.

In der **Verwaltungsbetriebslehre**, die sich um den Transfer und die Adaption betriebswirtschaftlicher Ansätze auf die Verwaltung bemüht, steht die Herausarbeitung der besonderen Rahmenbedingungen und Eigenheiten der Verwaltung im Vordergrund. Die Abgrenzung zwischen der Verwaltung und der Unternehmung ist vor allem deshalb von grundlegender Bedeutung, da sie auf jeweils grundverschiedene wirtschaftliche Systeme verweist.

Nach Gutenberg *(Gutenberg 1984, S. 457 ff.)* ist die Unternehmung die historische Erscheinungsform des Betriebes unter den Bedingungen einer (idealtypisch gedachten) Marktwirtschaft. Gutenberg nennt drei Kriterien der Marktwirtschaft und stellt ihnen ebenfalls drei Kriterien einer Planwirtschaft (Zentralverwaltungswirtschaft) gegenüber[1].

---

[1] Neben diesen drei von einem Wirtschaftssystem abhängigen Faktoren nennt Gutenberg auch noch drei von den Wirtschaftssystemen unabhängige Faktoren: das Prinzip der Wirtschaftlichkeit, das Prinzip des finanziellen Gleichgewichts und die Kombination von Produktionsfaktoren.

(1) Autonomieprinzip versus Organprinzip

In einer Marktwirtschaft entscheidet der Unternehmer autonom darüber, was er produzieren will, in welcher Menge, Qualität usw. (Autonomieprinzip). In der Zentralverwaltungswirtschaft wird ein zentraler Wirtschaftsplan erstellt, der Art, Menge, Beschaffenheit etc. der zu produzierenden Güter und Dienstleistungen vorschreibt. Der Betrieb ist hier ein unselbständiger Teil des volkswirtschaftlichen Ganzen (Organprinzip).

(2) Erwerbsprinzip versus Planerfüllungsprinzip

Das Streben des Unternehmers in einer Marktwirtschaft richtet sich auf die Erwirtschaftung eines Gewinnes (erwerbswirtschaftliches Prinzip).

Das Ziel planwirtschaftlich gelenkter Betriebe ist die Erfüllung des vorgegebenen Plansolls (Prinzip der plandeterminierten Leistungserstellung).

Abb. 8: Kriterien der Wirtschaftssysteme

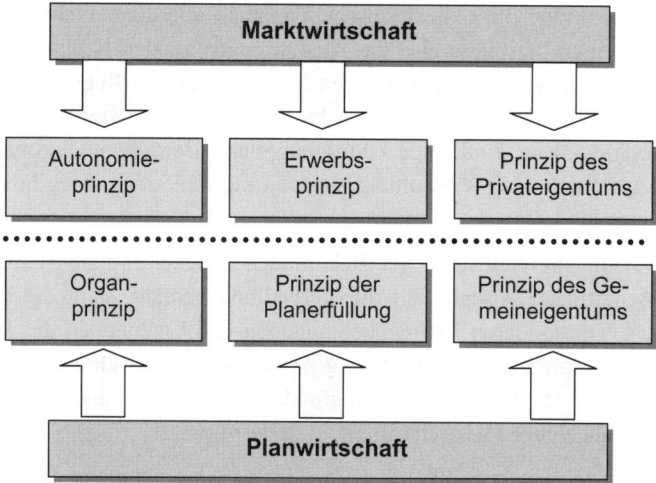

(3) Privateigentum versus Gemeineigentum

Kennzeichnendes Merkmal einer Marktwirtschaft ist das private Eigentum an den Produktionsmitteln (Grund und Boden, Gebäude, Maschinen ...). Der Eigentümer hat im Rahmen der Gesetze die Verfügungsgewalt über die Produktionsmittel. Er nutzt sie auf eigene Rechnung und eigenes Risiko.

Die zentralistische Planwirtschaft setzt dagegen das Gemeineigentum. Die Betriebe wirtschaften zum Wohle aber auch auf Rechnung und Risiko des Staates bzw. der Gemeinschaft.

Auch wenn die Gegenüberstellung von markt- und planwirtschaftlichen Systemen heute als historisch überholt gelten kann, so ist doch gerade dieser Vergleich für die Abgrenzung von Unternehmung und Verwaltung interessant, denn sie zeigt, dass für das Handeln der Unternehmung die Prinzipien einer Marktwirtschaft gelten, während umgekehrt auf die Verwaltung eher die Regeln eines planwirtschaftlichen Systems anwendbar sind.

Unternehmen sind demnach diejenigen Betriebe, für welche die Prinzipien des Privateigentums, des Erwerbes und der Autonomie gelten. Das sind im Wesentlichen alle privaten (besser: privatrechtlich geführten) Betriebe in marktwirtschaftlichen Systemen.

Öffentliche Verwaltungen jedoch sind **keine** Unternehmungen, weil ihnen deren wesentliche Merkmale (Privateigentum, Erwerbsprinzip, Autonomieprinzip) fehlen.

"Verwaltungsbetriebe können ... als eine Art planwirtschaftlichen Betriebstyps bezeichnet werden ..." *(Steinebach 1998, S. 60).*
Die Verwaltung ist "... eine Variante des zentralverwaltungswirtschaftlichen Betriebstyps." *(Schmidt 2009, S. 21)*

1.3.2 Besonderheiten des Verwaltungsbetriebes

Einzelne Betriebe und Betriebstypen unterscheiden sich in vielfältiger Weise voneinander. Ein Handelsbetrieb hat gänzlich andere Probleme, Ziele, Leistungen etc. als etwa ein Industriebetrieb. Ebenso hat ein **Verwaltungsbetrieb** typische Besonderheiten, die ihn von allen anderen Betrieben unterscheiden *(s. Abb. 9).*

Betrachtet man systematisch die einzelnen Kernfunktione des Betriebes, dann wird deutlich, dass sich Verwaltung und Unternehmung in einigen Aspekten grundlegend unterscheiden, während sie in anderen Teilbereichen weitgehend übereinstimmen.

Abb. 9: Besondere Merkmale von Verwaltungsbetrieben[1]

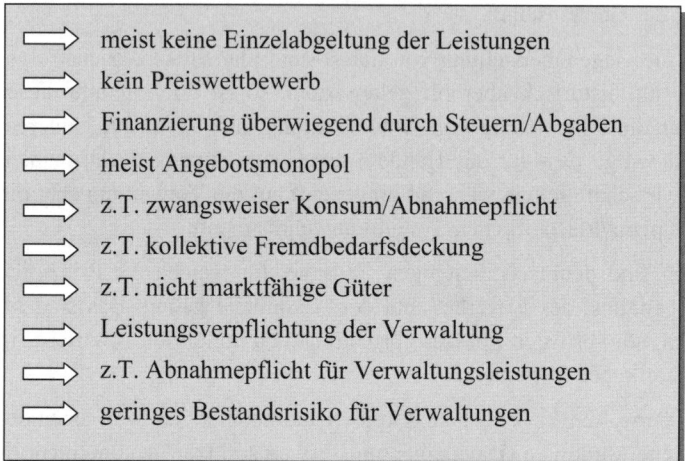

⟹ meist keine Einzelabgeltung der Leistungen

⟹ kein Preiswettbewerb

⟹ Finanzierung überwiegend durch Steuern/Abgaben

⟹ meist Angebotsmonopol

⟹ z.T. zwangsweiser Konsum/Abnahmepflicht

⟹ z.T. kollektive Fremdbedarfsdeckung

⟹ z.T. nicht marktfähige Güter

⟹ Leistungsverpflichtung der Verwaltung

⟹ z.T. Abnahmepflicht für Verwaltungsleistungen

⟹ geringes Bestandsrisiko für Verwaltungen

(vgl. auch Schmidt 2009, S. 16 -21; Steinebach 1998, S. 66)

(1) Verwaltungsführung

Die Verwaltungsführung ist nicht völlig gleichzusetzen mit dem Management einer Unternehmung. Die Entscheidungsspielräume der Verwaltungsführung sind gegenüber dem Management einer Unternehmung wesentlich eingeengt. Weder kann die Verwaltungsführung grundlegende konstituierende Entscheidungen eigenständig treffen, noch über ihre Ziele und Aufgaben selbst befinden. Der Verwaltungsführung fallen demzufolge eher funktionale Aufgaben zu, also: Personalführung, Beschaffung, Organisation etc. Das Managementsystem selbst ist zumindest in Teilen extern angesiedelt: Wesentliche Managementfunktionen werden von den Parlamenten, Regierungen, Selbstverwaltungen etc. wahrgenommen. Die Verwaltungsführung füllt häufig diesen Mangel an originären Managementaufgaben, indem sie Aufgaben und Kompetenzen der nachgelagerten Bereiche an sich zieht. Dies fördert eine Tendenz der Verwaltung zur Zentralisierung von Entscheidungskompetenzen.

---

[1] Reine Verwaltungen ohne Regie- und Eigenbetriebe und andere Misch- und Sonderformen.

(2) Abgrenzung nach außen

Die Abgrenzung der Verwaltung von dem sie umgebenden Umweltsystem ist schwierig. Während das Gemeinwesen der Unternehmung lediglich Rahmenbedingungen setzt, ohne damit ihre Entscheidungsautonomie anzutasten, zieht es in Bezug auf die Verwaltung die grundsätzlichen Entscheidungen an sich. Das Gemeinwesen ist deshalb als Teil des Managementsystems der öffentlichen Verwaltung zu sehen, jedenfalls insoweit es durch Zielsetzung und Entscheidung (z.B. im Gesetzgebungsprozess) in den Verwaltungsbetrieb eingreift. Im Übrigen bleibt es aber Teil des Umweltsystems. Diese teilweise Externalisierung von Managementfunktionen stört das innere Gefüge des Managements und erhöht den Koordinationsbedarf im Managementsystem der Verwaltung beträchtlich.

(3) Rechnungswesen

Das Rechnungswesen der Unternehmung basiert auf der kaufmännischen doppelten Buchführung. Sie bildet die Grundlage für den Jahresabschluss und für die Kostenrechnung. Diese werden ergänzt um die Planungsrechnungen und die Betriebsstatistik.

Ein vergleichbares System hatte die Verwaltung bisher nicht. Ihr Rechnungswesen basiert noch weitgehend auf einer kameralistischen Einnahmen-Ausgaben-Rechnung, die weder als Grundlage eines Jahresabschlusses nach kaufmännischen Prinzipien noch als Ausgangspunkt einer differenzierten Kostenrechnung dienen kann. Auch Planungsrechnungen beschränken sich auf die Einnahmen- und Ausgabenplanung im Zuge der Haushaltsplanung. Dagegen werden zum Teil umfangreiche **Statistiken** erstellt. Viele Verwaltungen haben damit begonnen, ihr Rechnungswesen nach dem Vorbild der kaufmännischen Rechnungslegung zu reformieren.

(4) Personalführung

Die Personalführung der öffentlichen Verwaltung ist an den Normen und Werten des Beamtenrechts orientiert. Wesentliche Elemente sind: die Treuepflicht des Beamten und die Fürsorgepflicht des Dienstherrn, die u.a. auch das Alimentationsprinzip als Entlohnungsprinzip beinhaltet. Das Beamtenverhältnis ist auf Lebenszeit angelegt. Das Normen- und Wertesystem und das zugrunde liegende Menschenbild sind mit zeitgemäßen Vorstellungen von Personalführung und -management schwer vereinbar.

(5) Organisation

Die öffentliche Verwaltung neigt zu einem Übermaß an Organisation, sie entwickelt bürokratische Strukturen. Dies äußert sich vor allem in ablauforganisatorischen Regelungen in Form von Vorschriften, Dienstanweisungen, dem Formularwesen usw., die den Handlungs- und Entscheidungsspielraum der Mitarbeiter einengen. Das Gebot der Rechtmäßigkeit des Verwaltungshandelns, aber auch das überkommene Menschenbild und die dargestellte Management-Lücke der Verwaltungsführung, haben hieran erheblichen Anteil. Zeitgemäße Organisationsmodelle, die Entscheidungen delegieren und auf die Verantwortung und Motivation der Mitarbeiter zielen, sind deshalb schwer umzusetzen.

(6) Beschaffung

In der Beschaffung der Produktionsfaktoren unterscheidet sich die öffentliche Verwaltung nicht grundlegend von der Unternehmung. Sie ist Marktteilnehmer wie jeder andere Betrieb und beschafft im Allgemeinen zu den marktüblichen Konditionen.

(7) Absatz

Der Absatz der Leistungen der Verwaltungsbetriebe unterscheidet sich unter mehreren Gesichtspunkten von dem der Unternehmungen:

- Verwaltungsbetriebe geben ihre Leistung meistens **unentgeltlich** ab, manchmal wird eine Verwaltungsgebühr erhoben, die jedoch in der Regel nicht kostendeckend ist.

- Ein Großteil der Leistungen der öffentlichen Verwaltung ist **nicht marktfähig**, d.h., sie trifft nicht auf eine kaufkräftige Nachfrage.

- Für einige Leistungen besteht eine **Abnahmepflicht** der Leistungsempfänger (z.B. Schulpflicht).

- Ein Teil der Leistungen sind sog. **"kollektive Güter"**, d.h., sie können nur an die Allgemeinheit, nicht an Einzelne abgegeben werden.

- Größtenteils hat die Verwaltung ein rechtliches oder faktisches **Monopol** für ihre Leistungen.

(8) Finanzierung

Der Verwaltungsbetrieb ist Teil des Staates und wird von diesem direkt durch Steuermittel oder indirekt durch die Festsctzung von Beitrags- und Gebührensätzen finanziert. Die Geldmittel oder Geldquellen werden ihm zugewiesen. Finanztechnisch ist der Verwaltungsbetrieb also Bestandteil des Staatshaushaltes. Er hat demzufolge eine eingeschränkte Finanzierungsfunktion, die lediglich die Mittelbewirtschaftung umfasst, nicht jedoch die Mittelbeschaffung.

(9) Produktion

In seiner Produktionsweise unterscheidet sich der **Verwaltungsbetrieb** im Wesentlichen nicht von einer Unternehmung. Auf der Grundlage der Produktionsfaktoren und der hiermit geschaffenen Strukturen wird die Leistung erstellt. Sie ist im Verwaltungsbetrieb normalerweise eine immaterielle, also eine Dienstleistung. Im Unterschied zur Unternehmung, die individuell zurechenbare Leistungen erbringt, sind die Leistungen der Verwaltung jedoch oft kollektiver Natur.

(10) Erfolg

Ein weiterer und ganz grundlegender Unterschied zwischen Verwaltung und Unternehmung besteht hinsichtlich der Kriterien ihres **Erfolges**. Der Erfolg der Unternehmung kann in erster Linie an ihrem Gewinn abgelesen werden. Es handelt sich um eine eindeutige und quantifizierbare Erfolgsgröße, die über das Rechnungswesen relativ zuverlässig ermittelt werden kann.

Der Erfolg der Verwaltung kann nicht mit einer vergleichbaren Genauigkeit und Sicherheit erfasst werden. Gewinn ist für die Verwaltung kein relevantes Kriterium. Der Erfolg der Verwaltung ist vielmehr ihr Beitrag zum Gemeinwohl.

Das **Gemeinwohl** ist aber eine schwer fassbare Größe, die auch nicht ausschließlich aus dem Rechnungswesen abgeleitet werden kann.

Fazit

Verwaltungen sind, so lässt sich zusammenfassend feststellen, Betriebe eigener Art, die sich in vielfältiger und teilweise grundlegender Weise von Unternehmungen unterscheiden. Es sind aber dennoch Betriebe die - unter Berücksichtigung ihrer Eigenart - einer betriebswirtschaftlichen Betrachtung und einer Führung nach modernen Managementmethoden zugänglich sind.

Diese Erkenntnis hat sich seit den achtziger und neunziger Jahren des 20.

Jahrhunderts auf breiter Front durchgesetzt. In allen Bereichen und auf allen Ebenen der Verwaltung ist ein Prozess der Verwaltungsreform und -modernisierung in Gang gekommen, der in seiner Zielrichtung auf eine effiziente und effektive Verwaltung hinsteuert. Dieser Reformprozess basiert im Wesentlichen auf betriebswirtschaftlichem Gedankengut, das immer mehr die Verwaltungen durchdringt.

1.4   Wiederholungsfragen

**Lösungshinweise
siehe Seite**

1. Was bedeutet es, wenn man ein Gut ‚knapp' nennt?	1
2. Gibt es ‚freie' Güter?	1
3. Erläutern Sie die beiden Ausprägungen des Wirtschaftlichkeitsprinzips.	1/2
4. Definieren Sie die Begriffe ‚Effektivität' und ‚Effizienz'.	2
5. Nennen Sie die Kriterien eines Betriebes.	3
6. Diskutieren Sie die Frage, ob Verwaltungen als Betriebe bezeichnet werden können.	3/4
7. Nennen und erläutern Sie drei Klassifikationen von Betrieben.	5
8. Geben Sie einen Überblick über die betrieblichen Kernfunktionen.	7
9. Welches sind die betrieblichen Elementarfaktoren?	8/9
10. Welche Elemente umfasst der dispositive Faktor?	9
11. Was versteht man unter einer ‚Manager-Unternehmung'?	10/11
12. Erläutern Sie den sog. Stakeholder-Ansatz.	12
13. Geben Sie einen Überblick über die wichtigsten Gesetze zur Mitbestimmung der Arbeitnehmer in Deutschland.	12/13
14. Nennen und erläutern Sie mögliche Vorteile der Mitbestimmung.	13
15. Was versteht man unter Corporate Governance?	13/14
16. Grenzen Sie Verwaltung und Unternehmung voneinander ab.	14/15
17. Erläutern Sie das Gutenberg'sche Schema zur Abgrenzung von Markt- und Planwirtschaft.	16/17
18. Nennen Sie die wichtigsten Besonderheiten von Verwaltungsbetrieben.	18-21
19. Legen Sie die Unterschiede zwischen der Verwaltungsführung und der Unternehmensführung dar.	17/18
20. Was sind die Besonderheiten des Rechnungswesens der Verwaltung?	19

21. Stellen Sie die Besonderheiten des Absatz von Verwaltungs-
    leistungen dar.   20

22. Was ist der Unterschied bei der Finanzierung von Unternehmen
    und Verwaltungen?   20

23. Diskutieren Sie die Erfolgsgröße öffentlicher Verwaltungsbetriebe
    vor dem Hintergrund der Erfolgsmessung.   21

2 Konstituierende Entscheidungen

2.1 Rechtsformen

2.1.1 Einführung und Überblick

Unter dem Begriff der **Rechtsformen** der Betriebe werden alle in verschiedenen Gesetzen[1] dargestellten Regelungen zusammengefasst, die einen Betrieb zu einer rechtlich fassbaren Einheit machen. Der Gesetzgeber stellt gesetzlich vorgegebene Rechtstypen auf, die in einfacher Form (z.B. KG, GmbH) oder in kombinierter Form (z.B. GmbH & Co. KG) genutzt werden können, welche sich voneinander hinsichtlich verschiedener Merkmale (z.B. Besteuerung, Haftung usw.) unterscheiden.

Abb. 10: Rechtsformen der Betriebe

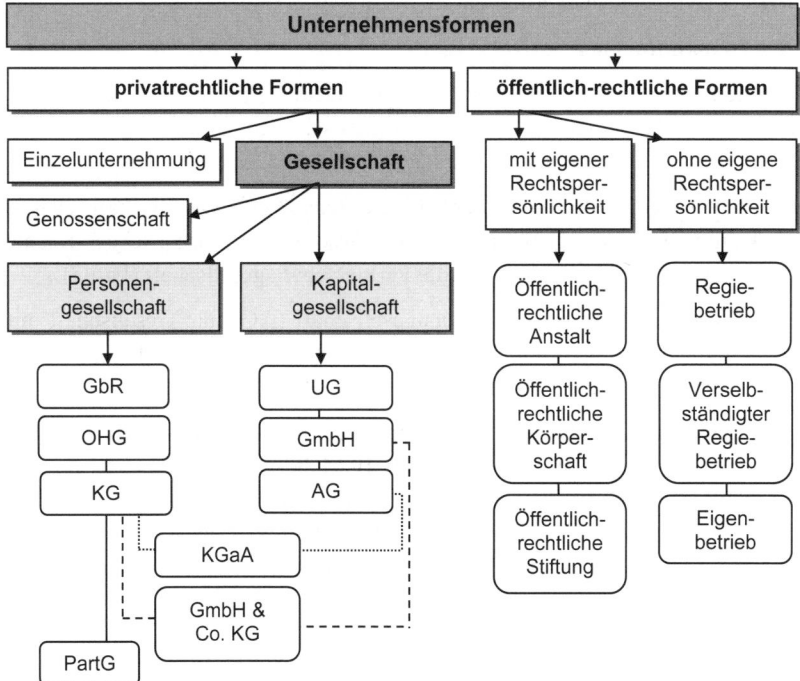

---

[1] Wichtige Rechtsquellen sind u.a.: Bürgerliches Gesetzbuch (BGB), Handelsgesetzbuch (HGB), Aktiengesetz (AktG), Genossenschaftsgesetz (GenG), GmbH-Gesetz (GmbHG).

Durch die gegebenen Wahlmöglichkeiten stellt sich für die Gründer bzw. Eigentümer eines Betriebes die Wahl der Rechtsform als ein grundlegendes Strukturproblem dar.

Betriebe können privatrechtlich oder – soweit es sich um öffentliche Aufgaben handelt – nach öffentlichem Recht geführt werden. Im Fokus der folgenden Ausführungen stehen zuerst marktwirtschaftliche Betriebe mit privaten Eigentümern, d.h. Unternehmungen. Die Besonderheiten ihrer Rechtsformen werden anfangs unter dem Aspekt der **Rechtsformenwahl** betrachtet. Die möglichen Rechtsformen der verschiedenen Erscheinungsformen öffentlicher Betriebe[1] werden anschließend erörtert. Auf dieser Grundlage werden Ähnlichkeiten und Differenzen zwischen typischen Verwaltungen und Unternehmungen aufgezeigt.

2.1.2 Privatrechtliche Formen

2.1.2.1 Grundformen

Die wichtigsten privatrechtlichen Formen sind die Einzelunternehmung, die Personengesellschaften und die Kapitalgesellschaften. Daneben gibt es verschiedene Mischformen und als weiteren Typus die Genossenschaft[2].

Zu den Personengesellschaften zählen die Offene Handelsgesellschaft (OHG), die Kommanditgesellschaft (KG), die Gesellschaft bürgerlichen Rechts (GbR), die Stille Gesellschaft und die Partnerschaftsgesellschaft (PartG)[3].

Kapitalgesellschaften sind die Aktiengesellschaft (AG), die Gesellschaft mit beschränkter Haftung (GmbH), die Unternehmergesellschaft (UG) und die Europäische Gesellschaft (Societas Europaea / SE).

Die folgende Übersicht charakterisiert anhand von fünf deskriptiven Merkmalen die wichtigsten Rechtsformen privater Betriebe.
Die relative Bedeutung der Betriebsarten wird dabei deutlich: 69,8 % der Betriebe sind Einzelgesellschaften, sie erwirtschaften aber nur 11% des Umsatzes. Aber die 15,7 % der Betriebe, die in Form einer Kapitalgesellschaft geführt werden, erzielen über 53 % des Umsatzes.

---

[1] Vgl. als Überblick über die Rechtsformen öffentlicher Betriebe: Brede 2005, S. 79 ff.

[2] Die Gesellschaftsform der Unternehmergesellschaft (UG) (sog. Kleine GmbH) wird hier nicht weiter behandelt, da noch zu wenig Erfahrung damit vorliegt, vgl. Meyer, 2010, S. 545 ff.

[3] Besondere Rechtsform für Angehörige Freier Berufe.

Abb. 11: Überblick über wichtige Rechtsformen

	Einzel-unter-nehmung	Personengesellschaft		Kapitalgesellschaft	
		OHG	KG	AG	GmbH
Gesetzliche Grundlage	§§ 1–104 HGB	§§ 105–160 HGB	§§ 161–177 HGB	AktG	GmbHG
Bezeich-nung der Eigentümer	Inhaber	Gesell-schafter	Komple-mentäre, Komman-ditisten	Aktionäre	Gesell-schafter
Mindest-anzahl bei Gründung	1 (max.!)	2	2	1	1
Mindest-haftungs-kapital	-	-	-	50.000 € Grund-kapital	25.000 € Stamm-kapital[1]
Bedeutung der Rechts-form[2]	A: 69,8 % U: 11,0 %	A: 8,8 % U: 5,2 %	A: 3,9 % U: 23,6 %	A: 0,2 % U: 19,6 %	A: 15,3 % U: 33,7 %

(bearbeitet nach Wöhe/Döring 2008, S. 226)

2.1.2.2 Determinanten der Rechtsformenwahl

Die Wahl der Rechtsform hängt nun weniger von den in der obigen Übersicht verwendeten mehr deskriptiven Kriterien ab, sondern von Einflussfaktoren, welche die künftigen Entscheidungsprozesse determinieren, bzw. die Gewinn- und Verlustbeteiligung betreffen. Die wichtigsten Aspekte werden im Folgenden dargestellt.

(1) Leitungsbefugnis

Die Leitungsbefugnis umfasst zwei Bereiche: zum einen die Regelung, wer im Innenverhältnis der Gesellschaft das Recht und die Pflicht hat, die Gesellschaft zu führen (**Geschäftsführungsbefugnis**), und zum anderen die Frage, wer im Außenverhältnis gegenüber Dritten die Gesellschaft verbindlich vertreten darf (**Vertretungsbefugnis**).

---

[1] Davon mindestens die Hälfte eingezahlt.

[2] Nach der Umsatzsteuerstatistik, A = prozentualer Anzahl der Steuerpflichtigen, U = Umsatzanteile; vgl. Wöhe/Döring 2008, S. 226. Die Zahlen beziehen sich auf das Jahr 2004.

Bei Personengesellschaften liegt die Leitungsbefugnis im Kern bei den Eigentümern, wobei zu beachten ist, dass bei einer KG die Komplementäre unbeschränkt haften und auch mit der Geschäftsführungsbefugnis betraut sind und nicht die Kommanditisten[1].

Bei Kapitalgesellschaften liegt die Leitungsbefugnis bei den gesetzlich dafür vorgesehenen Organen. So verfügt eine GmbH immer über Geschäftsführer und eine Gesellschafterversammlung. Letztere stellt den Jahresabschluss fest, entscheidet über die Verwendung des Gewinns und die Bestellung, Abberufung und Entlastung der Geschäftsführer. Des Weiteren überwacht sie die Tätigkeiten der Geschäftsführer, die – mit wenigen Ausnahmen – die GmbH nach innen und außen vertreten. Typischerweise herrscht bei kleineren GmbHs Personenidentität zwischen Gesellschaftern und Geschäftsführern, so dass in diesem Falle die Eigentümer auch unmittelbar an der Leitungsfunktion beteiligt sind. Ein Aufsichtsrat muss nach dem Betriebsverfassungsgesetz bei Betrieben mit mehr als 500 Arbeitnehmern gebildet werden[2].

Eine Aktiengesellschaft verfügt stets über drei Organe: Vorstand, Aufsichtsrat und Hauptversammlung[3]. Die Führung der laufenden Geschäfte liegt ausschließlich beim **Vorstand**, der aus einer oder mehreren Personen bestehen kann, der/die vom Aufsichtsrat ernannt wird/werden. Besteht der Vorstand aus einer Personenmehrheit wird i.d.R. ein Vorstandsvorsitzender bestellt.

Eine Besonderheit gilt bei Betrieben der Montanindustrie. Nach dem Mitbestimmungsgesetz muss zum Vorstand ein Arbeitnehmervertreter gehören, der nicht gegen die Stimmen der Arbeitnehmervertreter im Aufsichtsrat ernannt oder entlassen werden kann (Arbeitsdirektor). Er regelt im Vorstand alle Fragen, die im unmittelbaren Zusammenhang mit den Arbeitnehmern stehen.

Der **Aufsichtsrat** einer AG (mindestens 3, höchstens 21 Mitglieder) überwacht die Geschäftsführung des Vorstandes, der ihn mindestens alle 3 Monate über die Entwicklung der Gesellschaft informieren muss. Der Aufsichtsrat wird von der Hauptversammlung für höchstens 4 Jahre bestellt und besteht zu einem Drittel aus Vertretern der Arbeitnehmer.

Wieder findet sich für Betriebe der Montanindustrie eine Besonderheit. Hier besteht der Aufsichtsrat aus 11 Mitgliedern, von denen 5 Vertreter der Arbeitnehmer sein müssen. Des Weiteren gilt, dass generell bei Betrieben mit mehr

---

[1] Der Gesellschaftsvertrag kann anderes vorsehen.

[2] In der Montanindustrie gilt dies erst ab 1000 Arbeitnehmern.

[3] Abweichende Regelungen gelten für die sog. „Europa-AG" (vgl. Kap. 2.1.2.3).

als 2000 Mitarbeitern der Aufsichtsrat aus 12 bis 20 Mitgliedern besteht, die zur Hälfte aus Arbeitnehmervertretern bestehen müssen.

Die **Hauptversammlung** als Organ, das die Aktionärsinteressen vertritt, beschließt in den im Gesetz oder in der Satzung ausdrücklich genannten Fällen insbesondere über:

- die Bestellung des Aufsichtsrates,

- die Verwendung des Bilanzgewinns,

- die Entlastung der Mitglieder des Vorstandes und des Aufsichtsrates,

- die Bestellung der Abschlussprüfer,

- Satzungsänderungen,

- Maßnahmen der Eigenkapitalbeschaffung bzw. -herabsetzung.

In Bezug auf die Wahl der Rechtsform wurde lange Zeit, die durch die Mitbestimmungsgesetze bedingte, relativ starke Beteiligung der Arbeitnehmer kontrovers diskutiert. Man befürchtete, dass Kapitalgesellschaften (insbesondere AGs) in zu geringem Maße gewählt würden, um die Mitwirkung der Arbeitnehmervertreter (und damit der Gewerkschaften) an der Betriebsführung zu verhindern. Diese Befürchtung hat sich aber nicht bestätigt *(vgl. auch Kap. 1.2.3).*

(2) Haftung

Bei der Einzelunternehmung und der OHG haftet der/haften die Eigentümer unbeschränkt mit seinem/ihrem gesamten Vermögen[1]. Bei der Kommanditgesellschaft wird unterschieden zwischen unbeschränkt haftenden Gesellschaftern (Komplementären) und solchen, deren Haftung nur auf die (im Handelsregister eingetragene) Kapitaleinlage beschränkt ist (Kommanditisten).

Bei den Kapitalgesellschaften haften unbeschränkt keine natürlichen Personen sondern speziell geschaffene Gebilde mit eigener Rechtspersönlichkeit (juristische Personen), deren Handlungsfähigkeit durch natürliche Personen als Mitglieder der Organe der Kapitalgesellschaften sichergestellt wird. Es erfolgt also – anders als bei der Personengesellschaft – eine Trennung zwischen Kapitalgesellschaft und deren Gesellschafter. In Bezug auf die Haftung bedeutet dies, dass die Gesellschaft selber unbeschränkt haftet, während die Gesellschafter nur über das eingesetzte Kapital ein Risiko eingehen.

---

[1] Auch bei Personengesellschaften haften die Gesellschaften und können verklagt werden. In einem Urteil des BGH wurde die Rechtsfähigkeit von Personengesellschaften anerkannt; BGH v. 19.1.01, II ER 331/10.

Dieser Ausschluss der unbeschränkten Haftung der Gesellschafter macht Kapitalgesellschaften als Rechtsform attraktiv. Bei der Rechtsformenwahl muss aber beachtet werden, dass diese Haftungsbeschränkung mit u.a. steuerlichen Belastungen und Einschränkungen der Finanzierungsmöglichkeiten ‚bezahlt' werden muss.

(3) Steuerliche Belastungen

Betriebe werden aufgrund verschiedener Tatbestände durch Steuern belastet.

Im einzelnen sind:

- die Umsätze Ansatzpunkt für die Umsatzsteuer,
- Grund- und Bodenbesitz die Bemessungsgrundlage für die Grundsteuer und
- die Erträge das Kriterium für die Ertragsteuern.

Die Ertragsteuern werden als Einkommensteuer (ESt), Körperschaftssteuer (KSt) oder als Gewerbeertragsteuer erhoben. Da Umsatzsteuer, Grundsteuer und Gewerbeertragsteuer keine wesentlichen Unterschiede zwischen den Rechtsformen vornehmen, wohl aber Einkommen- und Körperschaftsteuer, sind vor allem letztere bei der Wahl einer Rechtsform zu beachten.

Die Einkommensteuer unterwirft das Einkommen natürlicher Personen der Besteuerung. Das Einkommen selber ergibt sich aus der Addition von sieben Einkunftsarten, zu denen sowohl die Einkünfte aus Gewerbebetrieb gehören, die u.a. Gewinne aus Einzelunternehmen und Erfolgsanteile aus Personengesellschaften umfassen, als auch die Einkünfte aus Kapitalvermögen, die wiederum die Dividenden aus Aktienbesitz und die Ertragsanteile von Gesellschaftern einer GmbH umfassen. Die zu zahlende Einkommensteuer errechnet sich durch Anwendung eines progressiv gestalteten Tarifs (Steuersatzes)[1] auf die Bemessungsgrundlage (‚Zu versteuernder Einkommensbetrag'). Je höher danach das Einkommen einer natürlichen Person ist, desto höher – absolut und relativ – fällt die Besteuerung aus.

Die Körperschaftsteuer unterwirft das Einkommen von juristischen Personen einer Besteuerung. Der körperschaftssteuerliche Gewinn wird dabei – egal ob er im Unternehmen verbleibt (d.h. ‚einbehalten' wird) oder an die Anteilseigner ausgezahlt (d.h. ‚ausgeschüttet') wird – mit einem Steuersatz von 25 %

---

[1] Nach einem Grundfreibetrag beginnt die Besteuerung mit einem Tarif von 14 % und steigert sich dann mit zunehmendem Einkommen bis auf 45 % (Grenzsteuersatz bei einem Jahreseinkommen von 250 000 und mehr).

belastet. Seit dem 1.1.2009 gilt für sämtliche Kapitalerträge – also auch die ausgeschütteten Gewinne – die 25 %ige einheitliche Abgeltungssteuer. Die Steuer auf Kapitalerträge ist damit abgegolten und wird bei der Einkommensteuer nicht erneut erhoben.

(4) Finanzierungsmöglichkeiten

Bei den Finanzierungsmöglichkeiten der Betriebe unterscheidet man die Eigen- und die Fremdkapitalfinanzierung[1]. Gehört das Eigen- oder Beteiligungskapital den Eigentümern des Betriebes, so verfügen Gläubiger über das Fremdkapital. Die Möglichkeiten der Finanzierung stellen sich für die verschiedenen Rechtsformen höchst unterschiedlich dar.

Personengesellschaften zeichnen sich fast immer durch Probleme bei der Eigenkapitalfinanzierung aus. Das Privatvermögen der Gesellschafter ist begrenzt und wird nur ungern in hohem Maße in einem Betrieb gebunden. Die Aufnahme neuer (auch stiller[2]) Gesellschafter ist schwierig und verändert z.t. die Leitungsstruktur des Betriebes (Mitwirkungsrechte der unbegrenzt haftenden Gesellschafter). Bei den haftungsbeschränkten Kommanditeinlagen ergeben sich andere Komplikationen; hier wirkt die geringe Fungibilität (Übertragbarkeit) der Anteile hemmend auf die Möglichkeiten der Eigenkapitalfinanzierung.

Die Möglichkeiten der Kreditfinanzierung bei Personengesellschaften hängen neben der wirtschaftlichen Entwicklung und dem Vermögen der Gesellschaft insbesondere vom Privatvermögen der unbeschränkt haftenden Gesellschafter ab. Tendenziell eröffnet die unbeschränkte Haftung ein größeres Fremdfinanzierungspotenzial, als es bei vergleichbaren Kapitalgesellschaften zu finden ist.

Die Aktiengesellschaft und die Gesellschaft mit beschränkter Haftung unterscheiden sich in Bezug auf die Finanzierungsmöglichkeiten. Aktien sind leicht übertragbar und weisen ihrem Eigner einen nicht unerheblichen Aktionärsschutz zu. Bei günstiger wirtschaftlicher Entwicklung kann daher vergleichsweise leicht Eigenkapital gewonnen werden. Die Fremdkapitalfinanzierung hängt bei den Kapitalgesellschaften von der wirtschaftlichen Situation und dem vorhandenen Betriebsvermögen ab. Die Haftungsbeschränkung

---

[1] Vgl. unten Kap. 6.

[2] Stille Gesellschaft: Beteiligung an einem Unternehmen durch Vermögenseinlage, ohne dass der stille Gesellschafter nach außen kenntlich in Erscheinung tritt. Seine Haftung ist auf die Einlage beschränkt. (HGB §§ 230 – 236)

wirkt sich dabei gerade bei GmbHs als Hinderung der notwenigen Kapitalgewinnung aus, wobei neben der Fremdfinanzierung auch die Aufnahme neuer Gesellschafter und damit die Eigenfinanzierung Probleme aufweist.

(5) Weitere Rechtswahldeterminanten

Neben den hier behandelten vier wichtigsten Einflussgrößen der Rechtsformenwahl müssen für konkrete Erwägungen weitere Aspekte, wie die unterschiedlichen Publizitätspflichten, Kosten der Gründung (bzw. Umwandlung), betrachtet werden. In der Praxis stellen sich umfangreichere Konstellationen, als eine vorliegende Übersicht zu zeigen vermag. Dennoch sollte deutlich geworden sein, dass die früher so dominante Frage der Doppelbesteuerung und damit der Doppelbelastung von Erträgen aus Beteiligungen an Kapitalgesellschaften an Einfluss verloren hat. Heute gilt die Abgeltungssteuer, durch die die Kapitalerträge einheitlich, aber nur einmal einer Steuer unterzogen werden. Es gibt zwar immer noch eine zusätzliche Besteuerung der Erträge durch die Gewerbeertragsteuer, die wiederum beim Steuersatz zwischen kleinen Personengesellschaften und Kapitalgesellschaften unterscheidet. Aber auch hier ist die Belastung durch ein spezifisches Anrechnungsverfahren gemildert worden.

Gesteigerte Bedeutung bei der Rechtsformenwahl dürften daher die Haftungs- und Finanzierungsfragen haben. Wer z.B. den ersten Schritt in die Selbständigkeit wagt, wählt zunächst vielleicht eine Personengesellschaft. Steigt der Geschäftsumfang dann an, so wird vielleicht auch Privatvermögen gebildet, das aber stets dem Risiko der unbeschränkten Haftung unterliegt. Will der Unternehmer die Haftung beschränken, muss er die Rechtsform ändern. Er gründet vielleicht eine GmbH. Ein solcher Schritt hat aber zur Folge, dass sich die Finanzierungspotenziale verschlechtern. Kreditinstitute versuchen in vielen Fällen, die notwendigen Geschäftskredite durch Privatvermögen absichern zu lassen, so dass zwar die Haftung über die Gesellschaftseinlage begrenzt ist, dennoch das Privatvermögen gefährdet erscheint. Das Spannungsverhältnis zwischen Haftung und Finanzierung beherrscht so in weiten Teilen die Wahl der geeigneten Rechtsform.

2.1.2.3 Privatrechtliche Misch- und Sonderformen

In der Praxis haben sich verschiedene Mischformen von Personen- und Kapitalgesellschaften gebildet, die versuchen, die Vorteile der jeweiligen Rechtsform in einem Unternehmensgebilde zu vereinen. Die bekanntesten sind die

GmbH & Co. KG und die Doppelgesellschaft. Eine privatrechtliche Sonderform stellt die Genossenschaft dar.

(1) GmbH & Co. KG

Bei der GmbH & Co. KG hat eine juristische Person, die GmbH, die Rolle des eigentlich unbeschränkt haftenden Komplementärs übernommen. Damit wird erreicht, dass keine natürliche Person mehr unbeschränkt mit dem Privatvermögen haftet und die oben beschriebenen Probleme der ,Doppelbesteuerung' nur für die Gewinnanteile der GmbH relevant werden. Besteht auch noch Identität zwischen den Kommanditisten und den Gesellschaftern (und ggf. den Geschäftsführern) der GmbH, ergibt sich die für viele Personengesellschaften typische Einheit von Geschäftsführung und Eigentum, ohne dass eine unbeschränkte Haftung der Eigentümer gegeben ist.

(2) Doppelgesellschaft[1]

Bei einer Doppelgesellschaft wird eine Teilung der wirtschaftlichen Einheit eines Betriebes in zwei rechtlich selbständige Gesellschaften vorgenommen (Betriebsaufspaltung). Typisch sind z.B. die Trennung in eine Besitzpersonengesellschaft und Betriebskapitalgesellschaft oder eine Trennung in Produktionspersonengesellschaft und Vertriebskapitalgesellschaft. In der Regel herrscht dabei Identität der Gesellschafter beider Gesellschaften. Gemeinsam ist solchen Vorgehensweisen, dass der risikoreichere Teil der Wirtschaftstätigkeit über eine Kapitalgesellschaft in Bezug auf die Haftung beschränkt wird, während risikolosere Teile die Vorteile einer Personengesellschaft nutzen können.

(3) Genossenschaft

Genossenschaften sind Gesellschaften mit unbegrenzter Mitgliederzahl, welche die wirtschaftliche Förderung ihrer Mitglieder (Genossen) mittels gemeinschaftlichen Geschäftsbetriebs bezwecken. Die Genossenschaft ist eine juristische Person und Kaufmann im Sinne des Handelsrechts. Die Rechtsform der Genossenschaft ist die eingetragene Genossenschaft (eG oder e.G.). Die Eintragung erfolgt in das Genossenschaftsregister, das beim Amtsgericht geführt wird. Die Organe der eingetragenen Genossenschaft sind die Generalversammlung (bei Genossenschaften mit mehr als 3000 Mitgliedern die Vertreterversammlung) und der von dieser gewählte Aufsichtsrat und Vorstand.

---

[1] Die Doppelgesellschaft ist keine Rechtsform im engeren rechtlichen Sinne, da keine rechtliche Einheit entsteht. Sie wird hier jedoch wegen ihrer Bedeutung im Wirtschaftsleben angeführt.

Der Vorstand, der aus mindestens zwei Genossen besteht, führt die Geschäfte der Genossenschaft; der Aufsichtsrat, mindestens drei Genossen, überwacht den Vorstand.

Genossenschaften finden sich in Deutschland insbesondere im Kreditwesen (Volks- und Raiffeisenbanken), der Landwirtschaft, im Baubereich und als Verkehrs- und Konsumgenossenschaften.

(4) Europäische Aktiengesellschaft (SE)

Die „Europa AG" (Societas Europeae; SE) wurde 2004 in der EU eingeführt, um die grenzüberschreitende innereuropäische Kooperation und Fusion von Unternehmen zu erleichtern. Insbesondere Aktiengesellschaften, die in mehreren europäischen Ländern Tochtergesellschaften unterhalten, können dadurch in allen EU-Ländern nach einer **einheitlichen Rechtsform** geführt werden, was für diese Unternehmen eine erhebliche Vereinfachung darstellt.

Die SE muss ihren Sitz in einem Mitgliedstaat der EU haben und den Zusatz SE im Firmennamen führen *(vgl. Jung 2009, S. 108/109).*

Das oberste Organ der SE ist die Hauptversammlung der Aktionäre. Sie entscheidet über die Satzung, insbesondere auch über das Leitungssystem, welches in der SE (im Unterschied zur AG) als dualistisches oder als monistisches Leitungssystem angelegt sein kann. Während in dem **dualistischen System** die Unternehmensführung analog zur AG in ein Leitungsorgan und ein Aufsichtsorgan aufgespalten ist, wird sie im **monistischen System** einem einheitlichen Verwaltungsorgan übertragen.

Die Mitbestimmung der Arbeitnehmer wird in der Europa AG durch ein **Besonderes Verhandlungsgremium** (BVG) wahrgenommen. Ihm müssen Mitglieder aus allen Ländern angehören, in denen die SE Mitarbeiter beschäftigt.

2.1.3 Öffentlich-rechtliche Formen

Zunächst bezeichnet man als öffentliche Verwaltung die Tätigkeit des Staates oder eines sonstigen Trägers öffentlicher Gewalt außerhalb von Rechtsetzung und Rechtsprechung *(vgl. Avenarius 1993, S. 569).* Das Aufgabenspektrum der öffentlichen Betriebe ist weit gefächert. Sie werden teils öffentlich-rechtlich, teils privatrechtlich tätig. Im ersten Falle spricht man von hoheitlicher, im zweiten Falle von fiskalischer bzw. privatrechtlicher Verwaltung. Zur hoheitlichen Verwaltung zählt insbesondere die Eingriffs- oder Ordnungsverwaltung, bei der eine Behörde in Freiheit und Eigentum eines Bürgers eingreift (z.b. Polizei oder Ordnungsämter). Daneben gibt es die, der Daseinsvorsorge dienende, Leistungsverwaltung, die sowohl hoheitlich (z.b. durch Zahlung von Arbeitslosengeld) als auch fiskalisch (z.b. Gewährung eines zinsgünstigen Darlehens durch die Deutsche Ausgleichsbank AG) agiert. Auf kommunaler Ebene wird die Variationsbreite öffentlicher Betriebe dadurch deutlich, dass zu ihnen z.b. sowohl Einwohnermeldeämter als auch Stadtwerke gehören. Während erstere nicht annähernd kostendeckende Gebühren für ihre Leistungen erheben, versuchen letztere i.d.r. einen möglichst hohen Kostendeckungsgrad zu erreichen. Alleine diese unterschiedlichen Finanzierungsziele erklären, dass solche öffentlichen Betriebe verschiedene Rechtsformen benötigen, um in jeweils angemessener Abhängigkeit von den Regierungen und Gebietskörperschaften handeln zu können.

Dabei können öffentliche Betriebe auch in privatrechtlichen Formen geführt werden, wobei i.d.r. Kapitalgesellschaften (insbesondere GmbHs und AGs) gewählt werden. Je nachdem, ob die Trägerschaft allein von der öffentlichen Hand oder zusammen mit privaten Trägern wahrgenommen wird, spricht man von rein öffentlichen oder von gemischtwirtschaftlichen Betrieben. Wird dabei ein öffentlicher Betrieb mit öffentlich-rechtlicher Form in einen Betrieb mit privatrechtlicher Form überführt (sog. Umwandlung), spricht man von (formeller[1]) Privatisierung. Öffentliche Träger versprechen sich von solchen Entscheidungen Gewinne an betriebspolitischer Elastizität, die sich u.a. darin ausdrückt, dass unter dem Mantel der privaten Rechtsform die öffentlich-rechtlichen Arbeitsverhältnisse an Bedeutung verlieren.

Im folgenden wird ein Blick auf die gebräuchlichen Rechtsformen öffentlicher Betriebe geworfen. Dabei ist zwischen den Verwaltungsbetrieben mit und ohne eigene Rechtspersönlichkeit zu unterscheiden.

2.1.3.1 Verwaltungsbetriebe mit eigener Rechtspersönlichkeit

(1) Anstalt
Eine Anstalt öffentlichen Rechts ist eine zur Durchführung öffentlicher Aufgaben gebildete Organisation, bei der die öffentliche Hand dauernd einen maßgeblichen Einfluss behält. Die selbständige, rechtsfähige Anstalt öffentli-

---

[1] Sofern die öffentliche Hand alleiniger Eigentümer bleibt.

chen Rechts ist daher eine Zusammenfassung personeller und sachlicher Mittel zur dauerhaften Verfolgung konkreter öffentlicher Zwecke *(vgl. Schmidt 2009, S.116 ff.)*. Sie hat keine Mitglieder, sondern Benutzer und wird durch Gesetz ins Leben gerufen, neu gestaltet oder aufgelöst. Die letztendliche Willensbildung erfolgt über den Anstaltsträger oder von ihm benannte Organe. Ein typisches Beispiel auf kommunaler Ebene sind die Sparkassen.

Neben den rechtsfähigen Anstalten, findet man unselbständige, die nachgeordnete, lediglich organisatorisch ausgegliederte Leistungseinheiten darstellen. Anstaltsträger sind die vorgeordneten Verwaltungsorganisationen, die eine relativ straffe Führung übernehmen. Beispiele finden sich in Straf- und Badeanstalten, Schulen, Museen, Feuerwehren.

(2) Körperschaft
Eine Körperschaft ist eine mitgliedschaftlich verfasste und unabhängig vom Wechsel ihrer Mitglieder bestehende Organisation. Es gibt Körperschaften des Privatrechts (z.B. Vereine, Aktiengesellschaften) und solche des öffentlichen Rechts. Dabei entstehen Körperschaften im Privatrecht durch Rechtsgeschäft (Verabschiedung einer Satzung) und Eintragung in ein gerichtliches Register (z.B. Vereinsregister). Körperschaften des öffentlichen Rechts entstehen durch Gesetz oder auf Grund eines Gesetzes. Solche Körperschaften dienen öffentlichen Zwecken. Es stehen ihnen im Allgemeinen hoheitliche Befugnisse zu; darüber hinaus können sie privatrechtliche Geschäfte aller Art durchführen. Je nach Mitgliedschaftsorganisation unterscheidet man die Gebietskörperschaften (z.B. Gemeinden, Gemeindeverbände), Personalkörperschaften (z.B. Rechtsanwalts- oder Ärztekammern, Hochschulen), Realkörperschaften (z.B. Industrie- und Handelskammern) und Verbandskörperschaften (z.B. Deutscher Städtetag).

Körperschaften sind i.d.R. rechtsfähig und damit juristische Personen. Es gibt aber auch mitgliedschaftlich strukturierte Organisationen, die in der Wahrnehmung öffentlicher Zwecksetzungen über keine eigene Rechtspersönlichkeit verfügen. Beispiele sind Gesetzgebungskörperschaften (Parlamente) oder die Fachhochschule für öffentliche Verwaltung des Bundes (FH Bund).

(3) Stiftung
Stiftung bedeutet zunächst die Widmung von Vermögen zu einem bestimmten Zweck. Es gibt rechtsfähige Stiftungen des Privatrechts und des öffentlichen Rechts. Letztere sind mit eigener Rechtspersönlichkeit ausgestattete Vermögensmassen, die sich ausschließlich der Verfolgung bestimmter Zwecke wid-

men. Stiftungen kennen keine Mitglieder oder Benutzer, sondern allenfalls Nutznießer. Alle Verfügungen über das Stiftungsvermögen sind stets in vollem Umfang an den Stiftungszweck gebunden. Öffentlich-rechtliche Stiftungen entstehen durch Gesetz bzw. auf Grund eines Gesetzes.

2.1.3.2 Verwaltungsbetriebe ohne eigene Rechtspersönlichkeit

(1) Regiebetrieb

Regiebetriebe sind rechtlich und wirtschaftlich unselbständige Einrichtungen. Sie sind organisatorisch nicht vom Verwaltungsapparat ihres Trägers getrennt. Rechtsbeziehungen kommen ausschließlich zwischen Dritten und der Trägerverwaltung zustande. Die kameralistische Einnahme-Ausgabenrechnung ist voll integriert in die Finanzwirtschaft des Trägers (Bruttoprinzip, daher auch die Bezeichnung Bruttobetriebe). Typischerweise finden sich diese Betriebe bei städtischen Bibliotheken, Staatsforsten, zoologischen Gärten etc.

(2) Eigenbetrieb

Das Vermögen von Eigenbetrieben ist losgelöst von dem der Trägerkörperschaft. Es handelt sich um Sondervermögen öffentlicher Trägerkörperschaften. Die Einnahmen und Ausgaben werden in einem eigenen Rechenwerk verarbeitet und gehen nur mit einem Saldo (Nettoprinzip, daher auch Nettobetriebe) in die Finanzrechnung des Trägers ein. Die Vertretung erfolgt über Werksleitungen, die aber – wegen der fehlenden Rechtspersönlichkeit – Rechtsgeschäfte für die Trägerkörperschaften abschließen. Typische Beispiele finden sich in kommunalen Energieversorgungs- und Nahverkehrsbetrieben.

2.1.4 Privatisierung

Unter Privatisierung kann man zunächst verstehen, dass öffentliche Aufgaben durch private Träger durchgeführt werden. Die Formen sind vielfältig *(vgl. Seewald 2006, S. 132 ff.)*. Von **formeller Privatisierung** spricht man, wenn eine staatliche Aufgabe durch privatrechtliche Organisationen durchgeführt wird, deren Träger aber z.B. eine Gemeinde ist. Des weiteren spricht man von Teilprivatisierung, wenn einzelne Aufgaben bzw. Funktionen (beispielsweise Finanzierungen) von Privaten übernommen werden oder auch bei der Einbeziehung Privater als Erfüllungsgehilfen der Verwaltung. Im einfachsten Fall wird z.B. die Reinigung der Gebäude nicht mehr von verwaltungseigenem Personal sondern von einer privaten Reinigungsfirma übernommen.

Bei einer **materiellen Privatisierung** (Aufgabenprivatisierung) trennt sich die staatliche Institution völlig von der Durchführung einer Aufgabe und lässt sie in Gänze durch Private durchführen. Sie ist nicht bei allen Aufgaben zulässig und erfordert häufig überwachende Pflichten.

Durch die scheinbar deutlich höhere Effizienz privatrechtlicher Organisationen und durch die Leere der öffentlichen Kassen ist Privatisierung nahezu ein Mode- und Zauberbegriff geworden. Im Zuge konkreter Entstaatlichungen kommt es häufig zum Rechtsformenwechsel öffentlicher Betriebe. Die Entscheidungskriterien der Rechtsformenwahl sind hier andere als im rein privaten Bereich. Vielfach spielen hier gerade Finanzierungsfragen eine Rolle *(vgl. Kirchhoff/Müller-Godeffroy 1996).*

2.2   Standort

2.2.1 Standortentscheidungen

Betriebliche Standortentscheidungen betreffen die Frage, wo ein Betrieb seine Leistungserstellung vollzieht. Die **Anlässe für Standortentscheidungen** sind vielfältig. Jeder Betrieb im Gründungsstadium muss sich diesem Problem stellen, aber auch im Verlauf der Betriebsgeschichte kann das Domizil überdacht werden. Zum Teil verändert sich die wirtschaftliche Situation und ein Betrieb wird verlagert, zum Teil werden einzelne Betriebsprozesse herausgelöst und an anderen Orten vollzogen und zum Teil werden z.B. bei Zusammenschlüssen verschiedener Betriebe Standortentscheidungen neu überdacht.

Da einem Betrieb fast die ganze Welt als möglicher Standort zur Verfügung steht, sind auch die **Formen der Standortwahl** vielfältig. Bei internationalen Standortentscheidungen werden über Standorte im internationalen Maße Überlegungen angestellt. Es geht um die Frage, in welchem Land bzw. in welchen Ländern Leistungen erbracht werden sollen. Im nächsten Schritt geht es um intranationale Entscheidungen: In welcher Region, Stadt oder Gemeinde eines Landes soll ein Betrieb beheimatet sein oder Betriebsstätten unterhalten? Im analytisch letzten Schritt behandelt man lokale Standortentscheidungen: Will sich ein Betrieb z.B. eher in einem Gewerbegebiet am Rande einer Stadt oder in deren Zentrum ansiedeln usw.?

2.2.2 Standortfaktoren

Diejenigen Größen, die einen Einfluss auf Standortentscheidungen von Betrieben haben, werden **Standortfaktoren** genannt. Standortqualität ist dann die Gesamtheit aller raumwirtschaftlichen Vorteile, die an einem konkreten Ort für die standortsuchende Unternehmung auf Grund der beabsichtigten Tätigkeit von Bedeutung sind.

Einer gängigen Klassifizierung nach, lassen sie sich unterscheiden in solche, die auf der Inputseite der Betriebe lokalisiert sind, und solche, die auf Sachverhalte verweisen, die der Outputseite zuzurechnen sind. Nur einige wichtige Aspekte sollen hier kurz behandelt werden.

2.2.2.1 Input-orientierte Standortfaktoren

Die Kombination von Produktionsfaktoren ist ein Sachverhalt, der in jedem Betrieb stattfindet. Entsprechend müssen Betriebe an ihren Standorten Arbeitkräfte, Betriebsmittel und Werkstoffe aber auch Kapital vorfinden.

(1) **Arbeitskräfte** sind ein besonders wichtiger Faktor bei den Standortüberlegungen von Betrieben, da sie zum einen über ihre Qualität und ihre Motivation die Arbeitsproduktivität[1] beeinflussen und zum anderen als Kostenfaktor auf die Gewinne wirken. Arbeitskosten setzen sich dabei zusammen aus:

- dem Direktentgelt (Bruttoarbeitslohn pro Stunde) und

- den Personalzusatzkosten (Arbeitgeberanteil zur Sozialversicherung, Urlaubs- und Weihnachtsgeld etc.).

In der Bundesrepublik sind nun nicht nur die Direktentgelte international vergleichsweise hoch, sondern darüber hinaus nehmen vor allem die Lohnnebenkosten im internationalen Vergleich einen Spitzenplatz ein, so dass die Arbeitskosten in der Bundesrepublik - insbesondere in Westdeutschland - insgesamt zu den höchsten in der Welt gehören. Ein solcher Sachverhalt erschwert es Betrieben, ihre Standortentscheidungen zugunsten eines solchen Hochlohnlandes zu treffen.

Auf der anderen Seite gehört die Bundesrepublik aber auch zu den Ländern mit den höchsten Arbeitsproduktivitäten in der Welt. Deutsche Arbeitskräfte leisten international vergleichbar viel, so dass das Verhältnis von Lohnsatz

---

[1] Arbeitsproduktivität ist das Verhältnis von Output zu Arbeitsleistung oder konkreter: Die Arbeitsproduktivität pro Stunde ist das Verhältnis von Wertschöpfung je Arbeitsstunde.

pro Stunde zu Arbeitsproduktivität pro Stunde, die Lohnstückkosten, nicht die höchsten, aber auch nicht die niedrigsten in der Welt sind. Die Lohnstückkosten nehmen international gesehen einen Mittelwert ein. Nur mit den hohen Leistungen der Arbeitskräfte bleibt die Bundesrepublik angesichts der hohen Arbeitskosten überhaupt als Standort attraktiv.

Abb. 12: Vergleich von Arbeitskosten in der Industrie 2009 (in €)

Land	Arbeitskosten in € je Stunde
Europäische Union	22,70
Euro-Währungsgebiet[3]	27,10
Dänemark	37,40
Belgien	35,60
Luxemburg	35,20
Niederlande	31,20
Deutschland	30,90
Schweden	30,70
Italien	25,60
Vereinigtes Königreich	22,40
Lettland	5,90
Litauen	5,80
Rumänien	4,00

(Quelle: Statistisches Bundesamt, 22.4.2010.)

Auch innerhalb von Deutschland weichen die Arbeitskosten erheblich voneinander ab. Die effektiven Verdienste in den neuen Bundesländern liegen etwa bei 70 % derjenigen der alten. Andererseits liegt die Arbeitsproduktivität im Osten noch unter dieser Marke, so dass die Orientierungsgröße ‚Lohnstückkosten' in den neuen Ländern höher ist als in den alten.

(2) Neben den Arbeitskräften spielen auch die **Betriebsmittel,** und darunter insbesondere die Lage und Verfügbarkeit von **Immobilien,** eine z.T. wichtige Rolle bei Standortentscheidungen. Das gilt zum einen für Betriebe, die an die Lage und Qualität von Grund und Boden gebunden sind: Landwirtschaftliche Betriebe, Fischereibetriebe, Werften, etc. Zum anderen stellen Immobilien unter dem Aspekt der Transportkosten einen Einflussfaktor dar. Verkehrsgünstig

gelegenen Gewerbegebieten gilt z.b. das Interesse von Speditionen oder Distributionsbetrieben. Bei den Immobilien liegt auch ein traditioneller Ansatz der kommunalen Wirtschaftsförderung, die stets bemüht ist, erschlossene oder schnell erschließbare Gewerbegebiete auszuweisen, um sie ansiedlungswilligen Betrieben anbieten zu können.

(3) Bei den Werkstoffen können neben den **Rohstoffen**, die für rohstoffgewinnende Betriebe wie Berg- oder Kieswerke von zentraler Bedeutung sind, auch Betriebsstoffe wie **Energie** eine entscheidende Rolle spielen. Gerade die energieintensiven Betriebe (z.b. Eisen und Stahl erzeugende Industrie, Kupfer- und Aluminiumhütten) fällen ihre Standortentscheidungen unter expliziter Berücksichtigung der Verfügbarkeit ausreichender und kostengünstiger Energiemengen.

(4) Spielt die Verfügbarkeit von Kapital angesichts der hohen Beweglichkeit dieser Ressource meist eine eher untergeordnete Rolle bei Standortentscheidungen von Betrieben, so sind finanzielle Zuwendungen wie Subventionen oder Belastungen wie Steuern häufiger entscheidungsrelevant. So sind **international** höchst unterschiedliche **Steuern** und Steuersätze zu finden. Auch innerhalb der Europäischen Union kann von einer erfolgreichen Steuerharmonisierung nicht gesprochen werden. Umgekehrt ist auch die Subventionspraxis auf staatlicher und auch kommunaler Ebene sehr unterschiedlich.

Die folgende Tabelle zeigt die Steuersätze, mit denen die Steuerbemessungsgrundlagen zu multiplizieren sind (Tarifsteuersätze). Vor der Reform der Körperschaftsteuer (von 40 auf 25%) nahm die Bundesrepublik einen Spitzenplatz ein und wurde als ‚Hochsteuerland' bezeichnet. Aber zum einen hat es in der Körperschaftssteuer und auch bei der Einkommensteuer verschiedene Reformen (Reduktionen) gegeben, zum anderen muss man berücksichtigen, dass die Bemessungsgrundlagen international in verschiedener Form berechnet werden. Das deutsche Steuerrecht bietet hier z.T. günstige Gestaltungsmöglichkeiten, so dass ein Steuerbelastungsvergleich sich auf effektive Steuersätze beziehen muss. Auf Grund der nationalen Besonderheiten erweist sich die Ermittlung entsprechender vergleichbarer Daten jedoch als sehr schwierig.

Abb. 13: Steuerbelastung im internationalen Vergleich 2008

	ESt-Eingangssatz[1][2]	ESt-Spitzesatz	Tarifliche Grenzbelastung des Gewinns von Kapitalgesellschaften[3]
Belgien	26,75	53,50	33,99
Deutschland	15,00	47,28	29,83
Frankreich	13,50	48,00	34,43
Irland	20,00	41,00	12,50
Italien	24,15	44,15	31,40
Vereinigtes Königreich	20,00	40,00	28,00
Japan	15,00	50,00	42,34
Schweiz	5,15	39,97	20,65
USA	16,91	41,82	39,62[4]

(Quelle: Bundesministerium der Finanzen 2008)

Im **nationalen Standortwettbewerb** spielen Steuerbelastungen eine nicht so große Rolle wie in internationaler Betrachtung. Lediglich die Gewerbeertragsteuer kann zu unterschiedlichen Belastungen führen *(vgl. Wehrheim 2008, S. 59 ff.)*. Die zu zahlende Steuer errechnet sich als:

Gewerbesteuer =
Steuerbemessungsgrundlage[5] x Steuermesszahl (Tarifsatz) x Hebesatz

Der Hebesatz wird von der jeweiligen Gemeinde für ein oder mehrere Jahre, für alle in der Gemeinde ansässigen Unternehmen in gleicher Höhe festgesetzt und differiert zwischen 150 und 600 %. Großstädte weisen eher die höheren, ländliche Kommunen eher die niedrigeren Hebesätze aus.

Von erheblichem Einfluss auf die Standortentscheidungen von Betrieben erweisen sich Sondermaßnahmen des Staates, wie beispielsweise die besonderen **Abschreibungsmöglichkeiten** im Gebiet der Neuen Bundesländer nach

---

[1] Steuersatz des Zentralstaates + Steuern der Gebietskörperschaften + sonstige Zuschläge.

[2] Zum System der deutschen Einkommensteuer vgl. Jakob 2008; zu Freibeträgen, Vergünstigungen und Sondervorschriften siehe Bundesministerium der Finanzen 2010.

[3] Körperschaftsteuer, Gewerbeertragsteuern und vergleichbare Steuern; ohne Berücksichtigung der Anteilseignerebene.

[4] USA (New York)

[5] Steuerbemessungsgrundlage = Gewerbeertrag ./. Freibeträge.

dem Beitritt 1990. Im Zuge dieser befristeten Steuererleichterung ist es z.B. zu erheblichen Standortverlagerungen von westlichen in östliche Kommunen gekommen.

Auch finanzielle Leistungen der öffentlichen Hände an Betriebe ohne unmittelbare ökonomische Gegenleistungen (**Subventionen**) unterscheiden sich deutlich. Erscheinungsformen von Subventionen sind vielfältig. Zu ihnen zählen nicht nur die direkten Zahlungen öffentlicher Hände an Betriebe, sondern auch versteckte Sachverhalte, wie z.b. die Übernahme von Exportbürgschaften durch staatliche Versicherungen oder Sondertarife für Energie oder Wasser. Entsprechend schwer lässt sich der 'Dschungel der Subventionen' in seiner Bedeutung für Standortentscheidungen verstehen. Auf internationaler Ebene werfen sich die verschiedenen Länder bzw. deren Zusammenschlüsse unfaire Handelspraktiken vor, da sie glauben, stets beim anderen ungerechtfertigte Beihilfe zu sehen und auch auf nationaler Ebene versuchen Gemeinden, mit attraktiven Angeboten Nachbargemeinden Betriebe abzuwerben. So spielen Subventionen sicherlich bei Standortentscheidungen eine große Rolle. Auf Grund der vielfältigen Erscheinungen lassen sich über den jeweiligen Einzelfall hinaus jedoch nur schwer generelle Aussagen treffen.

2.2.2.2 Output-orientierte Standortfaktoren

(1) Kunden bzw. Kundennähe

Insbesondere Dienstleistungsbetriebe müssen die Nähe zum Kunden suchen. Geschäfte, Bäckereien, Frisöre und andere Anbieter von Dienstleistungen sind in Wohn- oder Zentrumsgebieten regelmäßig zu finden. Andere versuchen, sich für eine größere Kundenzahl verkehrsgünstig zu positionieren. So findet man mit dem Auto gut erreichbare Einkaufsmöglichkeiten an der Peripherie von Wohngebieten, während Ärzte und Anwälte vielfach in den Zentren von Städten ihre Praxen eröffnen.

(2) Konkurrenzsituation

Zunächst einmal könnte man vermuten, dass sich Betriebe bei ihren Standortentscheidungen stets konkurrenzvermeidend verhalten. Bei der Vermietung von Einkaufspassagen oder Gewerbegebieten wird häufig darauf geachtet, dass kein Mitbewerber einen Betrieb eröffnen darf. Es gibt dort nur einen Bäcker oder ein Schuhgeschäft. Gilt diese Aussage typischerweise für Produkte des täglichen Bedarfs, so finden sich bei teuren Waren des regelmäßigen Bedarfs (z.b. exklusive Kleidung) und bei Waren des unregelmäßigen Bedarfs (z.b. Möbel) Ballungen von Geschäften mit ähnlichen Produkten. Hier spielt es eine Rolle, dass die Konsumenten verstärkt Vergleiche anstellen wollen und dafür nicht entfernte Standorte aufsuchen möchten. In solchen Fällen suchen Betriebe konkurrenznahe Standorte.

2.2.2.3 Zur Bedeutung der Standortfaktoren

Angesichts der Fülle von Faktoren, von denen nur eine kleine Auswahl kurz beschrieben wurde, und der Fülle der betrieblichen Fälle fällt es schwer, allgemeine Aussagen zur Bedeutung von Standortfaktoren zu machen. Im Einzelfall spielt eine jeweils spezifische Mixtur von Sachverhalten die entscheidende Rolle.

Dennoch gibt es ein paar Hinweise auf besondere Faktoren. Materialabhängige Betriebe werden durch die Verfügbarkeit von Material standortmäßig festgelegt. Kiesgruben brauchen Kies, forstwirtschaftliche Betriebe benötigen Forste. Darüber hinaus werden Produktionsbetriebe eher auf input-orientierte Faktoren Wert legen, während Dienstleistungsbetriebe output-orientiert sein müssen. Des Weiteren dürfte die viel beschriebene Trennung von weichen und harten Standortfaktoren bei Intensivierung des Wettbewerbes zwischen den Betrieben insofern an Bedeutung verlieren, als die weichen Faktoren an Einfluss einbüßen. Je härter der Wettbewerb wird, desto weniger wird auf Faktoren wie Lebensqualität oder Klima geachtet!

2.3   Zusammenwirken von Unternehmen

Im Abschnitt 1.3.1. wurden Unternehmungen durch das Autonomieprinzip gekennzeichnet. Das bedeutet unter anderem, dass sie im Rahmen des erwerbswirtschaftlichen Prinzips diese Autonomie nutzen und alle Handlungen ergreifen können, die der langfristigen Unternehmenssicherung dienen und die somit eine langfristige Gewinnmaximierung anstreben. Im Rahmen dieser Autonomie werden Unternehmen dann aber auch Handlungen ergreifen, die ein Zusammenwirken[1] mit anderen Unternehmungen beinhalten und die auf diesem Wege dem Unternehmensziel ‚Gewinnerzielung' dienen.

---

[1] Der Ausdruck Zusammenwirken wird gewählt, um deutlich zu machen, dass es um die verschiedensten Formen betrieblichen Handelns gehen kann. Es können z.B. eigene Organisationen gegründet werden, die gemeinsame Interessen vertreten. Aber auch innerhalb bestehender Unternehmen können Verhaltensweisen nachgewiesen werden, die in Abstimmung mit anderen Unternehmen erfolgen.

Ein solches Zusammenwirken von Unternehmungen kann nach der Bindungsintensität oder nach der Art der verbundenen Wirtschaftsstufen beschrieben
und klassifiziert werden.

(1) Nach der **Bindungsintensität** gibt es grundsätzlich zweierlei Arten:

- Unternehmen können (mehr oder weniger) freiwillig zusammenwirken,
  wobei ihre einzelnen Bereiche wirtschaftlich selbstständig bleiben. Man
  spricht von Kooperation.

- Andererseits ist es möglich, dass in dem Zusammenwirken der Verlust der
  wirtschaftlichen Selbstständigkeit mindestens eines der teilnehmenden Unternehmungen erfolgt. Dies ist Kennzeichen einer Konzentration.[1]

Die Kooperationsformen sind vielfältig. Kooperationen können über Vereine,
Gesellschaften, Verträge oder Netzwerke verbunden sein. Die Intensität der
Zusammenarbeit zwischen den beteiligten Unternehmen nimmt in der ge-
nannten Reihenfolge zu.

Vielfach vorfindbare Kooperationsformen sind in der Bildung von Verbänden
und Kammern zu sehen, die eine gemeinsame Interessenvertretung in der Öffentlichkeit gegenüber gesetzgebenden Organen, den Arbeitnehmerverbän-
den, anderen Verbänden und gegenüber internationalen Gemeinschaften
wahrnehmen.

Zu unterscheiden sind dabei insbesondere:

- **Wirtschaftsfachverbände,** deren Aufgaben typischerweise in der Bereitstellung von Informationen und Beratung der einzelnen Unternehmen liegen, die aber auch Daten über die Beschaffungs- und Absatzmärkte sowie
  über Finanzierungsmöglichkeiten bieten. Bei den hierarchisch aufgebauten
  Fachverbänden können als Spitzenverbände zum Beispiel der Bundesverband der Deutschen Industrie (**BDI**), die Hauptgemeinschaft des Deutschen Einzelhandels oder der Deutsche Sparkassen- und Giroverband
  (**DSGV**) genannt werden,

- **Arbeitgeberverbände,** welche die wirtschaftlichen und sozialen Interessen ihrer Mitglieder gegenüber den Gewerkschaften wahrnehmen. Sie
  handeln für ihre Mitglieder Tarifverträge aus. Spitzenverband hier ist der
  Bundesverband der Deutschen Arbeitgeberverbände (**BDA**),

- **Kammern,** bei denen die Unternehmen des Kammerbereiches Mitglieder

---

[1] Vgl. z.B. Wöhe/Döring 2008, S. 254 ff.; Vahs/Schäfer-Kunz 2007, S. 179 ff.; zum Folgenden insbesondere
Jung 2009, S. 148 ff.

sind und die neben der Interessenvertretung ihrer Mitglieder (zum Beispiel in Bezug auf Wirtschaftsförderungsmaßnahmen) in der Regel auch hoheitliche Aufgaben, wie die Zertifizierung staatlicher Bildungsabschlüsse, wahrnehmen können. Ein Spitzenverband dieser Organisationen ist zum Beispiel der Deutsche Industrie- und Handelskammertag (**DIHK**) und der Deutsche Handwerkskammertag (Zentralverband des Deutschen Handwerks (**ZVDH**)).

Eine andere Form der Kooperation ist die Bildung von Kartellen. Ein **Kartell** liegt vor, wenn die Zusammenarbeit rechtlich selbstständige Unternehmen der Zielsetzung nach oder der tatsächlichen Wirkung nach zu einer Einschränkung oder Verfälschung des Wettbewerbs führt. Das Kartell wird also definiert als ein Vertrag, den Unternehmen zu dem gemeinsamen Zweck schließen, soweit sie geeignet sind, die Erzeugung oder die Machtverhältnisse für den Verkehr mit Waren oder gewerblichen Leistungen zu beeinflussen. Da Kartelle auf eine Beschränkung des Wettbewerbs zielen, hat der Staat zur Sicherung der marktwirtschaftlichen Ordnung mit dem Gesetz gegen Wettbewerbsbeschränkungen (GWB) ein Regulierungsinstrument geschaffen. Nach §1 des GWB sind "Vereinbarungen zwischen Unternehmen, Beschlüsse von Vereinigungen oder aufeinander abgestimmte Verhaltensweisen, die eine Verhinderung, Einschränkung oder Verfälschung des Wettbewerbs bezwecken oder bewirken" verboten. Von diesem allgemeinen Verbot gibt es Ausnahmen, so dass verschiedene Kartellformen unterschieden werden können:

- verbotene Kartelle: Gebietskartelle, Marken-Schutzkartelle, Gewinnverteilungskartelle, Einheitspreiskartelle,

- anmeldepflichtige Kartelle: Konditionenkartelle, Rabattkartelle, Einkaufskartelle, Exportkartelle,

- Erlaubniskartelle: Rationalisierungskartelle, Strukturierungskartelle und Importkartelle.

Wichtig ist, im Rahmen der Missbrauchsaufsicht das Entstehen von marktbeherrschenden Stellungen zu überwachen und gegebenenfalls zu verhindern. Die marktwirtschaftliche Ordnung lebt von Wettbewerb, der marktwirtschaftlichen Ordnung ist andererseits eine Tendenz zur Bildung größerer Wirtschaftseinheiten immanent. Dieser Widerspruch ist ein Teil der kapitalistischen Wirtschaft und muss entsprechend durch den Staat reguliert werden.

(2) **Konzentration** wurde oben mit dem Kennzeichen versehen, dass bei diesen Formen des Zusammenwirkens der Verlust der wirtschaftlichen Selbstständigkeit vorliegt.

Die Erscheinungsformen sind vielfältig. Eine geläufige Einteilung stellt auf die **Integrationsrichtung** ab. Hier lassen sich dann vertikale, horizontale und diagonale Zusammenschlüsse unterscheiden:

- **Vertikale** Zusammenschlüsse: In diesem Falle entstehen Zusammenschlüsse durch eine Verbindung von Unternehmen beziehungsweise Unternehmenseinheiten mit aufeinanderfolgenden Leistungsstufen (Vergrößerung der Leistungstiefe).
  Als Beispiel sei auf den Zusammenschluss eines Handelsunternehmens mit einem Produktionsunternehmen verwiesen, welche – auf verschiedenen Stufen des Leistungsprozesses – die gleichen Produkte herstellen beziehungsweise vertreiben.

- Ein **horizontaler** Zusammenschluss liegt vor, wenn die Produkt- oder Leistungsbreite der beteiligten Betriebe erhöht wird.
  Hier bietet sich als Beispiel die Verbindung einer Bank mit einem Versicherungsunternehmen an. Dabei können dann vermutete Gewinne des cross selling angestrebt werden.

- Als letzte Form dieser Klassifikation ist der **diagonale** oder auch **anorganische** Zusammenschluss von Unternehmen zu nennen. Dabei werden aus unterschiedlichen Branchen oder Leistungsstufen Unternehmenszusammenschlüsse konstruiert.
  Der ökonomische Sinn liegt in der Regel in einer Diversifikation des Risikos und dementsprechend in der langfristigen Sicherung der Stabilität des Unternehmens. Ein Beispiel hierfür wäre der Zusammenschluss eines Pharma-Unternehmens mit einem Eisen und Stahl erzeugenden Unternehmen und einer Handelskette. Die verschiedenen Geschäftsfelder sind nicht miteinander verbunden.

Die rechtliche Ausgestaltung von Konzentrationsformen ist breit gefächert. Insbesondere das Aktiengesetz bietet in den Paragraphen 16 ff. verschiedene Formen an, die vom Konzernunternehmen bis zur Fusion reichen.

Die weitestgehende und vollständige Form des Zusammenschlusses mehrerer Unternehmen, die mit dem Verlust der wirtschaftlichen und rechtlichen Selbstständigkeit einhergeht, wird **Fusion** (Verschmelzung) genannt. Nach dem Prozess einer Fusion existieren die ursprünglichen Unternehmen nicht mehr, sie bilden eine neue rechtliche und wirtschaftliche Einheit. Aus den beiden fusionierten Unternehmen ist ein neues entstanden.[1]

---

[1] Der Begriff ‚Fusion' wird unabhängig von den rechtlichen Folgen z.T. auch bei Unternehmenskäufen und -eingliederungen verwandt, wenn die Unternehmen in etwa als gleichwertig eingeschätzt werden.

2.4 Wiederholungsfragen

3 Management als Zielsetzungs- und Entscheidungsprozess

Betriebsführung (Management) umfasst grundsätzlich sämtliche wirtschaftlichen Ziel- und Mittelentscheidungen, die den Betrieb betreffen. Die Wahrnehmung dieser Entscheidungsfunktion setzt weiterhin voraus, dass Planungen vorgenommen und Entscheidungen realisiert werden sowie ihr Erfolg kontrolliert wird.

Betrachtet man die einzelnen Aufgaben und Funktionen der Betriebsführung in ihrem Zusammenhang, dann ergibt sich eine bestimmte Logik in der Abfolge der einzelnen Aufgaben. Betriebsführung (Management) kann als ein Prozess verstanden werden, als eine sinnvolle Abfolge einzelner Funktionen (**Phasen**). Dieser innere Zusammenhang zwischen den einzelnen Managementfunktionen kann als Kreismodell dargestellt werden.

Abb. 14: Management-Kreis

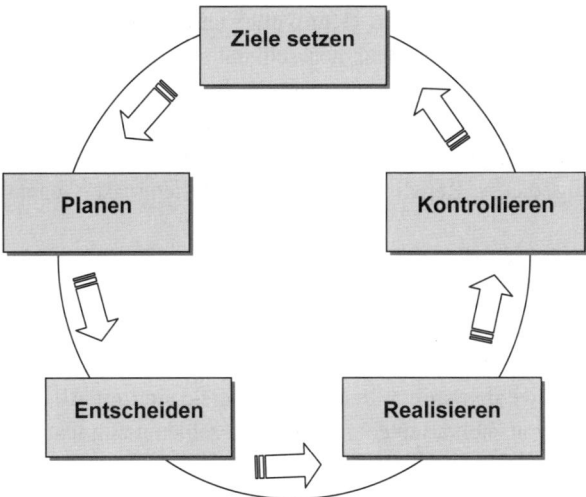

Am Anfang des Management-Zyklus steht die Bestimmung der betrieblichen **Ziele**. Diese bilden den Ausgangspunkt des Managementprozesses. Zielentscheidungen betreffen zum einen die grundlegende Zwecksetzung des Betriebes, deretwegen er gegründet wurde, sowie zum anderen die konkreten Zielvorgaben, die generell oder für Teile des Betriebes, auf Dauer oder für bestimmte Planungsperioden vorgeben, was mit der betrieblichen Tätigkeit erreicht werden soll. Regelmäßig verfügen Betriebe über eine Vielzahl von Zielen, die zusammen als die Zielfunktion oder das **Zielsystem** der Unternehmung bezeichnet werden.

Zielentscheidungen münden in **Planungen,** also in vorausschauende Überlegungen zur Erreichung der Ziele durch geeignete Maßnahmen. Schließlich sind **Entscheidungen** zu treffen, welche Maßnahmen (Mittel) in welcher Art ergriffen werden sollen.

Die Durchführung dieser Maßnahmen erfolgt außerhalb der Sphäre des Managements. Es müssen aber die Voraussetzungen zur Durchführung der Maßnahmen geschaffen und die tatsächliche Realisierung sichergestellt werden. Für das Management liegen die Aufgaben in der Realisierungsphase daher vor allem in der Schaffung einer geeigneten **Organisation** und der **Führung** der Mitarbeiter.

Und schließlich gehört es zur Aufgabe der Betriebsführung, die Ausführung der Maßnahmen zu überwachen (**Kontrolle**) und ihren Erfolg zu überprüfen.Mit der Kontrolle der Maßnahmen schließt sich der Management-Kreis, da hier Informationen gewonnen werden, die im Wege der **Rückkoppelung** (feed-back) erneut in den Managementprozess einfließen. Dadurch entsteht ein geschlossener Regelkreislauf, ein **kybernetisches System**. Die betriebliche Gestaltung dieses Regel- und Steuerungssystems ist Gegenstand des **Controllings**.

3.1 Betriebliche Ziele

Ziele sind angestrebte zukünftige Zustände. Sie bezeichnen das, was in der Zukunft erreicht werden soll. Wirtschaftliche Ziele sind im Allgemeinen numerische Werte von Zielvariablen; sie sind also zahlenmäßig festgelegt.

Abb. 15: Elemente von Zielen

Zielinhalt	Zielerreichungsgrad	Zeitbezug

Die Ziele der Unternehmung, die durch die Betriebsführung gesetzt werden, können nach verschiedenen Kriterien differenziert werden, insbesondere: nach ihrem Inhalt, nach dem angestrebten Zielerreichungsgrad und nach ihrem zeitlichen Bezug. Dies sind die drei Grundelemente, aus denen Ziele gebildet werden.

Eine wirksame **Zielsetzung** setzt im Allgemeinen voraus, dass ein Ziel diese drei Elemente umfasst. Fehlt einer Zielangabe eines dieser Elemente, dann ist es unvollständig und seine verhaltenssteuernde Wirkung geht ganz oder teilweise verloren.

Vereinbart beispielsweise ein Vorgesetzter mit einem Mitarbeiter eine Umsatzsteigerung von 10%, so sind damit der Inhalt (Umsatz) und der angestrebte Erfüllungsgrad (10%) bestimmt. Unterlässt er aber eine zeitliche Fixierung des Zieles (z.B. bis zum Jahresende), so wird dies in das Belieben des Mitarbeiters gestellt. Die Zielvereinbarung bleibt möglicherweise wirkungslos.

3.1.1 Zielarten

(1) Nach ihrem Inhalt können zunächst **Formalziele** und **Sachziele** unterschieden werden. Letztere beinhalten Soll-Vorgaben über das, **was** die Unternehmung erreichen soll, etwa eine bestimmte Produktion aufrecht zu erhalten, eine bestimmte Qualität zu erreichen usw.

Abb. 16: Zielinhalte

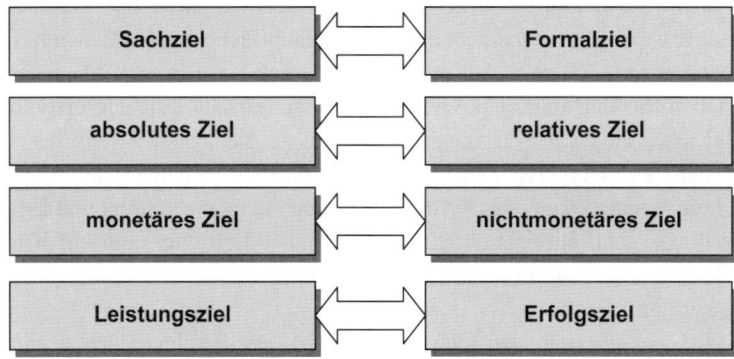

Formalziele dagegen bestimmen, **wie** die Sachziele angestrebt und erreicht werden sollen. Sie setzen die Rahmenbedingungen und Restriktionen, die bei der Verfolgung der Sachziele zu berücksichtigen sind, so z.B. die Beachtung des Wirtschaftlichkeitsprinzips. ‚Zwischen Formalzielen und Sachzielen gibt es eine klare Rangordnung: Formalziele wie Gewinnmaximierung oder Kostenminimierung bestimmen die Grundlinie unternehmerischen Handelns. Sachziele ... haben Instrumentalcharakter. Sie stehen also im Dienst der Erreichung von Formalzielen' *(Wöhe/Döring 2008, S. 78)*.

Die Ziele können entweder **absolute** oder **relative** Parameter (Zielvariablen) verwenden. So ist der Marktanteil oder die Rentabilität eine relative, der Gewinn oder der Umsatz jedoch eine absolute Zielvorgabe.

Die Zielsetzungen der Unternehmung können sich sowohl auf **monetäre** als auch auf **nicht-monetäre** Größen beziehen. Monetäre Ziele sind z.B. Umsatzziele, Gewinnziele, Rentabilitätsziele. Nicht monetäre Ziele können beispielsweise die Produktionsmenge, den Marktanteil, das Firmenimage betreffen.

Die **Leistungsziele** betreffen den Bereich der Leistungserstellung einschließlich der Beschaffung und des Absatzes. Die Leistung des Betriebes ist das, was er herstellt (Produkt). Es handelt sich entweder um materielle Leistungen (Güter) oder um immaterielle Leistungen (Dienstleistungen). Leistungsziele können sich auf quantitative oder qualitative Aspekte beziehen, monetäre oder nicht-monetäre Größen beinhalten.

Die **Erfolgsziele** beziehen sich auf Größen, die das wirtschaftliche Ergebnis der Leistungserbringung und -verwertung repräsentieren. Den Erfolgszielen kommt insofern eine herausragende Bedeutung zu, als sie die letztendlichen Ziele, also die **Zwecke** der Unternehmung beinhalten. Diese sind hergeleitet aus dem Erwerbsprinzip. Es geht also in der Hauptsache um den Gewinn. Die unternehmerische Tätigkeit hat primär den Zweck des Erwerbs. Demgegenüber haben die Leistungsziele eher Mittelcharakter. Die Leistungserstellung des Betriebes ist nicht Selbstzweck, sondern sie dient dem Zweck des Erwerbs, der Gewinnerwirtschaftung also. Die Leistung ist jedoch die Grundlage und die Voraussetzung des Erfolges. Dennoch können Leistung und Erfolg in der Praxis auch auseinanderfallen. Trotz guter Leistung kann ein Erfolg ausbleiben und umgekehrt ist nicht immer erkennbar, welche Leistung einem Erfolg zugrunde liegt.

Verwaltungen unterscheiden sich hinsichtlich ihrer Erfolgsgrößen grundlegend von Unternehmungen. An die Stelle des Gewinnes tritt für die Verwaltung das Gemeinwohl als oberstes Erfolgsziel und Zweck ihres Wirkens.

(2) Nach dem angestrebten **Zielerreichungsgrad** sind **Punkt-, Intervall-** und **Richtungsziele** zu unterscheiden.

Abb. 17: Zielerreichungsgrad

Ein Punktziel ist z.B. die Vorgabe einer ganz bestimmten Produktionsmenge eines Erzeugnisses. Ein Intervallziel sieht einen Zielbereich vor, der durch einen oberen und einen unteren Extremwert begrenzt wird, etwa wenn angestrebt wird, dass die Eigenkapitalquote innerhalb einer bestimmten Bandbreite verbleiben soll. Richtungsziele sind hingegen unbegrenzt und geben lediglich eine Richtung an, wenn z.B. als Ziel die Verringerung des Ausschusses oder die Maximierung des Gewinnes bestimmt wird.

(3) Nach ihrem **Zeitbezug** können die Zielvorgaben auf einen **Zeitpunkt** oder einen **Zeitraum** bezogen sein.

Abb. 18: Ziele nach dem Zeitbezug

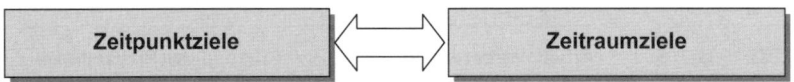

Wird zu einem bestimmten Termin z.B. die Erreichung eines bestimmten Marktanteils gefordert, so handelt es sich um ein zeitpunktbezogenes Ziel. Hingegen ist eine Zielsetzung, die sich z.B. auf den Gewinn innerhalb einer Periode bezieht, zeitraumbezogen.

3.1.2 Zielhierarchie

Wenn man die Unternehmensziele nach ihrer Reichweite und Allgemeinheit hierarchisch anordnet, dann unterstreicht dies die besondere Bedeutung der Erfolgsziele. Es ist in der Regel der Erfolg der Unternehmung (z.B. Gewinn), der an der Spitze der **Zielhierarchie** steht, bzw. das Gemeinwohl, welches des oberste Ziel der Verwaltung bildet.

Die **obersten** Zielsetzungen betreffen die Unternehmung als Ganzes und haben grundsätzliche Bedeutung. Das bedeutet, sie gelten für die Unternehmung bzw. die Verwaltung als Ganzes und in der Regel auch auf Dauer oder jedenfalls für einen längeren Zeitraum. Ihre Setzung ist Sache der Führungsspitze.

Sie werden von den nachgelagerten Instanzen als **Zwischen-** und **Unterziele** konkretisiert und zwar soweit, dass sie für die ausführenden Stellen operational sind. Ein Ziel ist dann operational, wenn es für die jweiligen Mitarbeiter, welche für die Zielerreichung verantwortlich sind, möglich ist, Wege zur Erreichung des Zieles zu finden und diese auch zu beschreiten.

Abb. 19: Zielhierarchie in der Unternehmung

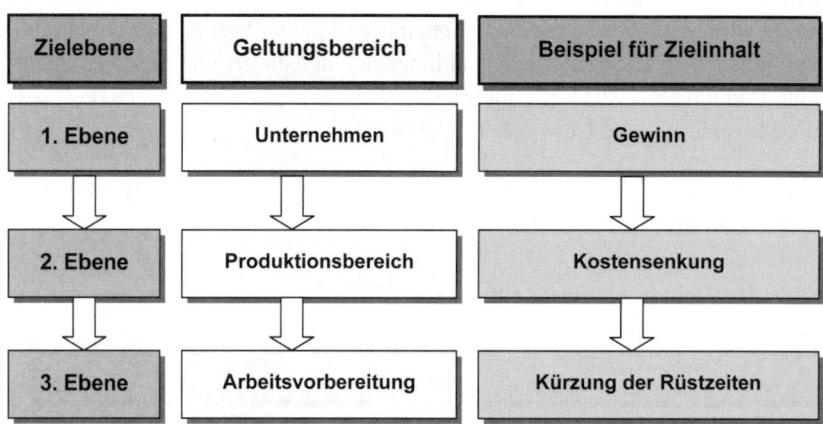

So wäre es völlig sinnlos, einem Arbeiter am Fließband die Gewinnmaximierung des Unternehmens als Ziel vorzugeben. Er könnte mit dieser Vorgabe vermutlich wenig anfangen. Ein operationales Ziel könnte hier z.B. die Verringerung der Ausschussmenge um einen bestimmten Prozentsatz sein. Dieses Ziel ist erkennbar aus dem übergeordneten Gewinnziel abgeleitet und für den betreffenden Mitarbeiter operational.

3.1.3 Zielrelationen

Wenn im Zuge der Operationalisierung die Ziele von oben nach unten über mehrere Ebenen ‚heruntergebrochen' werden, entsteht ein komplexes Zielsystem, das aus einer Vielzahl von einzelnen Zielen besteht. Es kann nicht davon ausgegangen werden, dass ein derartiges Zielsystem in sich vollkommen konsistent und widerspruchsfrei ist.

Grundsätzlich sind drei Zielrelationen denkbar: **Kongruenz** (Komplementarität), **Konkurrenz** und **Indifferenz**.

(1) Kongruente oder **komplementäre** Zielsetzungen ergänzen sich. Mit der Erhöhung des Zielerreichungsgrades für das eine Ziel wird gleichzeitig eine Erhöhung des Zielerreichungsgrades für das andere Ziel erreicht. So ist beispielsweise mit einer Erhöhung des Marktanteiles im Allgemeinen auch eine Zunahme des Umsatzes verbunden. Die Ziele, den Marktanteil und den Umsatz zu erhöhen, sind in diesem Falle kongruent.

Abb. 20: Zielrelationen

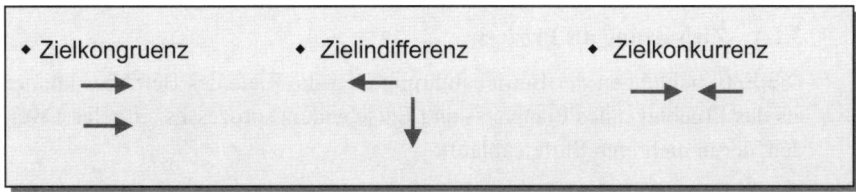

(2) Zielindifferenz liegt vor, wenn beide Ziele voneinander unabhängig, ohne gegenseitige Beeinflussung angestrebt werden können.

(3) Konkurrierende oder antinomische Ziele hingegen schließen sich gegenseitig aus. Wird das eine Ziel verfolgt, so geschieht dies zu Lasten des konkurrierenden Zieles. So kann z.B. die Erhöhung der Rücklagen bei gegebenem Gewinn nur zu Lasten der Ausschüttung an die Aktionäre erfolgen. Konkurrierende Zielbeziehungen entstehen u.a. auch dann, wenn Mitarbeiter im Betrieb Ziele verfolgen, die den Zielvorgaben des Managements widersprechen. Es gehört deswegen zu den Aufgaben der Betriebsführung, die Interessenlage der Mitarbeiter zu erkennen und zur Vermeidung oder zum Abbau und zur Regelung von Konflikten beizutragen.

Moderne Managementmodelle verwenden deswegen zur Kennzeichnung des Prozesses der Zielbestimmung den Begriff der ,**Zielvereinbarung'**. Ziele sollen nicht von oben diktiert, sondern gemeinsam mit den Mitarbeitern bestimmt und vereinbart werden. Die Gefahr von nicht-operationalen oder auch unrealistischen Zielsetzungen kann damit verringert werden. Von der Zielvereinbarung verspricht man sich aber auch eine stärkere Identifikation der Mitarbeiter mit den Zielen des Betriebes und eine höhere Arbeitsmotivation.

Es darf aber nicht verkannt werden, dass die Zielsetzungen nicht frei und nach Belieben des Managements oder der Mitarbeiter gesetzt werden können. Denn letztendlich ist für die Unternehmung der Erfolg in Form des Gewinnes eine von dem System der Marktwirtschaft zwingend vorgegebene Existenzbedingung. Analog dazu ist die einzige Legitimation der öffentlichen Verwaltungsbetriebe ihr positiver Beitrag zum Gemeinwohl. Zielsetzungen, die für diese grundlegenden Zweckbestimmungen von Unternehmungen und Verwaltungen dysfunktional wirken, gefährden deren Existenz und können daher nicht auf Dauer verfolgt werden.

3.1.4 Zielsetzung als Prozess

Die Entscheidungen der Betriebsführung über die Ziele des Betriebes können als das Ergebnis eines Planungs- und Entscheidungsprozesses aufgefasst werden, der in mehreren Stufen abläuft.

Dieser Prozess beginnt mit der **Zielsuche**. In dieser Phase werden alternative Zielsetzungen ermittelt. Diese werden **operationalisiert**, d.h. inhaltlich definiert und im Hinblick auf den anzustrebenden oder erreichbaren Zielerreichungsgrad bestimmt. Sind die Alternativen insofern klar und eindeutig formuliert, so können sie einer **Analyse** unterzogen werden, die sich zum einen auf den Beitrag nachgeordneter Ziele zum übergeordneten Ziel, sowie zum anderen auf die Relation der Ziele untereinander bezieht. Insbesondere ist hierbei zu prüfen, inwieweit die Verfolgung eines Zieles zu unerwünschten Nebenfolgen führt (z.B. bei Zielkonkurrenz). Aufgrund dieser Analyse kann eine Bewertung der Alternativen vorgenommen werden, die es ermöglicht, eine **Rangordnung** der Ziele zu erstellen, d.h. Präferenzen zu bilden. Schließlich ist zu prüfen, ob und in welchem Ausmaß die einzelnen Ziele tatsächlich **realisierbar** sind. Auf der Grundlage dieser Vorüberlegung kann eine **Zielentscheidung** getroffen werden. Die **Durchsetzung** der Ziele bezieht sich auf ihre Verankerung in den nachgelagerten Führungsebenen, so dass sie als gültige Norm akzeptiert und verwirklicht werden. Schließlich ist nach einer angemessenen Zeit zu **überprüfen**, ob und zu welchem Grad das Ziel erreicht wurde. Bei gravierenden Abweichungen von der Zielvorgabe kann eine **Revision** die Ursachen aufdecken. Die hierbei gewonnenen Informationen fließen erneut in den Zielplanungsprozess ein (Rückkoppelung). Der Prozess der Zielsetzung enthält also in seiner Feinstruktur selbst alle Elemente des Managementkreises.

Abb. 21: Phasen der Zielplanung

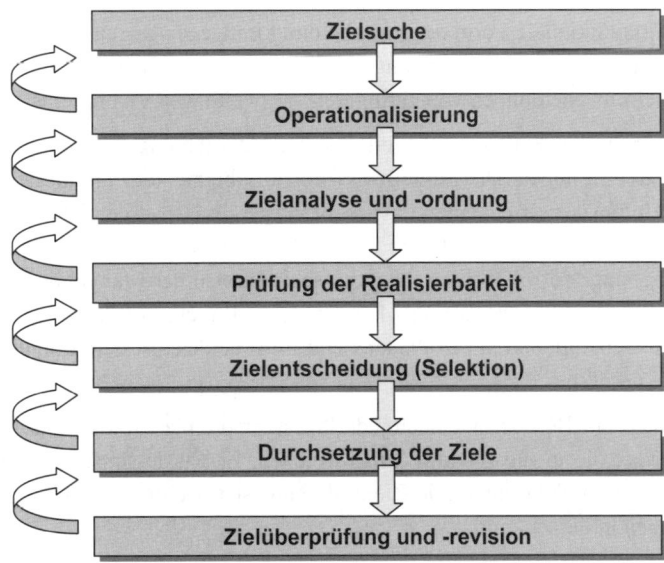

(vgl. Schierenbeck/Wöhle 2008, S. 106)

Alle weiteren Aktivitäten der Betriebsführung basieren auf den getroffenen Entscheidungen zu den Betriebszielen. Die Betriebsziele sind somit die Orientierungspunkte, auf die das gesamte betriebliche Geschehen hin ausgerichtet ist.

3.2 Planung

3.2.1 Begriff

Die betriebliche Planung umfasst zum einen – wie gesehen – die Planung der Ziele des Betriebes (Zielplanung) sowie zum anderen und mit Schwerpunkt die Planung der Maßnahmen (Maßnahmenplanung), die zur Erreichung dieser Ziele ergriffen werden sollen.

Planung ist die gedankliche Vorwegnahme zukünftigen Handelns durch Abwägen verschiedener Handlungsalternativen zur Vorbereitung zielgerichteter Entscheidungen *(vgl. Wöhe/Döring 2008, S. 81)*.

Planung bezeichnet somit eine besondere Form der Entscheidung, nämlich eine auf gedanklicher Durchdringung und Abwägung beruhende Entscheidung. Sie ist also eine rationale Form der Entscheidung im Gegensatz zu einer mehr gefühlsmäßigen, intuitiven Entscheidung, wie sie im betrieblichen Alltag und vor allem bei Entscheidungen von geringerer Tragweite weit verbreitet ist.

Ein Kernproblem der Planung resultiert aus ihrer Ausrichtung auf Ereignisse, die in der Zukunft liegen. Die Zukunft ist - objektiv betrachtet - grundsätzlich ungewiss. **Ungewissheit** bedeutet, dass nicht vorhergesagt werden kann, welche Ereignisse in der Zukunft stattfinden werden oder welche Rahmenbedingungen dabei angetroffen werden. Ungewissheit ist also der Mangel an Wissen über die Zukunft. Dieser Mangel kann prinzipiell nicht vollständig beseitigt werden. Der Rationalität des Planens und Entscheidens ist damit objektiv eine Grenze gesetzt.

Dennoch muss der Betrieb, wie auch jede Privatperson, planen und Entscheidungen treffen, die in die Zukunft hinein reichen. Er würde sonst aufhören, zielgerichtet zu handeln, denn alle Ziele, die angestrebt und erreicht werden können, liegen in der Zukunft.

Eine wesentliche Aufgabe der Planung kann darin gesehen werden, die Ungewissheit in Entscheidungssituationen auf das geringst mögliche Maß zu reduzieren. Wenn die Ungewissheit in einem Mangel an Wissen über die Ereignisse und Zustände in der Zukunft begründet liegt, dann kann die Relation von vorhandenem Wissen zu notwendigem Wissen als ein Maßstab für die Ungewissheit betrachtet werden:

Ungewissheit $\quad\Longleftrightarrow\quad$ $\dfrac{\textbf{vorhandene Information}}{\textbf{notwendige Information}}$

Dieser Quotient könnte theoretisch Werte zwischen 0 und 1 annehmen. Bei einem Wert von 1 würde man von einer vollkommenen Information (Sicherheit) sprechen können, der aber aus den vorgenannten Gründen prinzipiell nicht möglich ist. Er würde den Zustand der Allwissenheit voraussetzen, der den Menschen bekanntlich nicht erreichbar ist. Möglich ist jedoch der Zustand der vollkommen Ignoranz mit einem Quotienten von 0. Die Werte zwischen 0 und 1 bezeichnen die Situation der unvollkommenen Information, die in der Praxis am häufigsten vorkommt.

3.2.2 Planung als Prozess

Aus der Grundproblematik der Planung bei Ungewissheit ergeben sich die Kernaufgaben der Planung, nämlich die Informationsgewinnung und die Informationsverarbeitung.

(1) Die Maßnahmenplanung im engeren Sinne beginnt mit der Sammlung und Aufbereitung von **Informationen** über den zu planenden Sachverhalt.

(2) Auf der Grundlage dieser Daten, die einen gegenwärtigen oder vergangenen Zustand beschreiben, wird eine **Prognose** über deren Entwicklung im Planungszeitraum erstellt.

(3) Aus dem durch die Prognose gewonnenen Zukunftsszenario werden schließlich die **Handlungsalternativen** entwickelt, die unter Beachtung dieser Rahmenbedingungen geeignet sind, die betrieblichen Zielsetzungen zu realisieren. Es geht in dieser Phase also um die Gewinnung alternativer Maßnahmenpläne, durch welche das betriebliche Handlungsfeld abgesteckt wird.

(4) Die Planung findet ihren Abschluss durch eine **Entscheidung** über den zu realisierenden Maßnahmenplan.

3.2.3 Arten der Planung

Planung ist eine universelle Aufgabe, die sich prinzipiell auf alle Teilbereiche und Funktionen der Unternehmung erstreckt. In der funktionalen Gliederung der Planung spricht man beispielsweise von: Produktionsplanung, Absatzplanung, Lagerplanung, Personalplanung etc.

Es handelt sich hier um interdependente Teilpläne, die zusammen die Grundlage der Unternehmensplanung darstellen. Die Interdependenz der Teilpläne erfordert deren Koordination, so dass sämtliche Planungen aufeinander abgestimmt und miteinander verzahnt sind. So kann beispielsweise die Personalplanung nicht unabhängig von der Produktionsplanung gesehen werden, weil die Produktion letztlich den Personalbedarf determiniert. Die Produktionsplanung ihrerseits muss der Absatzplanung folgen etc.

Die Methoden der Planung, die in der betrieblichen Praxis zur Anwendung gelangen, sind sehr vielfältig. Jedes Planungsproblem setzt seine eigenen Anforderungen an die Planungsmethode.

So sind beispielsweise die Probleme und Methoden einer Personalplanung völlig verschieden von denen der Produktionsplanung, die sich wiederum grundlegend von denen der Investitionsplanung unterscheiden.

Ungeachtet der Vielfalt der Planungstechniken haben sich in der betrieblichen Praxis einige Verfahren als relativ vielseitig einsetzbar erwiesen. Dazu gehört u.a. die **Netzplantechnik**. Sie ist ein Verfahren der Prozess- und Terminplanung und -steuerung, das sich vor allem zur Planung von Projekten jeglicher Größenordnung eignet.

3.2.4 Prinzipien der Planung

Wenn Planung die rationale Form des Entscheidens sein soll, so sind an sie Anforderungen zu stellen, die diesen Anspruch sicherstellen. Die betriebliche Planung sollte daher einigen Prinzipien Rechnung tragen:

(1) Grundsatz der Vollständigkeit

Vollständigkeit der Planung bedeutet, dass alle wesentlichen Teilaspekte des betrieblichen und außerbetrieblichen Geschehens in die Planung mit einbezogen werden. So ist beispielsweise bei Teilplanungen, die sich nur auf einzelne Unternehmensbereiche oder Funktionsbereiche beziehen, stets deren Interdependenz mit anderen Teilen und Funktionen der Unternehmung zu berücksichtigen. Das Prinzip der Vollständigkeit bezieht sich also nicht auf die Detailliertheit (Tiefe) der Planung sondern auf ihre Reichweite (Breite).

Abb. 22: Planungsprinzipien

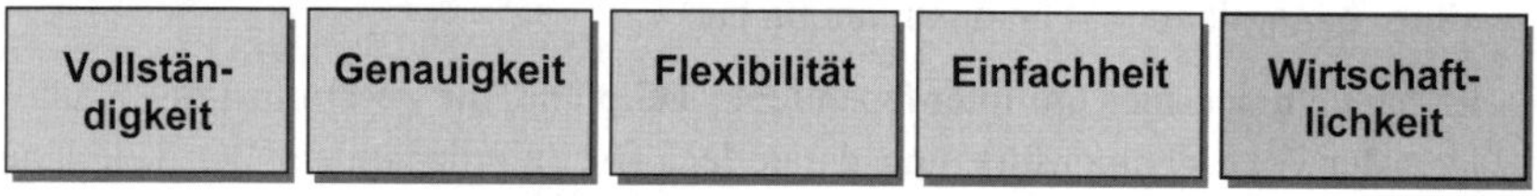

Vollstän-digkeit	Genauigkeit	Flexibilität	Einfachheit	Wirtschaft-lichkeit

(2) Grundsatz der Genauigkeit

Die Genauigkeit der Planung muss sich an ihrem Zweck orientieren. Es ist nicht generell eine größtmögliche, sondern eine dem jeweiligen Vorhaben angemessene Genauigkeit anzustreben, die das Wirtschaftlichkeitsprinzip berücksichtigt. Für eine Grobplanung z.B. sind an die Genauigkeit geringere Anforderungen zu setzen als an eine Detailplanung.

(3) Prinzip der Elastizität (Flexibilität)

Durch Planung werden zukünftige Strukturen vorherbestimmt. Durch Planung wird also der gestalterische Freiraum für die Zukunft eingeschränkt, der Improvisation werden Grenzen gesetzt. Der Planung wohnt infolgedessen eine Tendenz zur Starrheit inne, welche die Flexibilität und Anpassungsfähigkeit des Betriebes einschränken kann. Es ist deshalb erforderlich, dieser nachteiligen Eigenart der Planung durch geeignete Maßnahmen entgegenzuwirken. Hierzu gehören u.a.:

- Berücksichtigung von **Reserven** (Kapazitäts-, Zeit-, oder Liquiditätsreserven), die bei Änderung der Rahmenbedingungen eine Fortführung der geplanten Maßnahmen erlauben, ohne den Plan selbst ändern zu müssen.

- Erarbeitung und Bereithaltung von **Eventualplänen**, die bei Bedarf an die Stelle der eigentlichen Planung treten.

- Laufende **Revision** der Planung in dem Sinne, dass der Ordnungsprozess im Sinne des Managementmodells als ein geschlossener Regelkreislauf verstanden wird, in den durch Feed-Back ständig aktualisierte Daten einfließen.

- Planungsentscheidungen sollen **zeitnah** erfolgen; die Zeitspanne zwischen Planungsentscheidung und Planausführung wird auf das unbedingte Minimum beschränkt.

(4) Prinzip der Einfachheit und Klarheit

Dies bedeutet, dass die Planungen inhaltlich einer klaren Struktur folgen und auch in der Art und Weise ihrer Darstellung darauf ausgerichtet sein sollen, dass sich die mit der Durchführung betrauten Personen über die Ziele und Inhalte der Maßnahmen stets im Klaren sind. Jede vermeidbare Kompliziertheit sollte unterbleiben. Insbesondere muss sich die Darstellung an den intellektuellen Möglichkeiten der Mitarbeiter orientieren, welche die Pläne ausführen.

(5) Prinzip der Wirtschaftlichkeit

Die bisher dargelegten Prinzipien finden ihre Begründung – aber auch ihre Grenze – in dem übergeordneten Prinzip der Wirtschaftlichkeit. Wie jede betriebliche Funktion, so hat auch die Planung den Grundsatz der Wirtschaftlichkeit als oberstes Gebot zu berücksichtigen.

In Bezug auf die Planung heißt dies, dass sie nur dann und solange eine ökonomische Rechtfertigung findet, als der durch die Planung erwirtschaftete Ertrag den dadurch verursachten Aufwand übersteigt. Planung ist nicht Selbstzweck sondern stets den wirtschaftlichen Zwecksetzungen des Betriebes unterworfen. In Bezug auf die zuvor genannten Prinzipien der Planung bedeutet dies: Vollständigkeit, Genauigkeit etc. sind keine Maximierungsziele, sondern Prinzipien, deren Realisierung vor dem Hintergrund wirtschaftlicher Vernunft beurteilt werden muss *(vgl. Korndörfer 2003, S. 439-441).*

3.3   Entscheidung

3.3.1   Begriff

Mir der Entscheidung wird zukünftiges Handeln festgelegt. Aus den vorhandenen - gegebenenfalls durch Planung ermittelten - Handlungsalternativen wird eine zur Realisierung ausgewählt. Wird eine Entscheidung im Zusammenhang mit einer Planung getroffen, so schließt die Entscheidung die Planung ab. Die Planung mündet in eine Entscheidung. Planung und Entscheidung sind in diesem Falle aufeinander bezogen. Die Planung dient der Entscheidungsfindung und bereitet diese vor.

Entscheidung kann jedoch auch unabhängig von Planung betrachtet werden z.b., wenn Entscheidungen ad hoc, das heißt ohne vorherige Planung, getroffen werden.

3.3.2   Entscheidung unter Ungewissheit

Das Grundproblem der **Ungewissheit** ist indessen beiden Managementfunktionen gemeinsam. Die Ungewissheit liegt in der Natur jeglicher Planung und Entscheidung, denn beide beziehen sich auf die Zukunft, die prinzipiell ungewiss ist. Diese Ungewissheit resultiert aus dem Mangel an Wissen und **Information** über die Tatbestände, welche die Entscheidung beeinflussen, der nicht vollständig behoben werden kann.

Wie können aber dann überhaupt **rationale Entscheidungen** getroffen werden?

(1) Hier muss man sich als erstes vor Augen halten, dass es überhaupt nicht möglich ist, **keine Entscheidungen** zu treffen. Die Dinge nehmen ihren Lauf auch ohne unser Zutun. Wenn eine Entscheidung zwischen den Handlungsalternativen A und B zu treffen ist, so besteht damit explizit die Möglichkeit, zwischen A und B zu wählen. Implizit beinhaltet das Entscheidungsproblem aber eine dritte Alternative, nämlich weder A noch B zu wählen, also keine

explizite Entscheidung zu treffen. Dies ist, wenn man so will, die Entscheidung, keine Entscheidung zu treffen, also eben auch eine Entscheidung; jedenfalls soweit man sich des Entscheidungsproblems bewusst ist. Daneben können Entscheidungen auch aus Unkenntnis oder aus mangelndem Problembewusstsein unterbleiben. In seiner Wirkung kommt die Unterlassung einer Entscheidung dem Treffen einer Entscheidung gleich. In beiden Fällen hat unser Tun oder Lassen einen bestimmenden Einfluss auf den weiteren Gang der Dinge. Unterlässt man jedoch die explizite Entscheidung, dann vergibt man die Chance, gestaltend auf die Zukunft einzuwirken.

(2) Die Rationalität einer Entscheidung ist nicht an ihrem **Ergebnis** abzulesen. Eine Entscheidung ist nicht deswegen als rational zu bezeichnen, weil sie sich im nachhinein als ‚richtig', d.h. als erfolgreich erwiesen hat. Dann müsste auch der Treffer in der Lotterie als das Ergebnis einer rationalen Entscheidung gelten, wo er doch bloß auf dem Zufall beruht. Rationalität zeigt sich vielmehr in dem Prozess der Entscheidungsfindung. Der Entscheidungsprozess kann dann als rational bezeichnet werden, wenn er die Handlungsalternativen auf der Grundlage von Wissen über den Entscheidungsgegenstand und Verständnis über die das Ergebnis beeinflussenden Faktoren hinsichtlich ihres Beitrages zur Zielerreichung bewertet und auswählt.

(3) Die Rationalität einer Entscheidung ist des Weiteren im **historischen Kontext** zu beurteilen. Rational ist eine Entscheidung dann, wenn sie auf der Grundlage des jeweils verfügbaren Wissens- und Erkenntnisstandes getroffen wird. So wird man beispielsweise eine medizinische Therapie, die heute als veraltet oder schädlich gilt, für die Zeit, in der sie dem Stand der Wissenschaft entsprach, nicht als irrational bezeichnen können.

(4) Und letztlich basiert jede Entscheidung auf der **subjektiven Wahrnehmung** der Entscheidungssituation. Erst dieses subjektive Element ermöglicht den Umgang mit dem im Grunde nicht lösbaren Ungewissheitsproblem. Nimmt man beispielsweise einen Stein zur Hand und lässt ihn los, so wird man sicher sein, dass er zu Boden fällt. Es gibt zwar keine objektive Gewissheit, dass dies so geschehen wird, aber eine subjektive Sicherheit. Die Frage, was wäre, wenn der Stein einmal nicht mehr herunterfallen würde, oder wie es dazu kommen könnte, ist dann auch eher eine philosophische denn eine betriebswirtschaftliche. Träte dieser Fall tatsächlich ein, dann hätte auch alles Planen, Entscheiden etc. ein Ende. Die Frage ist also für die praktische betriebliche Tätigkeit wie auch für die private Lebensführung ohne jede Bedeutung.

3.3.3 Entscheidungssituationen

An die Stelle einer nicht erlangbaren objektiven Gewissheit stellt die betriebswirtschaftliche Entscheidungslehre deshalb den Begriff der subjektiven **Sicherheit der Erwartungen** über die Zukunft.

Abb. 23: Entscheidungssituationen

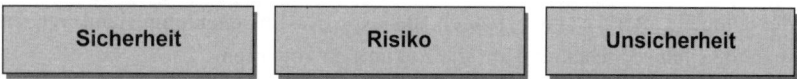

Eine sichere Erwartung liegt vor, wenn man alle relevanten Faktoren einer Entscheidung kennt oder zu kennen glaubt. Weiß man überhaupt nichts darüber, dann spricht man von einer unsicheren Erwartung bzw. von einer Entscheidung unter Unsicherheit. Glaubt man, für das Eintreffen bestimmter Ereignisse in der Zukunft Wahrscheinlichkeiten angeben zu können, dann handelt es sich um eine Entscheidung unter Risiko.

Die **normative** betriebswirtschaftliche **Entscheidungstheorie** versucht, für die unterschiedlichen Sicherheitsgrade Handlungsanweisungen zu formulieren, mit deren Hilfe das Rationalitätsprinzip verwirklicht wird. Es geht hier darum, aufzuzeigen, wie bei unterschiedlichen Sicherheitsgraden rationale Entscheidungen getroffen werden können.

Diese Aussagen können in zwei Bereiche unterteilt werden:

(1) die Systematische Analyse des Entscheidungsfeldes,

(2) die Entscheidungsregeln.

3.3.4 Entscheidungsfeld

(1) Handlungsalternativen

Entscheiden setzt voraus, dass mehrere Handlungsalternativen zur Verfügung stehen, zwischen denen eine Entscheidung herbeigeführt wird. Die Gesamtheit aller Entscheidungsmöglichkeiten und -alternativen bildet den Aktionenraum (Entscheidungsraum). Die einzelne **Handlungsalternative** besteht ihrerseits aus Aktionsparametern, das heißt aus einzelnen Handlungselementen, die zusammengenommen eine Handlungsalternative bilden.

Beispiel:

Ein landwirtschaftlicher Betrieb steht vor der Auswahlentscheidung über die Feldfrüchte, die kommendes Jahr angebaut werden sollen:

Handlungsalternative 1: Anbau von Weizen (a_1)

Handlungsalternative 2: Anbau von Rüben (a_2)

Handlungsalternative 3: Anbau von Kartoffeln (a_3)

(2) Umweltbedingungen

Zu welchen Ergebnissen die einzelnen Handlungsalternativen führen, kann nicht allgemein sondern nur vor dem Hintergrund einer bestimmten zukünftigen **Umweltsituation** beurteilt werden. So wird es in dem o.g. Beispiel u.a. davon abhängen, mit welchen Witterungsverhältnissen in der kommenden Wirtschaftsperiode zu rechnen ist. In die Betrachtung müssen also Informationen über diese Umweltkonstellation mit einfließen. Die Umweltkonstellation wird auch als Zustand bezeichnet und die Menge aller möglichen Zustände als der **Zustandsraum**.

Beispiel:

Zustand 1: trockene und heiße Witterung (z_1)

Zustand 2: regnerische und kühle Witterung (z_2)

Zustand 3: feuchte und warme Witterung (z_3)

(3) Ergebnisse

Aus der Gegenüberstellung des Aktionenraums und des Zustandsraums entsteht eine **Ergebnismatrix**. Jede Handlungsalternative wird mit jeder Umweltkonstellation (Zustand) konfrontiert und hieraus das Handlungsergebnis abgeleitet; es entsteht dann eine Ergebnismatrix, die für jede mögliche Kombination von Aktion und Zustand ein hieraus abgeleitetes Ergebnis aufzeigt.

In dem hier betrachteten Beispiel bestehen die Ergebnisse zunächst und in der Hauptsache in den unterschiedlichen Erntemengen der Feldfrüchte in Abhängigkeit von den möglichen Witterungsverhältnissen. Der Anbau der Feldfrüchte zeitigt aber weitere Ergebnisse, die vielleicht unbeabsichtigt und auch unerwünscht sind, aber dennoch berücksichtigt werden müssen. So werden als weitere Ergebnisse des Anbaus z.B. die Verbesserung/Verschlechterung der Bodenqualität (+/o/-) und der Verbrauch von Ressourcen (1 – 10) mit in die Überlegungen einfließen.

Abb. 24: Beispiel einer Ergebnismatrix

Aktionenraum Zustandsraum *Fruchtanbau*	Witterungs-verhältnisse z_1	z_2	z_3
a_1	e_{11}: **10/+/9**	e_{12}: **12/o/7**	e_{13}: **14/o/8**
a_2	e_{21}: **11/-/8**	e_{22}: **7/-/6**	e_{23}: **3/+/2**
a_3	e_{31}: **15/o/5**	e_{32}: **23/-/10**	e_{33}: **19/-/7**

Hier bedeutet dann z.B. e_{11}: **10/+/9** gleich: 10t Ertrag/Verbesserung der Bodenqualität/hoher Verbrauch von Ressourcen

(4) Ergebnisbewertung

Die Ergebnismatrix enthält die **unbewerteten Ergebnisse** der einzelnen Handlungsalternativen. Sie ist das Rohmaterial, das zur Entscheidungsfindung noch weiter aufbereitet werden muss. Denn die Ergebnisse besagen für sich genommen noch nichts darüber, wie sie betriebswirtschaftlich zu bewerten sind. Erst durch den Vergleich der Ergebnisse mit den betrieblichen Zielsetzungen lässt sich der **Nutzen** der Ergebnisse für den Betrieb ermessen. Die Ergebnisse sind also hinsichtlich ihres Nutzens zu bewerten. Hierbei ist auch zu berücksichtigen, dass die einzelnen Ergebnisse mehrere oder auch eine Vielzahl von Merkmalen haben können, die nicht ohne weiteres vergleichbar sind. So beinhaltet das Ergebnis e_{32} in dem obigen Beispiel zwar die höchste Produktionsmenge, sie führt aber gleichzeitig zu einer Verschlechterung der Bodenqualität und ist mit dem größten Ressourcenverbrauch verbunden, während das Ergebnis e_{23} zwar einen geringen Mengenertrag bringt, aber die Bodenqualität verbessert und einen sehr geringen Ressourcenverbrauch verursacht. Es ist deshalb erforderlich, die einzelnen Ergebnisse einer Bewertung zu unterziehen, welche die verschiedenen Teilergebnisse zu einem einzigen Nutzenwert verdichtet und die Ergebnisse damit vergleichbar macht. Diese Nutzenbewertung wird mit Hilfe der **Nutzwertanalyse**[1] vorgenommen.

---

[1] Zur Methode der Nutzwertanalyse vgl. Kap. 3.3.6.

Abb. 25: Beispiel einer Nutzwertmatrix

Zustandsraum Aktionenraum *Fruchtanbau*	*Witterungs- verhältnisse* z_1	z_2	z_3
a_1	u_{11}: **4**	u_{12}: **2**	u_{13}: **3**
a_2	u_{21}: **1**	u_{22}: **2**	u_{23}: **4**
a_3	u_{31}: **1**	u_{32}: **3**	u_{33}: **5**

Die Nutzwerte der Ergebnisse können dann analog der Ergebnismatrix in einer Nutzwertmatrix dargestellt werden. In der obigen Tabelle sind die Nutzwerte u der für die Beispiel-Ergebnisse des landwirtschaftlichen Betriebes der Einfachheit halber fiktiv eingetragen. Die Bewertung erfolgt nach einer Fünferskala, wobei 1 den niedrigsten und 5 den höchsten Nutzen bezeichnet.

3.3.5 Entscheidungsregeln

(1) Entscheidungen bei Sicherheit
Entscheidungen bei Sicherheit basieren auf der sicheren Annahme oder Erwartung des Eintretens eines bestimmten Zustandes. Die Wahrscheinlichkeit für das Eintreten dieses Zustandes ist p = 1 oder 100 %. Der Zustandsraum verengt sich damit auf nur einen in die Betrachtung einfließenden Zustand. Die Nutzwertmatrix beinhaltet dann also nur noch eine Spalte.

Abb. 26: Beispiel einer Nutzwertmatrix bei Entscheidungssicherheit

Zustandsraum Aktionenraum	z_1 Nutzwerte
a_1	4
a_2	1
a_3	1

In dem Beispiel des landwirtschaftlichen Betriebes sei angenommen, der Landwirt habe einen direkten Draht zu Petrus und er sei deshalb sicher, dass im kommenden Jahr mit trocken-heißer Witterung (z_1) zu rechnen sei.

Dem Landwirt wird die Entscheidung nicht schwer fallen. Der Anbau von Getreide (a_1) ist hier die mit Abstand nutzbringendste Alternative.

(2) Entscheidungen bei Risiko

Entscheidungen bei Risiko sind dadurch gekennzeichnet, dass das Eintreffen der einzelnen Umweltzustände nicht mit Sicherheit sondern lediglich mit einer bestimmten Wahrscheinlichkeit vorhergesagt werden kann. Dabei addieren sich die Wahrscheinlichkeiten der einzelnen Zustände auf 1 (100 %). Nach dem **Bayes-Prinzip** ist in diesem Falle diejenige Alternative zu wählen, die den größtmöglichen Erwartungswert realisiert. Der Erwartungswert seinerseits ist die Summe der mit der Zustandswahrscheinlichkeit multiplizierten Nutzenwerte einer Handlungsalternative.

Abb. 27: Beispiel einer Nutzwertmatrix bei Risikoentscheidungen

Zustandsraum				
Wahrscheinlichkeiten für **Aktionenraum**	z1 0,2	z2 0,5	z3 0,3	**Erwartungswert**
a_1	4	2	3	4 x 0,2 + 2 x 0,5 + 3 x 0,3 = <u>2,7</u>
a_2	1	2	4	1 x 0,2 + 2 x 0,5 + 4 x 0,3 = <u>2,4</u>
a_3	1	3	5	1 x 0,2 + 3 x 0,5 + 5 x 0,3 = **<u>3,2</u>**

Für das Beispiel des landwirtschaftlichen Betriebes sei im folgenden angenommen, dass die Witterungsverhältnisse aufgrund einer Wetterprognose mit jeweils bestimmten Wahrscheinlichkeiten erwartet werden können. Demnach ist mit 50% Wahrscheinlichkeit mit einer regnerisch-kühlen Witterung zu rechnen. Die Wahrscheinlichkeiten für ein feucht-warmes bzw. trockenheißes Wetter liegen dagegen bei nur bei 30% bzw. 20%.

Der höchste Erwartungswert wird in diesem Beispiel bei der Alternative a_3 erreicht. Der Landwirt würde dann also Kartoffeln anbauen.

(3) Entscheidungen bei Unsicherheit

Entscheidung bei Unsicherheit besagt, dass über das Eintreten der einzelnen Zustände des Zustandsraumes keine Wahrscheinlichkeitsaussagen möglich sind. Es ist völlig offen, ob ein bestimmter Zustand eintritt oder nicht und es ist auch nicht abzuschätzen, mit welcher Wahrscheinlichkeit dies der Fall sein wird. Zur Lösung des Entscheidungsproblems bei Unsicherheit wurden eine Reihe von Entscheidungsregeln formuliert, die jeweils mit spezifischen Vor- und Nachteilen verbunden sind.

Zu den bekanntesten Entscheidungsregeln bei Unsicherheit gehören die Maximin-Regel und die Maximax-Regel.

(a) Maximin-Regel
Nach der Maximin-Regel wird jene Handlungsalternative bevorzugt, die das Maximum der Zeilenminima erreicht.

Abb. 28: Beispiel einer Nutzwertmatrix nach der Maximin-Regel

Zustandsraum Aktionenraum	z_1	z_2	z_3	Zeilen- minima
a_1	4	2	3	**2**
a_2	1	2	4	1
a_3	1	3	5	1

Der Maximin-Regel liegt eine pessimistische Haltung zugrunde. Sie bevorzugt jene Handlungsalternative, die bei Eintritt ungünstiger Bedingungen einen dann noch vergleichsweise guten Nutzwert gewährleistet.

In dem Beispiel des landwirtschaftlichen Betriebes würde bei dieser pessimistischen Haltung der Getreideanbau zu bevorzugen sein. Es ist dann zwar kein überragendes Ergebnis zu erwarten, es besteht aber auch nicht das Risiko einer totalen Missernte.

(b) Maximax-Regel
Nach der Maximax-Regel wird jene Handlungsalternative bevorzugt, die das Maximum der Zeilenmaxima erreicht.

Die Maximax-Regel geht von einer optimistischen Grundhaltung aus. Sie maximiert den Nutzen bei Eintritt günstiger Annahmen über den Zustandsraum.

Abb. 29: Beispiel einer Nutzwertmatrix nach der Maximax-Regel

Aktionenraum \ Zustandsraum	z_1	z_2	z_3	Zeilen- maxima
a_1	4	2	3	4
a_2	1	2	4	4
a_3	1	3	5	**5**

Bei einer optimistischen Erwartungshaltung wird sich der Landwirt für den Kartoffelanbau entscheiden. Er verspricht bei günstigen Witterungsbedingungen den besten Ertrag. Er riskiert dabei jedoch auch eine totale Missernte, wenn die Witterung ungünstig ist.

(c) Hurwicz-Regel

Die Hurwicz-Regel (Pessimismus-Optimismus-Regel) kombiniert die beiden vorgenannten Entscheidungsregeln miteinander. In die Überlegungen werden beide Aspekte mit einbezogen.

In einem ersten Schritt werden in der Nutzwertmatrix sowohl die Zeilenmaxima als auch die Zeilenminima berechnet. In dem hiesigen Beispiel können die Werte aus den beiden vorgenannten Tabellen übernommen werden.

Abb. 30: Beispiel einer Nutzwertmatrix nach der Hurwicz-Regel

Aktionenraum \ Zustandsraum	z_1	z_2	z_3	Zeilen- maxima	Zeilen- minima
a_1	4	2	3	4	**2**
a_2	1	2	4	4	1
a_3	1	3	5	**5**	1

Um jedoch eine differenzierte Einbeziehung des Risikobewusstseins des Entscheidungsträgers zu ermöglichen, wird nach der Hurwicz-Regel zusätzlich ein ‚Optimismus-Parameter' (λ) eingeführt. Er kann Werte zwischen 0 und 1 annehmen. Ist dieser Optimismus-Parameter hoch (nahe bei 1), dann bringt dies eine optimistische Haltung des Entscheidungsträgers über den Zustandsraum zum Ausdruck. Ist der Wert sehr niedrig (nahe 0), so drückt er eine pessimistische Haltung aus. Indem der Entscheidungsträger diesen Wert frei bestimmen kann, basiert eine Entscheidung nach der Hurwicz-Regel auf einer differenzierteren Lagebeurteilung und Einschätzung der Entscheidungssituation als nach den zuvor beschriebenen Methoden, die lediglich die Einnahme von Extrempositionen erlauben.

In dem Rechenbeispiel wird für den Optimismusparameter ein Wert von $\lambda = 0,70$ angenommen. Dies bedeutet, dass der Landwirt relativ optimistisch ist, dass eine Wettersituation eintritt, die ihm nicht die gesamte Ernte verdirbt. Seine Haltung ist stärker risiko- als sicherheitsorientiert.

Abb. 31: Bewertung mit dem Optimismus-Parameter

Aktionenraum / Zeilen-extremwerte	Zeilen-maxima $* \lambda$	Zeilen-minima $* (1 - \lambda)$	Summe
a_1	4 * 0,7 = 2,8	2 * 0,3 = 0,6	2,8 + 0,6 = 3,4
a_2	4 * 0,7 = 2,8	1 * 0,3 = 0,3	2,8 + 0,3 = 3,1
a_3	5 * 0,7 = 3,5	1 * 0,3 = 0,3	3,5 + 0,3 = **3,8**

Die Entscheidung nach der Hurwicz-Regel erfolgt auf der Grundlage einer Gewichtung der Zeilenmaxima bzw. –minima mit dem Optimismus-Parameter (λ) bzw. mit dem Faktor $(1 - \lambda)$. Die Summe der Produkte aus beiden Gewichtungen bestimmt die Entscheidung. Es wird jene Alternative bevorzugt, deren Gewichtungssumme den höchsten Wert erreicht. In dem hiesigen Beispiel ist dies Alternative a_3.

Gemeinsam ist den dargestellten Entscheidungsregeln wie auch allen anderen Versuchen dieser Art, dass sie das Problem der Ungewissheit nicht beseitigen können. Ungewissheit kann verringert werden durch eine intensive Information über die zur Entscheidung anstehenden Probleme und ihre sorgfältige Analyse und Abwägung. Eine wirklich sichere Entscheidung, die den Erfolg garantieren kann, gibt es jedoch nicht.

Eine der wesentlichen Aufgaben verantwortlicher Betriebsführung ist gerade darin zu sehen, im vollen Bewusstsein der Risiken und Unwägbarkeiten und unter Ausschöpfung aller verfügbaren Daten und Informationen rationale Entscheidungen herbeizuführen, die den Bestand und die Entwicklung des Betriebes gewährleisten.

3.3.6 Nutzwertanalyse

Die Nutzwertanalyse (auch: Punktbewertungsverfahren, Scoring-Methode; *vgl. Schierenbeck/Wöhle 2008, S. 192 ff*) wird vor allem angewandt, wenn eine Entscheidung getroffen werden soll, die von mehreren Zielkriterien abhängt, in die **qualitative** Überlegungen einfließen (z.B. in dem vorgenannten Beispiel eines landwirtschaftlichen Betriebes). Denn in vielen Fällen bereitet die zahlenmäßige Darstellung der Entscheidungskriterien große Schwierigkeiten. Die Kriterien sind auch oft subjektiv und/oder unbewußt.

Kaufentscheidungen beispielsweise unterliegen häufig stark subjektiv-unbewußten Auswahlkriterien. Eine Verbesserung kann durch die Nutzwertanalyse erreicht werden, weil sie die **subjektiven** Entscheidungskriterien bewußt macht und zur Begründung zwingt. Die Nutzwertanalyse ist keine Methode, die zu einer objektiven Entscheidungsfindung führt, sie erhöht jedoch die Rationalität des Entscheidungsprozesses und damit auch die erzielte Entscheidungsqualität.

Abb. 32: Ablaufschema einer Nutzwertanalyse

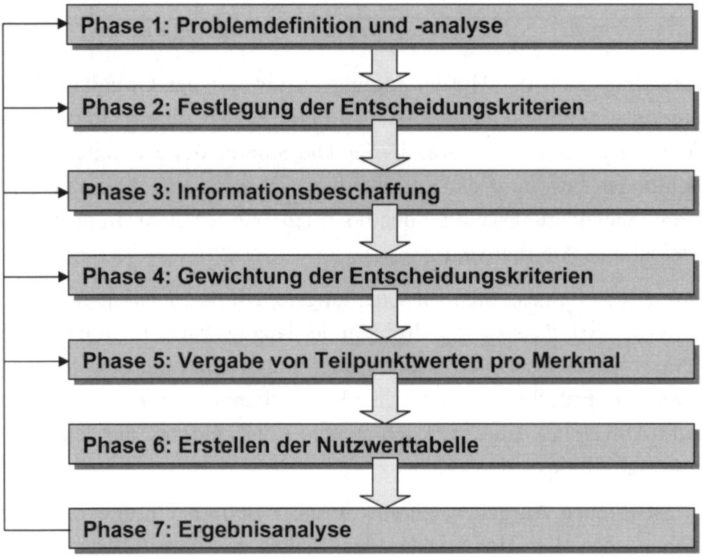

Phase 1: Problemdefinition und -analyse

Phase 2: Festlegung der Entscheidungskriterien

Phase 3: Informationsbeschaffung

Phase 4: Gewichtung der Entscheidungskriterien

Phase 5: Vergabe von Teilpunktwerten pro Merkmal

Phase 6: Erstellen der Nutzwerttabelle

Phase 7: Ergebnisanalyse

An einem einfachen Beispiel soll im Fogenden eine solche Nutzwertanalyse dargestellt werden.

Beispiel Kaufentscheidung:
Beim Kauf einer Stereoanlage wird man nicht irgendein Gerät nehmen, sondern eine Auswahl treffen, d.h. zu einer bewussten Entscheidung für ein bestimmtes Gerät kommen. Je sorgfältiger die Auswahl erfolgt, desto größer wird die Zufriedenheit mit diesem Gerät sein.

(1) Problemdefinition und Problemanalyse
Das Problem selbst ist hier der Wunsch nach einer Stereoanlage. Bei der Problemanalyse ergeben sich dann - jedenfalls theoretsich - zwei Möglichkeiten: Kauf der Anlage oder Selbstbau. Im folgenden wird davon ausgegangen, dass der Selbstbau hier ausscheidet, dass es sich also um eine Kaufentscheidung handlelt.

Bei betrieblichen Entscheidungen, etwa bei der Errichtung neuer Anlagen, stellt sich allerdings in der Tat oft die Frage, ob man benötigte Anlagen, Gebäude etc. nicht auch selbst herstellen kann *(Make-or-Buy-Entscheidung, vgl. Kap. 5.1.3.2).*

(2) Festlegung der Entscheidungskriterien
Der Preis soll max. 2.000,- € betragen. Die Musikleistung soll mindestens 100 Watt je Kanal betragen. Die Anlage muss der DIN-Norm 45500 entsprechen. Der Frequenzumfang soll 20 - 20.000 Hertz umfassen. Der Klirrfaktor soll nicht größer als 0,5 % sein. Die Technik soll modern sein. Der Anschlusswiderstand für die Lautsprecherboxen muss 4 Ohm betragen.

Diese Auswahlkriterien sind nun zunächst dahingehend zu überprüfen, ob es sich um Sollziele (Sollkriterien) oder um Mussziele (Musskriterien) handelt. **Musskriterien** sind zwingend. Eine Lösungsalternative, die sie nicht erfüllt, scheidet aus. **Sollkriterien** hingegen beinhalten diejenigen Zielsetzungen, die möglichst weitgehend realisiert werden sollen. Der Zielerreichungsgrad ist dann Maßstab der Bewertung.

Beispiel:
In unserem Beispiel soll der Anschlusswiderstand ein Musskriterium sein, da die Anlage auf jeden Fall mit den bereits vorhandenen Boxen betrieben werden soll.
Desweiteren wird die Einhaltung der DIN-Norm als zwingendes Kriterium angesehen.
Die übrigen Kriterien werden hingegen als Sollvorgaben aufgefasst.

(3) Informationsbeschaffung

Die Sammlung von Katalogen und Prospekten und die Recherche im Internet hat ergeben, dass folgende Anlagen den Muss-Kriterien genügen:

Abb. 33: Beispiel einer Ergebnismatrix

	Gerät A	Gerät B	Gerät C	Gerät D
Preis	1.700,-	1.900,-	1.250,-	1.350,-
Frequenzbereich	20-20 KHz	10-40 KHz	20-20 KHz	20-30 KHz
Klirrfaktor	0,5 %	0,4 %	0,5 %	0,2 %
Ausgangsleistung (sinus)	2 x 120 W	2 x 90 W	2 x 80 W	2 x 100 W
techn. Ausstattung	Fernbedienung Sendersuch- lauf, Sensortasten	Sendersuch- lauf, Digitalanzeige	Standard Transistor	Standard Transistor

(4) Gewichtung der Entscheidungskriterien

Die Entscheidungskriterien werden in eine Rangfolge gebracht und entsprechend ihrer subjektiv empfundenen Bedeutung mit Faktoren gewichtet.

(a) Diese Gewichtung kann in Form einer **freihändigen** Vergabe von Gewichtungspunkten vorgenommen werden. Dies kann beispielsweise in der Art geschehen, dass insgesamt maximal 100 Punkte zur Verfügung stehen, die entsprechend der Bedeutung, die der Entscheidungsträger den Kriterien beimisst, vergeben werden, etwa wie in dem folgenden Beispiel:

Abb. 34: Beispiel einer freihändigen Gewichtung von Kriterien

lfd. Nr.	Kriterium	Gewichtung
1	Preis	40 Punkte
2	Frequenzbereich	30 Punkte
3	Klirrfaktor	15 Punkte
4	Ausgangsleistung	10 Punkte
5	techn. Ausstattung	5 Punkte
	gesamt	100 Punkte

Das Verfahren der freihändigen Punktevergabe hat jedoch den Nachteil, dass die Gewichtung weitgehend willkürlich ist und vor allem die Gefahr besteht, dass das Ergebnis der Nutzwertanalyse durch die Gewichtung der Kriterien manipuliert werden kann.

(b) Deshalb ist es zumeist sinnvoller, anstelle der freihändigen Punktvergabe ein Verfahren zu wählen, dass der willkürlichen Gewichtung weniger Raum lässt.

Ein solches Verfahren ist die Anwendung der **Präferenz-Matrix** (Präferenz-Dreieck).

Abb. 35: Beispiel für ein Präferenzdreieck

Laufende Nummer	Kriterium	Vorzugs-häufigkeit	Gewicht (%)	Präferenzen
1	Anschaffungspreis	3	30	
2	Frequenzbereich	2	20	
3	Klirrfaktor	3	30	
4	Ausgangsleistung	1	10	
5	techn. Ausstattung	1	10	

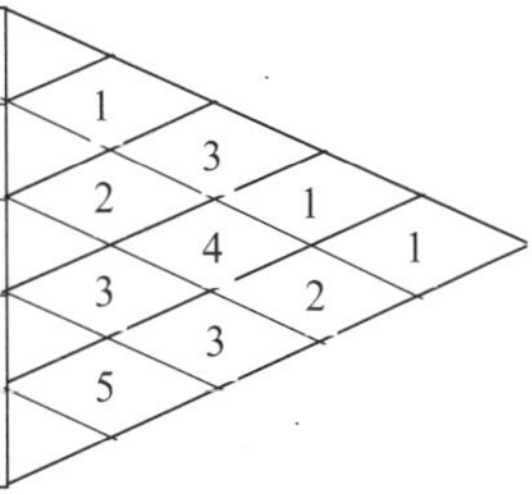

Die Methode des Präferenzdreiecks beruht auf dem Prinzip des **paarweisen** Vergleichs. Jedes Kriterium wird mit allen anderen verglichen. Bei dem Vergleich zweier Kriterien gibt der Anwender jeweils einem Kriterium die **Präferenz**. Diese Präferenz wird in das Dreieck eingetragen. Sodann wird für jedes Kriterium die Summe der Präferenzen (**Vorzugshäufigkeit**, VH) ermittelt und als Prozentwert berechnet. Dieser Prozentwert ist ein Maß für das Gewicht des Kriteriums.

Die Gewichtungsfaktoren (GwF) in % für das Kriterium i bei insgesamt n Kriterien errechnet sich nach der Gleichung:

$$GwF_i = \frac{VH_i * 100}{\sum VH} = \frac{VH_i * 2 * 100}{n(n-1)}$$

Natürlich führt auch die Anwendung der Präferenzmatrix letztendlich nicht zu einer objektiven Gewichtung der Kriterien. Eine solche kann es auch gar nicht geben. Denn die Gewichtung ist immer der Ausdruck subjektiver Bewertungen. Das Verfahren zwingt aber dazu, sich intensiv mit den eigenen Präferenzen auseinander zu setzen und es wirkt der willkürlichen und manipulativen Gewichtung entgegen.

(5) Vergabe von Teilpunktwerten für die einzelnen Merkmale
Verbreitet ist für die Punktvergabe eine Fünferskala. Gelegentlich werden auch Zehnerskalen vorgeschlagen *(vgl. z.B. Schierenbeck/Wöhle 2008, S. 195-197)*. Bei der Fünferskala entspricht 1 Punkt der schlechtesten, 5 Punkte entsprechen der besten Bewertung. Die Punktwerte können auch durch Symbole oder Begriffe dargestellt werden.

Abb. 36: Punktetabelle für eine Fünferskala

Punktezahl	Symbol	Bezeichnung
5	+ +	sehr gut
4	+	gut
3	0	mittel
2	-	schlecht
1	- -	sehr schlecht

(a) Punktvergabe bei rein *qualitativen*, nicht quantifizierbaren Kriterien
Qualitative Kriterien sind solche, deren Merkmalsausprägungen nicht gemessen und in Zahlenangaben ausgedrückt werden können. Dazu rechnen z.B. Merkmale wie: Aussehen und Bedienungskomfort oder auch, wie in unserem Beispiel, die technische Ausstattung eines Gerätes. Bei solchen Merkmalen wird die Punktvergabe zwangsläufig subjektive Elemente aufweisen. So ist z.B. die Bewertung des Aussehens eines Gegenstandes eine rein subjektive Geschmacksfrage, für die es keinen allgemeingültigen Maßstab gibt.

Auch die Bewertung z.B. der technischen Ausstattung einer Stereoanlage, ist nicht frei von subjektiven Urteilen, denn es kann nicht ohne weiteres angenommen werden, dass jedes Mehr an technischer Ausstattung von jedem auch als positiv empfunden wird.

Ein weiteres Problem kommt hinzu: nämlich die Frage nach der **Normierung** der Bewertungsskala. Hierzu wird in der Literatur z.T. die Ansicht vertreten, dass generell der besten Alternative die höchstmögliche Punktzahl (5 Pkt.), der schlechtesten immer die kleinstmögliche Punktzahl (1 Pkt.) gegeben werden sollte. Diesem Ansatz muss jedoch widersprochen werden, da er zu fehlerhaften und möglicherweise absurden Ergebnissen führen kann. So wäre es durchaus möglich, dass bei einem Entscheidungsproblem sämtliche Alternativen unseren Vorstellungen nur sehr unzureichend genügen. Dennoch wird aber die beste dieser schlechten Lösungen eine insgesamt hohe Punktzahl erreichen. Es wird dann also eine Lösung akzeptiert, die eigentlich unannehmbar ist. Dieses Problem findet sich im Übrigen analog auch in der Bewertung von Prüfungsleistungen, der Beurteilung von Mitarbeitern etc.

Hieraus folgert, dass die Normierung der Skala, d.h. die Bestimmung ihrer Extremwerte, nicht anhand der vorgefundenen Lösungsmöglichkeiten sondern an unabhängig hiervon existierenden **Maßstäben** orientiert sein muss.

In dem hier betrachteten Beispiel ist also die Punktvergabe für das Kriterium "technische Ausstattung" ein derart qualitatives Problem. Es sei hier angenommen, dass der Käufer mit einer Standardausstattung durchaus zufrieden wäre; er würde dann also den Geräten C und D jeweils 3 Punkte geben; für eine Unterschreitung des Standards würde er eine Abwertung bis minimal 1 Punkt vornehmen. Bei Gerät B könnte er z.B. den Sendersuchlauf als positiv, aber die Digitalanzeige als negativ einstufen, weil er Analog-Instrumente bevorzugt, so dass er im Ergebnis für B vielleicht auch nicht mehr als 3 Punkte zu vergeben bereit ist. Die Extras bei Gerät A entsprächen jedoch eher seiner Idealvorstellung, es fehlt ihm daran eigentlich nur eine zusätzliche LED-Anzeige. Er gibt also dem Gerät A 4 Punkte.

(b) Punktvergabe bei *quantitativen* Kriterien

Bei quantifizierbaren Kriterien ist die Situation insofern günstiger, als die Punkteverteilung zwischen den Extremwerten nach einem objektiven Verfahren vorgenommen werden kann. Und zwar lässt sich die Punktezuordnung anhand eines Koordinatenkreuzes oder einer Punkteskala objektivieren.

Für das Kriterium "Preis" in unserem hiesigen Beispiel könnte dies etwa folgendermaßen aussehen:

Beispiel einer Bewertung anhand einer Skala:

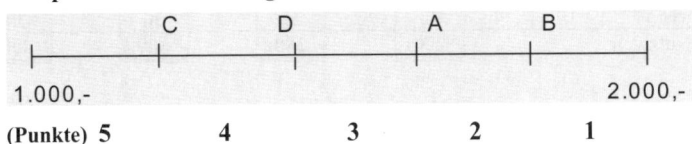

Es ergeben sich demnach folgende Bewertungen:

A = 2 Punkte; B = 1 Punkt; C = 4 Punkte; D = 4 Punkte.

Nun enthält diese Skala bereits eine Festlegung, die aus den vorhandenen Daten nicht zwingend geschlossen werden kann, nämlich die Normierung der Skala. Die Punkteskala 1 - 5 wird einer Preisskala von 1.000,- € bis 2.000,- € gegenübergestellt. Für diese Abgrenzung der Preisskala gibt es keine objektiven Verfahren. Es ist vielmehr eine subjektive Setzung des Akteurs. Die Skala besagt: ein Kaufpreis von mehr als 1.800,- € wird als sehr hoch empfunden. Geräte, die mehr als diesen Betrag kosten, erhalten die kleinstmögliche Punktzahl. Umgekehrt wird ein Preis von 1.200,- € oder weniger als sehr günstig angesehen, solche Geräte erhalten die maximale Punktzahl (5 Punkte). Liegt der Preis zwischen den Extremwerten, so kann nach der Skala ein Punktwert zugeordnet werden.

Durch die Skala kann also das Verfahren der Punktezuordnung objektiviert werden. Die Normierung der Skala bleibt aber auch hier ein rein **subjektiver** Bewertungsvorgang.

(6) Erstellen und Berechnen einer Nutzwerttabelle
Die Ergebnisse der Gewichtung der Kriterien und der Bewertung der Alternativen werden in einer Nutzwerttabelle zusammengefasst.

Abb. 37: Beispiel einer Nutzwerttabelle

Nr.	Kriterien Bezeichnung	Gew. (%)	Gerät A Bew.	TNW	Gerät B Bew.	TNW	Gerät C Bew.	TNW	Gerät D Bew.	TNW
1	Preis	30	2	60	1	30	4	120	4	120
2	Frequenzbereich	20	3	60	5	100	3	60	3	60
3	Klirrfaktor	30	2	60	3	90	2	60	5	150
4	Ausg.Leist.	10	5	50	3	30	3	30	4	40
5	techn. Ausst.	10	4	40	3	30	3	30	3	30
	Gesamt-Nutzwert			**270**		**280**		**300**		**400**

In die Nutzwerttabelle werden die Alternativen und ihre Bewertung **(Punkte)** sowie die Kriterien und ihre Gewichtung **(Prozentzahlen)** eingetragen. Aus der Multiplikation der Gewichtung mit der Punktzahl ergibt sich der **Teilnutzwert (TNW)**. Die Summe der Teilnutzwerte (Spaltensumme) ergibt den

Gesamtnutzwert (GNW) einer Alternative (eines Gerätes). Der Gesamtnutzwert ist ein Maß für den Nutzen, den eine Alternative dem Akteur stiftet. Er ist das **Kriterium der Entscheidung** für eine von mehreren Alternativen.

(7) Ergebnisanalyse
Bevor aufgrund dieser Nutzwerttabelle eine Entscheidung getroffen werden kann, sollten ihre Ergebnisse überprüft werden. Dies kann in zweierlei Hinsicht geschehen:

(a) Diskriminanz
Es ist zum einen zu fragen, ob das Ergebnis **eindeutig** ist, ob sich als Ergebnis also eine klare Entscheidung für eine bestimmte Alternative abzeichnet. Diese Frage bezieht sich auf den Abstand zwischen der besten und der zweitbesten Alternative **(Diskriminanz [D])**. Das Ergebnis ist nur dann eindeutig, wenn sich die beste Alternative von der zweitbesten deutlich abhebt. Liegen beide Alternativen dicht beieinander, dann ist das Ergebnis zweifelhaft; denn die Genauigkeit der Nutzwertanalyse ist nicht sehr groß, sie beinhaltet eben eine Reihe subjektiver und z.T. auch willkürlicher Elemente. Es lässt sich allerdings kein genereller Grenzwert angeben, wie groß der Unterschied sein müsse. Dies hängt letztlich davon ab, wie sicher man sich bei der Entscheidung sein will oder muss. Will man ein irrtümliches oder zufälliges Ergebnis mit hoher Sicherheit (Wahrscheinlichkeit) ausschließen, dann wird man eine große Differenz zwischen den beiden Alternativen fordern (etwa einen Unterschied der Nutzwerte von 20 % oder gar 30 % oder mehr). Ist man eher geneigt und in der Lage, auch ein größeres Fehlerrisiko zu tolerieren, so mögen die Anforderungen entsprechend niedriger angesetzt werden (also z.B. Differenz von 5 % oder 10 %).

Die **Diskriminanz (D)** wird nach folgender Formel berechnet:

$$D = \frac{h\ddot{o}chster\ GNW\ -\ zweith\ddot{o}chs\ ter\ GNW}{h\ddot{o}chster\ GNW} * 100$$

(b) Akzeptanz
Des Weiteren ist das Ergebnis dahingehend zu überprüfen, ob die beste Alternative auch den **Anforderungen** entspricht **(Akzeptanz [A])**. Möglich wäre ja, dass die Nutzwerte aller Alternativen, auch der besten, sehr weit hinter den

maximalen Nutzwerten zurückblieben[1]. Dann wäre also vielleicht eine der Alternativen zwar eindeutig die beste, sie wäre aber von der Idealvorstellung noch so weit entfernt, dass man sich nicht für sie entscheiden könnte. Auch hier kann keine allgemeingültige Grenze angegeben werden, denn dies hängt ganz von den individuellen Notwendigkeiten und Anforderungen ab. Benötigt man ganz dringend eine Stereoanlage, dann wird man zu Abstrichen von der Idealvorstellung eher bereit sein, als wenn man der Ansicht ist, auch ohne auszukommen, und sich zum Kauf nur entschließen, wenn man genau das Passende findet.

Die **Akzeptanz (A)** wird wie folgt berechnet:

$$A = \frac{h\ddot{o}chster\ GNW}{\max\ GNW} * 100$$

Diskriminanz und Akzeptanz im Beispiel

Für das Beispiel werden folgende Mindestanforderungen angenommen:

a) Diskriminanzniveau $\geq$ 20 %

b) Akzeptanzniveau $>$ 80 %

Tatsächlich erreicht werden:

$$D = \frac{400 - 300}{400} * 100 = \frac{100}{400} * 100 = \underline{25\%}$$

$$A = \frac{400}{500} * 100 = \underline{80\%}$$

Das geforderte Diskriminanzniveau wird deutlich überschritten, das Ergebnis besitzt also die geforderte Eindeutigkeit.

Das gewünschte Akzeptanzniveau wird genau im Minimum erreicht. Zur Absicherung des Ergebnisses wäre es in diesem Fall sinnvoll, noch einmal alle

---

[1] Der maximal mögliche Nutzwert hängt von der verwendeten Skala ab. Bei einer Fünfpunkteskala beträgt er 500 Punkte.

Schritte der Nutzwertanalyse zu wiederholen und dort, wo Unsicherheiten z.b. in der Kriterienauswahl und ihrer Gewichtung oder bei der Bewertung deutlich werden, die Daten zu variieren. Es wird sich - nach ggf. mehrmaliger Wiederholung - zeigen, ob sich das Ergebnis bestätigt oder als zufallsbedingt herausstellt.

3.4   Realisierung

Die Realisierung der getroffenen Entscheidungen ist im engeren Sinne eine operative Aufgabe, die nicht dem Management zugerechnet werden kann. Im Zuge der Realisierung kommen die Entscheidungen des Managements für alle Betriebsbereiche zur Anwendung. Ausführende Aufgaben stehen daher hier im Vordergrund.

Unter zweierlei Gesichtspunkten ist jedoch die Tätigkeit des Managements auch in diesem Stadium des betrieblichen Prozesses erforderlich: das Management muss zum einen durch die Schaffung einer geeigneten **Organisation** (vgl. Kap. 4.1) die Voraussetzungen schaffen, damit die getroffenen Entscheidungen in die Praxis umgesetzt werden können. Dazu gehört sowohl die Gestaltung einer Gebildestruktur aus Stellen und Instanzen einschließlich der Besetzung und Ausstattung dieser Stellen (**Aufbauorganisation**) wie auch die Regelung der Arbeitsabläufe im Rahmen der Prozessstrukturierung (**Ablauforganisation**). Zum anderen liegt es in der Verantwortung des Managements, die geschaffenen Strukturen in Gang zu setzen und zu halten. Es muss daher im Zuge der **Personalführung** (vgl. Kap. 4.2) beständig auf die Mitarbeiter in dieser Organisation einwirken und sie dazu veranlassen, die notwendige Arbeitsleistung zu erbringen und die einzelnen Beiträge koordinieren.

Die Managementaufgabe erschöpft sich also nicht darin, Entscheidungen vorzubereiten und zu treffen. Das Management trägt vielmehr die Verantwortung dafür, dass diese Entscheidungen tatsächlich umgesetzt werden. Es ist insgesamt für die Leistung und den Erfolg des Betriebes verantwortlich. Zu seinen Aufgaben gehört folglich alles, was diesen Erfolg beeinflussen oder sicherstellen kann, insbesondere auch die Aufgabe der Steuerung (vgl. Kap .4.3) und der Kontrolle.

3.5 Kontrolle

3.5.1 Begriff

Das Management **überwacht** die betriebliche Tätigkeit. Die Überwachung geschieht durch **Kontrolle** und **Prüfung** (Revision).

Im Gegensatz zur Kontrolle, welche die Überwachung durch eine mit der Aufgabe betrauten Person bezeichnet (i.d.R. der Vorgesetzte), spricht man von Prüfung, wenn die Überwachung durch eine dritte Person durchgeführt wird, die nicht unmittelbar in die Aufgabenerledigung einbezogen ist und nicht dem jeweiligen Verantwortungsbereich angehört.

Abb. 38: Überwachung - Kontrolle - Prüfung

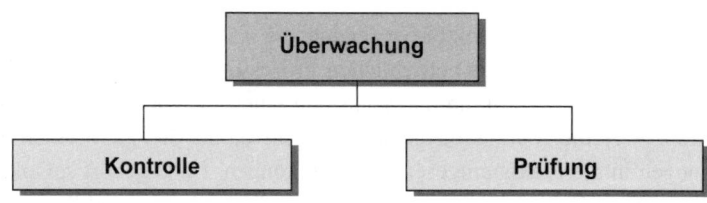

(vgl. Wöhe/Döring 2008, S. 167)

Auf die begriffliche Differenzierung von Kontrolle und Prüfung wird gelegentlich auch verzichtet, stattdessen werden Überwachung und Kontrolle (im weiteren Sinne) gleichgesetzt *(vgl. z.B. Schmidt 2009, S. 267)*.

3.5.2 Aufgabe und Funktion der Kontrolle

Die Aufgabe und die Funktion der Kontrolle veranschaulicht ihre Stellung im Managementkreis. Die Kontrolle schließt den Managementzyklus ab und leitet zum nächsten über.

Die Aufgabe der Kontrolle besteht darin, das Ausmaß der Übereinstimmung oder Abweichung zwischen dem von der Betriebsführung Gewollten und dem tatsächlich Erreichten bzw. Eingetretenen festzustellen. Kontrolle beinhaltet also immer einen **Soll-Ist-Vergleich**.

Kontrolle kann sich auf alle Tatbestände beziehen, die Gegenstand der Willensbildung der Betriebsführung sind, also auf alle durch Planungen und Entscheidungen der Betriebsführung geregelten Tatbestände. Dies sind insbesondere:

- die Feststellung des Grades der Zielerreichung auf allen Zielebenen,

- die Überprüfung der Durchführung der Maßnahmen auf ihre Übereinstimmung mit den Weisungen.

Die Kontrolle beinhaltet zusammengefasst also den Soll-Ist-Vergleich zwischen Planung (Ziel- und Maßnahmenplanung) und Realisierung.

Planung (einschl. der Entscheidung) und Kontrolle bedingen sich also gegenseitig: "Planung ist ohne Kontrolle sinnlos" und "Kontrolle ist ohne Planung ausgeschlossen" *(Schmidt 2009, S. 268)*.

Abb. 39: Kontrolle im Managementsystem

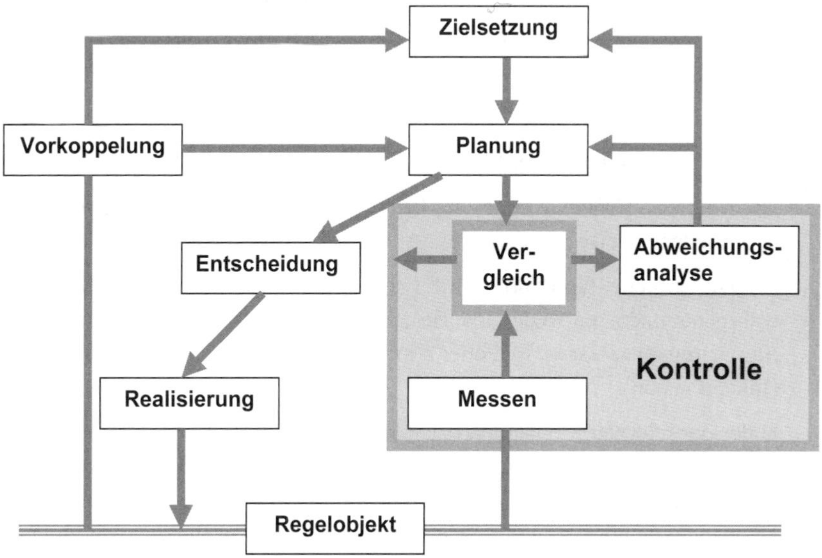

Kontrolle hat die Funktion, der Betriebsführung Informationen zu liefern, die für die Steuerung des Betriebes notwendig sind. Sie zeigt Abweichungen vom Geplanten auf und versetzt das Management damit in die Lage, korrigierend einzugreifen und die tatsächliche Entwicklung des Betriebes bei ihren Planungen und Entscheidungen stets zu berücksichtigen. Zuverlässige Kontrolle gewährleistet, dass die Entscheidungen der Betriebsführung der Realität Rechnung tragen. Mangelt es an der Kontrolle, so verliert auch die Betriebsführung mehr und mehr den Bezug zur Realität. Entscheidungen werden dann in Unkenntnis oder falscher Einschätzung der tatsächlichen Gegebenheiten des Betriebes getroffen.

Die Kontrolle ist also eine notwendige Voraussetzung für eine wirksame **Rückkoppelung** (feed back). Die Rückkoppelung speist die Daten, die am Ende des Managementzyklus durch die Kontrolle gewonnen werden, erneut in den Regelkreis ein.

Kommt es zwischen dem angestrebten Sollzustand, der aus den Zielsetzungen der Betriebsführung unter Berücksichtigung angenommener Einflussgrößen **(Vorkoppelung)** bestimmt wird, und dem Ist-Zustand zu einer Differenz, dann sind die Ursachen der Abweichung in einer **Abweichungsanalyse** zu erfassen. Das Ergebnis der Kontrolle und der Abweichungsanalyse bildet die Grundlage weiterer Planungen und Entscheidungen der Betriebsführung.

3.5.3 Arten der Kontrolle

Die Kontrolle (Überwachung) des betrieblichen Geschehens vollzieht sich auf verschiedene Weise.

(1) Die **interne Kontrolle** wird von betriebsangehörigen Kontrollorganen wahrgenommen, entweder als Bestandteil des **laufenden Führungs- und Steuerungsprozesses** und/oder im Rahmen der **internen Revision** (Innenrevision).

Unter der internen Revision versteht man eine von der Unternehmensführung angeordnete Überwachung, die vom laufenden Arbeitsprozess losgelöst ist, der Führung berichtet und sie berät. Die interne Revision erstreckt sich auf die Überwachung aller der Führungsspitze nachgeordneten Bereiche durch Personen, die von diesen nachgeordneten Stellen unabhängig sind.

In jüngerer Zeit zeichnet sich vor allem bei Großunternehmen ein Wandel in der Aufgabenstellung ab. Die Interne Revision hat zunehmend die Unternehmensführung bei Grundsatzentscheidungen zu unterstützen. Sie trifft jedoch keine eigenen Entscheidungen, sondern stellt sicher, dass die dazu erforderlichen Informationen vollständig und objektiv zur Verfügung stehen. Außerdem wirkt sie bei der Aufgabe der Koordination der betrieblichen Teilbereiche sowie dem wirksamen Einsatz der Instrumente „Planung" und „Organisation" und deren laufender Optimierung mit *(vgl. Korndörfer 2003, S. 461 f.).*

Abb. 40: Arten der Kontrolle (Überwachung)

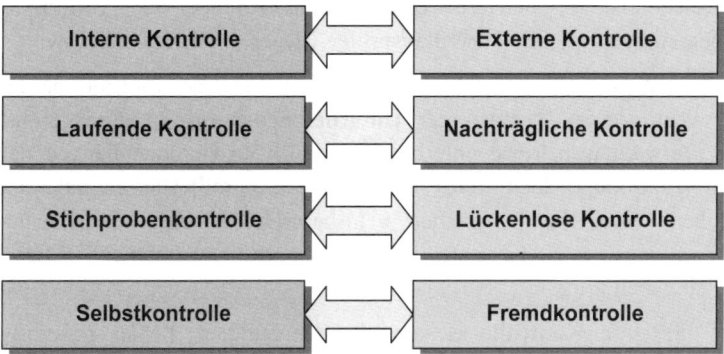

Die interne Revision ist häufig in spezialisierten Stellen oder Abteilungen institutionalisiert, die unmittelbar der Führungsspitze nachgeordnet sind, nur dieser berichten und nur von dieser weisungsabhängig sind.

Zu den **Aufgaben** der internen Revision zählen im einzelnen:

- Rentabilitäts- und Wirtschaftlichkeitsanalysen,

- Rationalisierungsuntersuchungen,

- Organisationsanalysen,

- Unternehmensbewertungen,

- Unternehmensplanung,

- Statistik.

Darüber hinaus obliegt der internen Revision die ‚**Überwachung der Überwachung'**, d.h. die Überwachung des gesamten Kontrollsystems. Analog der internen Revision in den Unternehmungen verfügen Verwaltungsbetriebe über interne Kontrollinstanzen.

(2) Die **externe Prüfung** wird von betriebsfremden Personen oder Institutionen wahrgenommen. Externe Kontrollen können für die Unternehmen gesetzlich vorgeschrieben sein (z.B. Jahresabschlussprüfung bei Kapitalgesellschaf-

ten), behördlich angeordnet werden (z.b. Prüfung strafrechtlich relevanter Tatbestände) oder freiwillig durchgeführt werden (z.b. Prüfung auf Kreditwürdigkeit). Externe Prüfungsaufgaben werden zum einen durch staatliche Institutionen wahrgenommen, wie z.b. durch die Finanzverwaltung und die Aufsichtsbehörden, zum anderen werden externe Prüfungen auch von Privaten vorgenommen, wie z.b. Wirtschaftsprüfer, Steuerberater, Banken usw.

Gelegentlich gehen externe Prüfungen auch über die reine Kontrollfunktion hinaus, wenn sie im Rahmen der **Unternehmensberatung** durchgeführt werden. Verwaltungsbetriebe unterliegen wie private Unternehmungen der externen Kontrolle, jedoch treten hier andere Kontrollinstanzen auf. Bei öffentlichen Betrieben nehmen insbesondere die Parlamente, Selbsverwaltungsorgane, Gerichte und Rechnungshöfe wesentliche externe Kontrollaufgaben wahr.

(3) Die **laufende Kontrolle** ist am ehesten geeignet, Fehler präventiv aufzudecken und frühzeitig Korrekturen zu bewirken. Sie sicherzustellen ist eine Aufgabe sowohl der Personalführung als auch der Organsation.

Der laufenden Kontrolle der betrieblichen Tätigkeit dienen verschiedene **organisatorische** Maßnahmen:

* Arbeitsabläufe sind so zu gestalten, dass sie **zwangsläufig** in einer bestimmten Art und Reihenfolge ausgeführt werden müssen.

* Durch **Funktionsteilung** kann die gegenseitige Kontrolle der Mitarbeiter verstärkt werden.

* Durch den Einbau von **Kontrolleinrichtungen** (Kontrollinstanzen, technische Einrichtungen) kann die Dichte der Kontrolle erhöht werden.

Kontrolle ist auch eine zentrale Aufgabe der **Personalführung**. Die Kontrollfunktion des Vorgesetzten erstreckt sich hier vor allem auf die Arbeitsabläufe und die Arbeitsergebnisse. Der Vorgesetzte beobachtet und korrigiert das Verhalten seiner Mitarbeiter.

Hilfsmittel der **laufenden Kontrolle** durch den Vorgesetzten sind u.a.:

* Organisationspläne
* Geschäftsverteilungspläne
* Arbeitsanweisungen
* Arbeitsablaufpläne

- Formulare
- Richtlinien und Vorschriften aller Art.

Diese Hilfsmittel beinhalten im Wesentlichen die Soll-Vorgaben.

Die Ermittlung des Ist-Zustandes erfolgt durch die unmittelbare Beobachtung des Vorgesetzten, sie kann aber auch durch technische Einrichtungen erfolgen oder unterstützt werden (z.B. Registrierkassen, elektronische Erfassungssysteme usw.).

(4) Die **nachträgliche Kontrolle** hat den Vorzug, dass die zu prüfenden Gegenstände und Handlungen sorgfältig untersucht werden können. Die Handlungen sind auch in der Regel bereits abgeschlossen und ihre Folgen bekannt. Die nachträgliche Kontrolle kann daher sehr umfassend und detailliert ihren Untersuchungsgegenstand prüfen und würdigen. Ihr Nachteil ist allerdings, dass sie Fehler erst im Nachhinein erkennen, aber nicht verhindern kann.

(5) Auch für die Kontrollaufgabe gilt das Gebot der Wirtschaftlichkeit. Deshalb wird das Bestreben nach umfassender oder lückloser Kontrolle zummeist nicht zu realisieren sein. Bei der **Stichprobenkontrolle** kommt es vor allem darauf an, dass die kontrollierte Stichprobe für die Gesamtheit, aus der sie gezogen wurde, repräsentativ ist, also nicht zu einem verzerrten Bild führt.

Ihrem Wesen nach ist die interne Revision immer eine nachträgliche Kontrolle und im Allgemeinen auch stichprobenartig. Prüfungen werden in mehr oder weniger langen, regelmäßigen oder unregelmäßigen Zeitintervallen durchgeführt. Sie können nach einem zuvor erstellten Plan **(Revisionsprogramm)** oder aus **aktuellem** Anlass (z.B. geplante Betriebsänderung) vorgenommen werden.

(6) Eine **lückenlose Kontrolle** ist vor allem dort anzustreben, wo es um besonders wichtige, für den Bestand oder die Entwicklung des Betriebes, die Sicherheit von Menschen etc. relevante Tatbestände geht. Aufgrund des hohen Aufwandes, den eine lückenlose Kontrolle im Allgemeinen erfordert, muss sie aber auf solche Bereiche beschränkt bleiben. Auch ist zu prüfen, ob die notwendige Kontrolle in diesen Fällen nicht auch durch technische oder organisatorische Maßnahmen kostensparend gewährleistet werden kann.

(7) Traditionell wird unter Kontrolle vor allem die **Fremdkontrolle** verstanden, d.h. es findet eine Trennung statt zwischen der Aufgabenausführung

und der Kontrolle. Die Trennung von Ausführung und Kontrolle schließt subjektive Verfälschungen der Kontrollergebnisse aus, wird von den betroffenen Mitarbeitern, deren Arbeit oder Arbeitsergebnisse kontrolliert werden aber nicht selten als Misstrauen verstanden und abgelehnt.

(8) In modernen Führungsmodellen wird daher der Möglichkeit der **Selbstkontrolle** mehr Raum gegeben. Es wird angenommen, dass qualifizierte und motivierte Mitarbeiter in hohem Maße zu selbstverantwortlichem Handeln befähigt sind und weniger der Fremdkontrolle bedürfen. Stark arbeitsteilig zerlegte Arbeitsvollzüge werden unter diesem Gesichtspunkt um Planungs- und Kontrollaufgaben angereichert, um die Arbeitszufriedenheit und die Motivation der Mitarbeiter zu fördern.

3.6   Wiederholungsfragen

**Lösungshinweise
siehe Seite**

46. Erläutern Sie die einzelnen Phasen des Managementkreises.	51
47. Welche Aufgaben hat die Betriebsführung bei der Realisierung?	52
48. Nennen Sie die drei Elemente von Zielen.	52
49. Was ist der Unterschied zwischen Sach- und Formalzielen?	53
50. Grenzen Sie Leistungs- und Erfolgsziele voneinander ab.	54
51. Nennen Sie je zwei Beispiele für absolute und relative Ziele.	54
52. Nennen Sie je zwei Beispiele für monetäre und nicht-monetäre Ziele.	54
53. Nennen Sie verschiedene Zielerreichungsgrade.	55
54. Geben Sie zwei Beispiele für Zicle mit unterschiedlichem Zeitbezug.	55
55. Formulieren Sie zwei vollständige Ziele.	53-55
56. Leiten Sie aus dem Oberziel ‚Gewinn' für den Produktionsbereich und den Absatzbereich die zweite und dritte Zielebene ab.	56
57. Nennen und erläutern Sie die drei möglichen Zielrelationen.	57
58. Beschreiben Sie die einzelnen Phasen des Zielplanungsprozesses.	59
59. Beschreiben und diskutieren Sie das Problem der Ungewissheit.	59-60
60. Nennen Sie beispielhaft 5 Arten der Planung.	61
61. Nennen Sie 5 Planungsprinzipien.	62
62. Erläutern Sie das Prinzip der Flexibilität.	63
63. Stellen Sie die besondere Rolle des Wirtschaftlichkeitsprinzips dar.	63
64. Definieren Sie den Begriff ‚Entscheidung'.	64
65. Diskutieren Sie den Satz: ‚Rationalität der Entscheidung liegt in dem Prozess, nicht in ihrem Ergebnis begründet.'	65
66. Erläutern Sie die drei Entscheidungssituationen.	66

4 Management als Gestaltungs- und Steuerungsfunktion

4.1 Organisation

4.1.1 Begriff und Ziele

Der Begriff Organisation kann unter institutionellen, instrumentellen und funktionellen Gesichtspunkten betrachtet werden *(vgl. Schulte-Zurhausen 2010, S. 1 ff.)*:

- In der **institutionellen** Betrachtung wird eine Organisation als zielgerichtetes, offenes und soziales System mit einer formalen Struktur definiert.

- Alle Organisationen (z.b. Behörden, Kirchen, Vereine, Parteien) haben das gemeinsame Merkmal, dass sie zwischen Individuen und Gruppen **dauerhafte Regelungen** zur Aufgabenerfüllung festlegen, um gemeinsam in Arbeitsteilung ein bestimmtes Ziel zu erreichen. Das gesamte betriebliche Geschehen basiert somit auf Regelungen bzw. Anweisungen, die sicherstellen sollen, dass im betrieblichen Ablauf eine **Ordnung** herrscht **(instrumenteller Aspekt)**. Diese umfassen beispielsweise die Verteilung von Aufgaben und Kompetenzen und Festlegungen zur Abwicklung von Arbeitsabläufen, um den Einsatz von Sachmitteln und den Informationsaustausch zu regeln.

- Alle Aktivitäten, die mit der Planung, Einführung und Durchsetzung von Regelungen und Strukturen verbunden sind, können – in **funktioneller Hinsicht** – der **Organisationsgestaltung** zugeordnet werden *(vgl. Grochla 1982, S. 2)*. Dieses ‚Organisieren' ist eine kontinuierliche Herausforderung, das „Diagnosefähigkeiten, gestalterische Phantasie, aber auch das Vermögen, organisatorische Veränderungen durchzuführen, erfordert. Es ist ein gewichtiges Element im Aufgabenbereich jeder Führungskraft" *(vgl. Steinmann/Schreyögg 2005, S. 439)*.

Das vorrangige Ziel des Organisierens besteht darin, gute und effektive Organisationsstrukturen zu etablieren *(vgl. Schulte-Zurhausen 2010, S. 5)*. Als effektiv gilt eine Organisation, wenn sie die Betriebsziele möglichst gut erfüllt, d.h. der betriebliche Aufbau (**Aufbauorganisation**) und der betriebliche Ablauf (**Ablauforganisation**) sind im Hinblick auf diese Ziele zu gestalten.

Die Organisationsgestaltung beinhaltet ferner die **Organisationsentwicklung**, die vor allem darauf abzielt, die Einstellungen und Verhaltensweisen der Mitglieder zu verändern.

4.1.2 Formelle und informelle Organisation

Formelle und informelle Organisation sind wie die beiden Seiten einer Medaille untrennbar miteinander verbunden.

Die zunächst sichtbare Seite der Organisation, die **formelle Organisationsstruktur**, wird durch die Aufbau- und Ablauforganisation gebildet. Diese bewusst geschaffene, rational gestaltete Organisation basiert üblicherweise auf schriftlich fixierten Regelungen, zu deren Einhaltung sich ein Organisationsmitglied schon beim Eintritt in die Organisation verpflichtet.

Die **informelle Organisation** ist die Kehrseite der Medaille. Sie entwickelt sich unvermeidlich, ungeplant und ungewollt. Sie besteht aus einem System menschlicher Beziehungen bzw. sozialer Strukturen innerhalb eines Betriebes, das durch persönliche Ziele, Wünsche, Sympathien und Verhaltensweisen der Organisationsmitglieder entsteht und bestimmt wird.

Die informelle Organisation umfasst mehrere Elemente:

- die informelle Kommunikation,
- den sozialen Status,
- informelle Normen und Einstellungen,
- informelle Beziehungen und Gruppen,
- informelle Macht und subjektive Autorität.

(vgl. Mayntz 1958, S. 41 ff.)

Diese informellen Phänomene können die formelle Organisation behindern, sie aber auch unterstützen. So ist es möglich, dass informelle Regelungen die vorhandenen Schwächen einer formellen Organisation kompensieren sowie zur Stabilisierung der Organisation und zur Steigerung des Leistungserfolges der Organisationsmitglieder beitragen, z.B. durch rasche und unkomplizierte kollegiale Verständigung *(vgl. Schreyögg 2008, S. 13)*.

Die Betriebsleitung hat daher die Aufgabe, die möglichen positiven Wirkungen informeller Gruppen bzw. Strukturen freizusetzen und zu fördern.

4.1.3 Organisationsgrundsätze

Wirksam ist eine Organisation, wenn sie unter anderem folgende Grundsätze erfüllt:

(1) Zweckmäßigkeit

Eine Organisation stellt keinen Selbstzweck dar, d.h. die organisatorischen Regelungen müssen den betrieblichen Zielen gerecht werden. Organisieren ist folglich immer als zweckgerichtetes Handeln zu verstehen.

(2) Wirtschaftlichkeit

Das ökonomische Prinzip muss bei allen organisatorischen Regelungen beachtet werden. Bei mehreren alternativen Handlungen ist stets die wirtschaftlichste Alternative zu wählen. Ziel ist es, innerhalb der Organisation den rationalen Umgang mit knappen Ressourcen sicherzustellen.

(3) Eindeutigkeit und Klarheit

Dieser Grundsatz fordert, dass die Organisation eindeutig auf das Betriebsziel hin ausgerichtet werden soll. Des Weiteren sind alle wesentlichen Strukturen, Arbeitsabläufe und Informationswege vollständig, klar und widerspruchsfrei zu regeln.

(4) Prinzip des organisatorischen Gleichgewichts

Organisationsstrukturen sind grundsätzlich auf Dauer angelegt. Sie unterscheiden sich daher von der **Disposition** (Regelung von Einzelfällen) und der **Improvisation** (vorläufige und a priori zeitlich begrenzte Regelung). Ziel der Organisation muss sein, ein Optimum zwischen grundsätzlicher Regelung und fallweiser Bearbeitung zu erreichen. Folglich ist auf ein ausgeglichenes Verhältnis zwischen Dauerregelungen (Stabilität) und fallweisen Regelungen (Flexibilität) zu achten. Dies wird durch die Ausgewogenheit von Organisationsplanung, Disposition und Improvisation erreicht:

- Dauerhafte allgemeine Regelungen geben dem betrieblichen Ablauf ein hohes Maß an Gleichheit, Regelmäßigkeit und Einfachheit der zu organisierenden Vorgänge. Dadurch erhält der gesamte Betrieb Sicherheit und Stabilität. Der Vorteil von allgemeinen Regelungen liegt in der Vereinfachung von Führungsaufgaben und folglich in der Entlastung der Führungskräfte. Nachteilig ist die damit einhergehende Schematisierung von Abläufen, wodurch die Flexibilität der Organisation eingeschränkt werden kann. Wird jedoch jede Aufgabe bis in die letzte Einzelheit organisiert, so ist der

Betrieb **überorganisiert**. Der Betrieb wirkt dann starr und unbeweglich und kann nicht mehr schnell genug auf Datenänderungen (z.B. auf dem Beschaffungs- und Absatzmarkt) reagieren.

* Fallweise Entscheidungen ermöglichen im Einzelfall eine vereinfachte und wirtschaftliche Lösung. Bei einer hohen Elastizität kann der Betrieb schnell auf Datenänderungen reagieren. Eine Organisation, in der es zu ungleicher Behandlung der gleichen Vorgänge kommt, in der also fallweise Entscheidungen auch dort vorherrschen, wo allgemeine Regelungen sinnvoll wären, ist **unterorganisiert**. Dies kann Unklarheiten und Konflikte im Betrieb fördern sowie zur Verunsicherung der Mitarbeiter beitragen.

Abb. 41: Organisatorisches Gleichgewicht

Improvisation	Disposition	Organisationsplanung
außerplanmäßige, spontane Regelung für Einzelvorgänge	planmäßige Regelung im Rahmen des Entscheidungsspielraumes für Einzelvorgänge	Festlegung allgemeingültiger, dauerhafter Regelungen

Elastizität ⟶ **Stabilität**

organisatorisches Gleichgewicht

⟵──────────────────────────────⟶

Insgesamt ist es Aufgabe der Organisationsgestaltung, das für den konkreten Fall zweckdienliche Verhältnis zwischen Stabilität und Elastizität zu finden. Grundsätzlich werden umso mehr **allgemeine Regelungen** getroffen und sind umso weniger **spezielle Anforderungen** notwendig, je gleichartiger, regelmäßiger und repetitiver die betrieblichen Abläufe sind.

Nach dem **Substitutionsgesetz der Organisation** wird bei fortdauernder Betriebsdauer und zunehmender Gleichartigkeit und Wiederholungsrate Improvisation durch Disposition und Disposition durch Organisation ersetzt *(vgl. Gutenberg 1983, S. 239 ff.)*, d.h. spezielle Entscheidungen im Einzelfall werden dann durch allgemeine Regelungen substituiert. Aber auch allgemeine Regelungen sollten von Zeit zu Zeit im Rahmen der Organisationsprüfung auf ihre Zweckdienlichkeit hin kontrolliert werden.

4.1.4 Variablen der Organisationsgestaltung

Organisation entsteht in einem organisatorischen Gestaltungsprozess, der von Rahmenbedingungen (**Situationsvariablen**) abhängt. Die Situationsvariablen beziehen sich auf die folgenden Bereiche *(vgl. Weinert 2002, S. 8 f.)*:

- **innerbetriebliche Umwelt** (z.B. Betriebsgröße, Qualifikation der Mitarbeiter, Diversifikation, d.h. Umfang und Heterogenität der Leistungen und Märkte, Technologie)

- **marktliche Umwelt** (Wettbewerber, Kunden, Komplexität und Dynamik der Märkte, die sich aus der Struktur, den Erwartungen und Werthaltungen sowie den Aktionen der Marktteilnehmer ergibt)

- **außermarktliche Umwelt** (rechtliche, politische, gesellschaftliche und wissenschaftliche Rahmenbedingungen, die die Organisationsgestaltung beeinflussen)

Der Gestaltungsprozess wird gesteuert durch die Ziele der beteiligten Entscheider bzw. Interessengruppen (z.B. Management, Mitarbeiter, Kapitalgeber, Kunden). Die Chance, die eigenen Ziele durchzusetzen, hängt maßgeblich von den bestehenden Machtkonstellationen und den institutionellen Gestaltungsbedingungen ab *(vgl. Weinert 2002, S. 8)*.

Abb. 42: Modell der Organisationsgestaltung

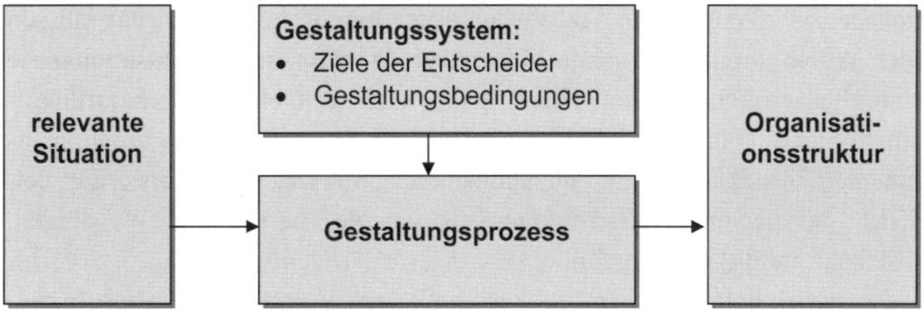

(bearbeitet nach Kieser/Kubicek 1992, S. 221)

Organisationsvariablen dienen dazu, die in einer Organisation verfolgten Ziele bei gegebenen Situationsvariablen bestmöglich zu erreichen. Diese müssen im Rahmen der Organisationsgestaltung aufeinander abgestimmt werden *(vgl. Kieser/Walgenbach 2007, S. 77 ff.)*:

(1) Spezialisierung

Spezialisierung oder Arbeitsteilung entsteht durch die Verteilung verschiedenartiger Aufgaben auf die Organisationsmitglieder. Dies kann anhand der Kriterien Verrichtung, Objekt, Phase, Rang und Zweckbeziehung erfolgen *(vgl. Kap. 4.1.5.1)*. Durch die Spezialisierung kann die Komplexität von Teilaufgaben reduziert werden. Bei Teilaufgaben mit hoher Wiederholungsfrequenz bestehen oftmals Standardisierungs- bzw. Rationalisierungspotenziale. Allerdings ist mit einem hohen Spezialisierungsgrad ein hoher Koordinationsaufwand verbunden. Darüber hinaus kann die Reduzierung der Aufgabeninhalte auf das Niveau einfacher Tätigkeiten die Mitarbeiter unterfordern, psychisch belasten und demotivieren.

Der **optimale Spezialisierungsgrad** ist immer von der jeweiligen Situation in einem Betrieb abhängig. Zum einen hängt der Spezialisierungsgrad von der Qualifikation der Mitarbeiter ab, zum anderen bedingen eine stabile Umwelt, ein hohes Produktvolumen und langfristig gleichbleibende Produkte und Produktionsverfahren eine hohe Spezialisierung *(vgl. Weinert 2002, S. 15)*. Mit zunehmender Dynamik der Umwelt führt ein hoher Spezialisierungsgrad hingegen zu hohen anpassungsbedingten Kosten. Die Spezialisierung spiegelt sich in der Stellen- und Abteilungsbildung wider.

(2) Koordination

Aus der Spezialisierung ergeben sich arbeitsbezogene Abhängigkeiten bzw. Interdependenzen zwischen den Organisationsmitgliedern, die einen Koordinationsbedarf erzeugen. Die Aktivitäten aller Organisationsmitglieder müssen in der Weise aufeinander abgestimmt werden, dass die Organisationsziele bestmöglich erreicht werden. Hierzu haben sich technokratische Koordinationsinstrumente (Pläne und Programme), nicht-strukturelle Koordinationsinstrumente (Betriebskultur, organisationsinterne Märkte, Standardisierung von Rollen) und personale Koordinationsinstrumente (persönliche Weisungen, Selbstabstimmung) herausgebildet *(vgl. Kieser/Walgenbach 2007, S. 108 ff.)*. Bei den persönlichen Weisungen wird zwischen Vorauskoordination (Erteilung von Weisungen, die sich auf ein abgestimmtes zukünftiges Handeln der Organisationsmitglieder beziehen) und Feedbackkoordination (Information über Abstimmungsmängel an die zuständigen Instanzen) unterschieden.

(3) Konfiguration

Die äußere Form des Stellen- und Abteilungsgefüges einschließlich der Weisungs- und Informationswege wird als Konfiguration bezeichnet, die in Organisationsschaubildern (Organigrammen) zum Ausdruck kommt. Die Konfiguration umfasst die Kontrollspanne, die Gliederungstiefe des Stellengefüges sowie das Leitungssystem:

- Die **Kontrollspanne** legt den Umfang der Kontrollkompetenz einer Instanz fest. Die Kontrollspanne muss situationsabhängig definiert werden. Dabei soll ein Mittelmaß in der Distanz zwischen dem Vorgesetzten und den Mitarbeitern gefunden werden. Bei einer zu großen Distanz ist es häufig nicht mehr möglich, exakte Kontrollen durchzuführen. Allerdings hängt das Ausmaß der Kontrollspanne auch vom vorhandenen Standardisierungspotenzial der Aufgaben, von der Homogenität der Aufgaben, von weisungsgebundenen Programmen und Plänen sowie von der Qualifikation und der Belastung der Instanzen ab.

- Je größer die Kontrollspanne ist, desto geringer ist bei gleichbleibender Organisationsgröße die erforderliche Anzahl der Hierarchieebenen (**Gliederungstiefe**). Die Zahl der Hierarchieebenen und der Instanzen steigt hingegen mit abnehmender Kontrollspanne.

- Leitungssysteme legen die Informations- und Entscheidungswege innerhalb einer Organisation fest. Gängige Leitungssysteme sind das Einliniensystem, Mehrliniensystem und Stabliniensystem *(vgl. Kap. 4.1.5.3)*.

(4) Delegation

Mit der Delegation werden Entscheidungsbefugnisse (das Recht, zukünftige Sachverhalte nach innen und außen verbindlich festzulegen) und Weisungsbefugnisse (das Recht, anderen Organisationsmitgliedern verbindliche Weisungen zu erteilen) auf nachgeordnete Organisationseinheiten übertragen. Gemäß dem Subsidiaritätsprinzip sollte jede Entscheidung von der rangniedrigsten Stelle getroffen werden, sofern sie über die notwendigen Informationen, den Überblick und die entsprechende Qualifikation verfügt *(vgl. Weinert 2002, S. 33)*. Darüber hinaus sind jeder Stelle diejenigen Entscheidungs- und Weisungsbefugnisse zuzuordnen, die zur Aufgabenerfüllung benötigt werden (**Kongruenzprinzip**).

Der Delegationsumfang steigt mit zunehmender Übertragung von Kompetenzen auf die rangniedrigeren Stellen *(vgl. Weinert 2002, S. 33 f.)*.

Der Umfang steigt umso mehr:

- je höher die Qualifikation der nachgeordneten Stellen ist,
- je größer die Belastung der übergeordneten Instanzen ist,
- je höher die Delegationsbereitschaft der Instanzen ist,
- je mehr die nachrangigen Instanzen bzw. Stellen über spezifisches Wissen verfügen,
- je weniger Risiken mit den delegierten Entscheidungen verbunden sind
- je standardisierbarer die Entscheidungen sind.

(5) Formalisierung

Die Formalisierung beschreibt die Art und den Umfang des Einsatzes schriftlich fixierter Regelungen und lässt sich in die Dimensionen Strukturformalisierung, Leistungsdokumentation sowie Formalisierung des Informationsflusses (Aktenmäßigkeit) untergliedern:

- Die **Strukturformalisierung** umfasst zum Beispiel Geschäftsordnungen, Organisationshandbücher, Unterschriftenregelungen, Stellenbeschreibungen, Organigramme und Ablaufdiagramme. Mit der Strukturformalisierung sind zwar hohe Kosten für die Erstellung und Aktualisierung der Regelungen verbunden, allerdings wird dadurch die Transparenz einer Organisation deutlich erhöht. Zugleich werden Abstimmungen zwischen Organisationsmitgliedern erleichtert; die Strukturformalisierung hat ferner eine Fehler aufdeckende und präventive Wirkung (z.B. Vermeidung von Untreue, Betrug oder Unterschlagung).

- Die **Leistungsdokumentation** beinhaltet die schriftliche Erfassung und Bewertung der Mitarbeiter, die sich in der formalen Leistungsbeurteilung bzw. in einem Beurteilungswesen niederschlägt.

- Die **Formalisierung des Informationsflusses** wird durch die **Aktenmäßigkeit** sichergestellt. Dies geschieht zum Beispiel anhand von Gesprächsprotokollen oder durch die Aufbewahrung von Unterlagen. Eine hohe Aktenmäßigkeit verringert zwar die Effizienz, jedoch können Risiken für die Organisationsmitglieder und die Organisation (z.B. Nachweispflichten bei Gerichtsverfahren) verringert werden.

4.1.5 Aufbauorganisation

Hauptgegenstand aufbauorganisatorischer Überlegungen ist die Gestaltung eines dauerhaften Gefüges des Betriebes *(vgl. Kosiol 1968, S. 80)*. Aufgaben der Aufbauorganisation sind die **Aufgabenanalyse** und **Aufgabensynthese** *(vgl. Kosiol 1976, S. 76)*:

- **Aufgabenanalyse:** Aufspaltung der Gesamtaufgabe des Betriebes in so viele Teilaufgaben, dass die Gesamtaufgabe erfüllt werden kann.

- **Aufgabensynthese:** Zusammenfassung der Teilaufgaben zu arbeitsteiligen Einheiten (Stellen), die dann in verknüpfter Form die organisatorische Struktur eines Betriebes bilden.

Abb. 43: Aufgabenanalyse und Aufgabensynthese

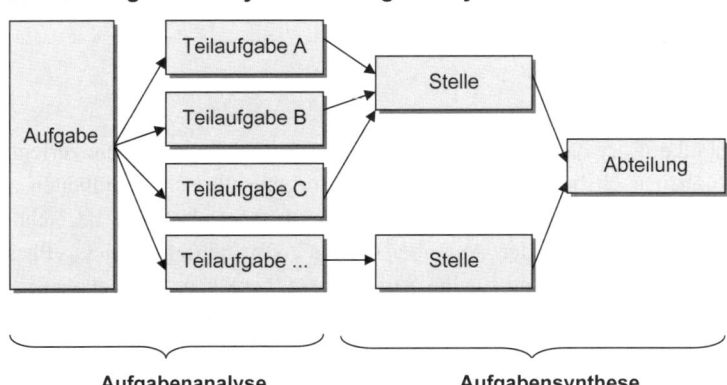

Aufgabenanalyse   Aufgabensynthese

(bearbeitet nach Schreyögg 2008, S. 105)

4.1.5.1 Aufgabenanalyse

Die Aufgabenanalyse bzw. -zerlegung kann nach **sachlichen Merkmalen** (Verrichtung, Objekt) oder **formalen Merkmalen** (Rang, Phase, Zweckbeziehung) erfolgen:

- **Verrichtung:** Tätigkeit, die zu verrichten ist (z.B. Sägen, Schweißen, Nieten).

- **Objekt:** Gegenstand, an dem die Verrichtung vorgenommen wird (z.B. Rohstoffe, Personen, Fertigprodukte, Märkte).

- **Rang:** Gliederung in Primäraufgaben (dienen dem eigentlichen Betriebszweck) und Sekundäraufgaben (Verwaltungsaufgaben).

Ausführungs- und Entscheidungsaufgaben

- **Phase:** Gliederung nach Planungs-, Realisierungs- und Kontrollaufgaben (z.B. Beschaffungsplanung, -durchführung und -kontrolle).

- **Zweckbeziehung:** Gliederung in primäre Aufgaben, die dem eigentlichen Betriebszweck dienen (z.B. Fertigung) und sekundäre Aufgaben (z.B. Verwaltung).

Die **Gliederungstiefe**, d.h. die Frage, inwieweit eine Aufgabe in immer kleinere Teilaufgaben zerlegt werden soll, hängt insbesondere von der organisatorischen Aufgabenstellung, von der Komplexität der Aufgaben, vom Grad der gewünschten Arbeitsteilung und von der Häufigkeit des Aufgabenanfalls ab. Allgemein gilt, dass von einer weiteren Zerlegung abzusehen ist, wenn von ihr keine weiteren Erkenntnisse für den Zweck der Aufgabenanalyse zu erwarten sind. Das Ergebnis der Aufgabenanalyse ist der **Aufgabengliederungsplan**.

4.1.5.2 Aufgabensynthese

Aufbauend auf der Aufgaben~~synthese~~ *analyse* fasst die Aufgaben~~analyse~~ *synthese* die zerlegten Teilaufgaben nach bestimmten Kriterien zu organisatorischen Einheiten zusammen. Die kleinste Organisationseinheit wird dabei als **Stelle** bezeichnet. Die fünf Dimensionen der Aufgabenanalyse (Verrichtung, Objekt, Phase, Rang, Zweckbindung) sind für die Aufgabensynthese ebenfalls relevant; zusätzlich werden die Merkmale Aufgabenträger, Sachmittel, Raum und Zeit berücksichtigt. Ziel der Aufgabensynthese ist unter anderem die Zusammenfassung aller gleichartigen Teilaufgaben in einer Stelle (Zentralisation) nach einem bestimmten Merkmal:

- **Verrichtungszentralisation:** Gleichartige Arbeiten an unterschiedlichen Objekten werden auf einer Stelle vereinigt, z.B. Gehaltsberechnung bei Angestellten, Beamten und Arbeitern.

- **Objektzentralisation:** Ungleichartige Verrichtungen an gleichartigen Objekten (z.B. Kundengruppe) werden zu Organisationseinheiten zusammengefasst (z.B. Gesamtbetreuung der Beamten).

- **Entscheidungszentralisation:** Entscheidungsaufgaben werden an der Spitze des Betriebes/Bereiches zusammengefasst.

- **Phasenzentralisation:** Die Organisationseinheiten werden durch die Planungs- und Kontrollaufgaben bestimmt (z.B. Fertigungsplanung).

- **Verwaltungszentralisation:** Die Verwaltungsaufgaben werden in einer bestimmten Organisationseinheit zusammengefasst. Diese Art der Aufgabenzusammenfassung ist in der Realität vollständig kaum umsetzbar, da immer ein Teil der Verwaltungsaufgaben dezentralisiert bleiben muss.

- **Sachmittelorientierte Zentralisation:** Die Zusammenfassung erfolgt nach den zur Verfügung stehenden Sachmitteln mit dem Ziel, eine hohe Wirtschaftlichkeit dieser Sachmittel zu erreichen (z.B. manuell zu bedienende Maschine).

- **Raumzentralisation:** Die Aufgaben werden nach räumlichen Aspekten eingeteilt (z.B. Gebäude, Stadt, Region, Land).

- **Personale Zentralisation:** Bezieht sich auf eine Person, wobei die Fähigkeiten und Neigungen der leitenden Personen zu beachten sind.

Die Arbeitssynthese ist im Gegensatz zur Aufgabenanalyse nur wenig standardisiert. Die **Zentralisation** ist immer dort sinnvoll, wo eine einheitliche (z.B. Werbung), neutrale (z.B. Innenrevision) oder ökonomische (z.B. Einkauf) Aufgabenwahrnehmung erfolgen soll. Bei der **Dezentralisation** werden hingegen gleichartige Aufgaben mehreren Stellen zugeordnet. Die Dezentralisation bietet sich an, wenn die Aufgabenkomplexität die Organisationseinheit überfordert bzw. wenn an dezentralen Stellen die zur Aufgabenausführung erforderlichen Informationen leichter zugänglich sind *(vgl. Jung 2009, S. 279)*. Wesentliches Ziel der Aufgabensynthese ist die Bildung von Stellen, Instanzen und Abteilungen.

(1) Stellenbildung

Eine Stelle ist die kleinste organisatorische Einheit in der Aufbauorganisation. Sie entsteht durch die Zuordnung der durch die Aufgabenanalyse zerlegten Teilaufgaben auf den einzelnen Aufgabenträger *(vgl. Bühner 2004, S. 63)*. Die Teilaufgaben können dabei entweder zentral oder dezentral den Stellen zugeordnet werden. Hier ist darauf zu achten, dass bei einer Stelle Aufgabe, Kompetenz und Verantwortung übereinstimmen *(vgl. Fiedler 2010, S. 14)*. Eine Stellenbeschreibung beinhaltet die weisungsbezogene und kommunikative Einordnung von Stellen, Aufgaben und Kompetenzen des Stelleninhabers sowie die Anforderungen an den Stelleninhaber. Eine Stellenbeschreibung sollte die folgenden Angaben enthalten *(vgl. Dincher 2007, S. 88 ff.)*:

- Stellenbezeichnung,

- Organisatorische Eingliederung der Stelle,

- Ziele der Stelle,

- Unter- bzw. Überstellung des Stelleninhabers,

- Kommunikationsbeziehungen,

- Regelung der Stellvertretung,

- Hauptaufgaben,

- Kompetenzen und Befugnisse,

- Vergütung bzw. Tarifgruppe,

- Anforderungen bzw. Qualifikation des Stelleninhabers.

Stellenbeschreibungen bieten eine Hilfestellung bei der Stellenbildung und -besetzung, bei der Aufgabendelegation sowie bei Rationalisierungsbemühungen *(vgl. Schwarz 1983, S. 227)*. Sie liefern Transparenz und Klarheit über die Aufgabenverteilung, die Stellvertretung, die Unterstellungsverhältnisse und Kompetenzen, erleichtern die Einarbeitung neuer Mitarbeiter und ermöglichen eine bessere Koordination zwischen den Abteilungen. Stellenbeschreibungen erfordern allerdings eine aufwändige Einführung sowie eine ständige Überwachung und Aktualisierung. Zudem erhöht sich die Unübersichtlichkeit der Stellenbeschreibungen mit zunehmendem Umfang. Des Weiteren kann die Stellenbeschreibung die persönliche Initiative des Stelleninhabers hemmen *(vgl. Jung 2009, S. 273)*.

(2) Instanzen- und Abteilungsbildung

Eine Instanz ist eine Stelle, die Leitungsaufgaben hinsichtlich der Ausführungsarbeiten mehrerer rangniedrigerer Stellen umfasst. Eine Abteilung ist die Gesamtheit mehrerer Stellen, welche einer Leitungsinstanz unterstellt sind. Die Leitungsspanne gibt darüber Auskunft, wie viele Mitarbeiter einem Vorgesetzten direkt unterstellt sind. Das Ausmaß der Leitungsspanne ist von folgenden Faktoren abhängig *(vgl. Jung 2009, S. 274)*:

- Qualifikation der Vorgesetzten,

- Qualifikation der Mitarbeiter,

- Komplexität, Interdependenz und Gleichartigkeit der Mitarbeiteraufgaben,

- Technologie und Sachmitteleinsatz,

- Kommunikationssystem,

- Führungssystem bzw. Art des Führungsstils.

Die Leitungsspanne ist umso größer, je geringer die Gliederungstiefe bzw. je flacher die Organisationspyramide ist.

Abb. 44: Organisatorische Breiten- und Tiefengliederung

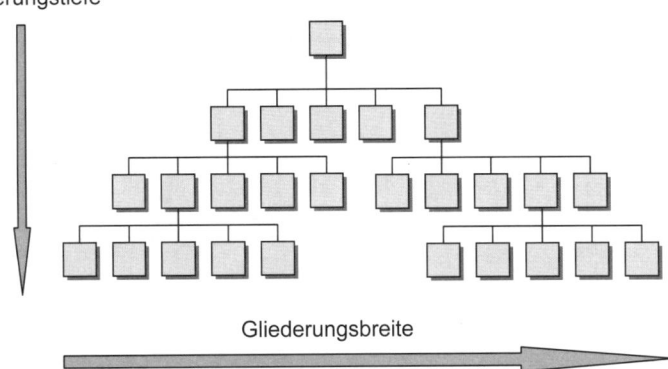

Gliederungstiefe

Gliederungsbreite

In der Praxis zeigt sich ein Trend zu Organisationen mit möglichst wenigen Hierarchieebenen, um den Kommunikationsfluss auf vertikaler Ebene zu reduzieren und eine unnötige Bürokratisierung der Organisation zu verhindern. Insgesamt ist darauf zu achten, dass eine Leitungsspanne so groß wie möglich gestaltet wird. Diese muss jedoch vom Vorgesetzten noch beherrschbar sein.

4.1.5.3 Grundformen der formalen Aufbauorganisation

(1) Einlinienorganisation
Eine Instanz darf bei der Einlinienorganisation nur von einer übergeordneten Instanz Anweisungen oder Informationen erhalten. Jeder Mitarbeiter ist folglich nur einem Vorgesetzten persönlich und arbeitsmäßig unterstellt. Sämtliche Instanzen sind in einen einheitlichen Instanzenweg (Dienstweg) gegliedert. Dadurch soll verhindert werden, dass eine untergeordnete Stelle von verschiedenen Seiten Anweisungen erhält. Der Dienstweg ist nicht nur von oben nach unten, sondern auch von unten nach oben einzuhalten. Gleichrangige Instanzen können nicht direkt Kontakt zueinander aufnehmen und müssen einen Umweg über eine übergeordnete gemeinsame Instanz nehmen. Eine Ausnahme bildet die **Fayolsche Brücke**, die Abstimmungen zwischen nebeneinander

gelagerten Stellen – auf beliebiger Hierarchieebene – zulässt. Die direkt übergeordneten Instanzen sind im Anschluss über das Ergebnis zu informieren.

Abb. 45: Einlinienorganisation

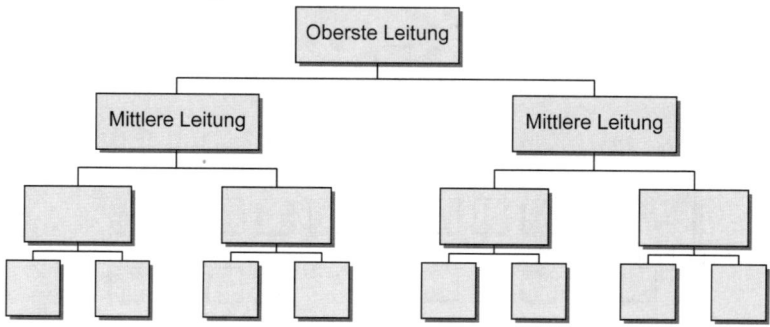

Die Einlinienorganisation ist typisch für mittelständische Betriebe, die ein relativ enges Produktprogramm aufweisen.

Abb. 46: Vor- und Nachteile der Einlinienorganisation

Vorteile	Nachteile
• einfache und klare Gliederung der Aufbauorganisation • genauer Instanzen- bzw. Entscheidungsweg • klare Kommunikationsbeziehungen • eindeutige Abgrenzung der Zuständigkeiten und Kompetenzen	• lange Kommunikationswege • Gefahr der Bürokratisierung und schwerfällige Organisation • geringe Flexibilität bei der Entscheidungsfindung • fördert Sicherheits- und Risikovermeidungsdenken und begrenzt Kreativität • Gefahr der Informationsfilterung • potenzielle Überlastung der obersten Leitungsinstanz, da alle Entscheidungen dort zu treffen sind

(2) Mehrlinienorganisation

Die Mehrlinienorganisation besagt, dass eine untergeordnete Stelle von mehreren übergeordneten Stellen Weisungen erhalten kann. Gleichfalls berichtet ein Mitarbeiter an mehrere Vorgesetzte. Diese Mehrfachunterstellung setzt voraus, dass die einzelnen Aufgabenbereiche und Kompetenzen der Vorgesetzten klar abgegrenzt sind.

Abb. 47: Mehrlinienorganisation

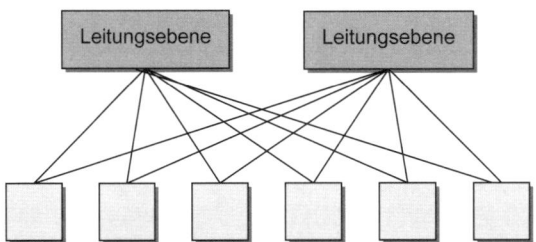

In der Praxis ist die Mehrlinienorganisation beispielsweise häufig in Kleinbetrieben zu finden.

Abb. 48: Vor- und Nachteile der Mehrlinienorganisation

Vorteile	Nachteile
• einfache und übersichtliche Aufbauorganisation • Spezialisierung der Instanzen durch Funktionsverteilung und Betonung der fachlichen Autorität • höhere Flexibilität der Instanzen • unmittelbare Weisungs- und Informationswege bzw. kurze Anordnungswege	• Konflikte, falls Kompetenzen der Instanzen nicht klar geregelt sind bzw. aufgrund mangelnder Absprachen der Leitungsinstanzen untereinander • Probleme bei der Abgrenzung von Verantwortlichkeiten • Gefahr der Aufgabenüberschneidung

(3) Stablinienorganisation

Die Stablinienorganisation erweitert die Einlinienorganisation um Stabsstellen. Sie soll die Linieninstanzen entlasten und ist vor allem dort hilfreich, wo Instanzen nicht über die notwendigen Fachkenntnisse verfügen oder die Lösung von Fachaufgaben die Kapazitäten der Instanzen überfordern. Stabsstellen haben nur eine beratende Funktion und besitzen keine Weisungsbefugnis.

Abb. 49: Stablinienorganisation

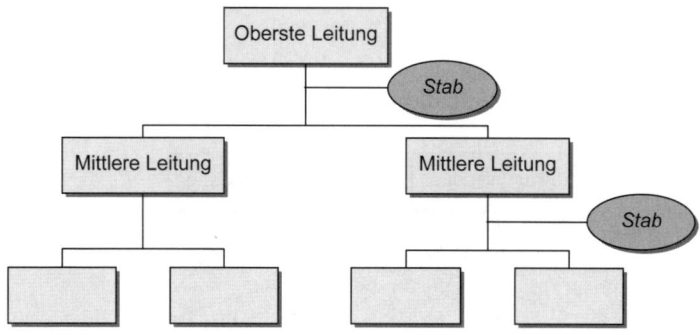

Typische Beispiele für Stabsstellen sind der Beauftragte für den Datenschutz, die Rechtsstelle, die interne Revision oder die Gleichstellungsbeauftragte.

Abb. 50: Vor- und Nachteile der Stablinienorganisation

Vorteile	Nachteile
• Entlastung der Linieninstanzen • eindeutige Abgrenzung der Zuständigkeiten und Kompetenzen • Nutzung von Spezialwissen für sachliche Fragen	• die starre Trennung von Entscheidungsvorbereitung und Entscheidung fördert Konfliktpotenziale • Aufbau von Spezialistenwissen bzw. Expertenmacht kann Konflikte zu anderen Linienstellen und die Gefahr der Informationsmanipulation fördern • fehlende Entscheidungsbefugnis kann auf die Stabsstellen demotivierend wirken • durch fehlende Machtmittel wird eine wirksame Einflussnahme auf die Linie verhindert

(4) Funktionale Organisation

Funktionale Organisationen gliedern sich – auf der zweitobersten Hierarchieebene – nach Funktionen. Dabei werden bei der Abteilungsbildung gleichartige Verrichtungen zusammengefasst. Beispielsweise bilden die Beschaffung, die Forschung und Entwicklung, die Fertigung, das Marketing und der Vertrieb die Kernfunktionen eines Industriebetriebes.

Darüber hinaus werden Supportfunktionen als Abteilungen (z.B. Personal, Finanzen) ausgewiesen. Die Funktionsbereiche sind der Betriebsleitung verantwortlich unterstellt, d.h. die Leitung erfolgt nach dem Einliniensystem.

Abb. 51: Funktionale Organisation

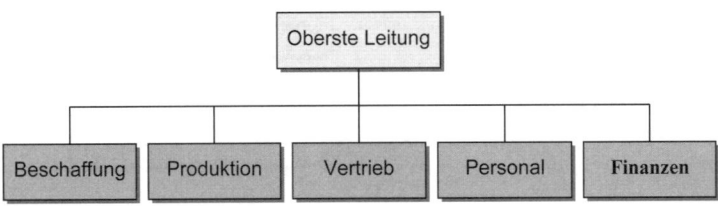

Funktionale Organisationen finden sich häufig in Betrieben, die ein gleichartiges und überschaubares Produktsortiment aufweisen.

Abb. 52: Vor- und Nachteile der funktionalen Organisation

Vorteile	Nachteile
• Spezialisierungsvorteile durch Ausrichtung auf Funktionen	• Schwerfälligkeit der Organisation und großer Koordinationsaufwand
• eindeutiger Organisationsaufbau mit klaren Aufgaben- und Kompetenzbereichen	• Funktionsorientierung fördert Abteilungsegoismen und Bereichsdenken
• Größenvorteile können genutzt werden (z.B. bei Beschaffung, Produktion, Absatz)	• ausgeprägtes Spezialistentum bzw. fehlendes Verständnis für andere Funktionsbereiche
• Synergieeffekte und Verhinderung von Redundanzen	• Ergebnisverantwortung ist unklar
	• Innovationspotenzial wird eingeschränkt

(5) Spartenorganisation

Die Spartenorganisation gliedert – auf der zweiten Hierarchieebene – Organisationseinheiten nach dem **Objektprinzip** (z.b. gleichartige Produkte, Kundengruppen, Absatzgebiete).

Abb. 53: Spartenorganisation

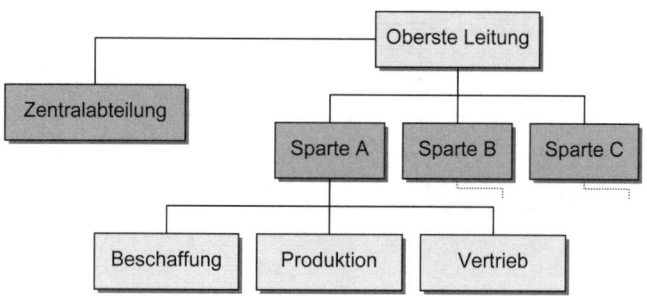

Abb. 54: Vor- und Nachteile der Spartenorganisation

Vorteile	Nachteile
• hohe Motivation der Spartenleiter, u.a. durch größere Autonomie	• Konkurrenz zwischen den Divisionen
• erhöhte Flexibilität durch kurze Kommunikationswege (durch kleinere Einheiten)	• erhöhter Bedarf an qualifizierten Leitungsstellen
• eindeutige Verantwortungsabgrenzung	• hoher Kommunikationsaufwand
• übersichtliche Struktur und hohe Transparenz der Geschäftsaktivitäten	• ggf. schwerfällige Entscheidungsfindung
• bessere Kunden-, Gebiets- bzw. Produktorientierung	• langer Anweisungsweg von der obersten Leitung zu den ausführenden Stellen
• Vergleichbarkeit einzelner Sparten	
• bessere Ausnutzung der in den Sparten vorhandenen Ressourcen	

Sparten werden auch als Divisionen bezeichnet. Alle Sparten besitzen in ihrer Aufbauorganisation die üblichen betrieblichen Funktionen (z.B. Beschaffung,

Produktion, Vertrieb). Daneben üben sogenannte **Zentralbereiche** (z.B. Personalwesen, Rechnungswesen) aus Gründen der Spezialisierung gleichartige Aufgaben für alle Sparten aus.

Spartenorganisationen sind in Betrieben z.B. in Form von Cost-Center-Organisationen, Profit-Center-Organisationen oder Investment-Center-Organisationen vorzufinden *(vgl. Thommen/Achleitner 2009, S. 899 f.)*. Eine Spartenorganisation bietet sich vor allem bei großen Betrieben an, bei denen die Produkt-, Markt- und Kundenorientierung strategisch relevante Größen darstellen.

(6) Matrixorganisation
Eine Matrixorganisation besteht aus der Kombination von zwei Leitungssystemen. Sie wird durch das Überlagern von funktions- und objektorientierten Organisationseinheiten gebildet. Die aus der Überschneidung beider Leitungssysteme resultierende gitterartige Vernetzung gleicht einer Matrix. Die einzelnen Stellen regeln ihre Abstimmungsprozesse ohne die Einbindung der Betriebsleitung.

Abb. 55: Matrixorganisation

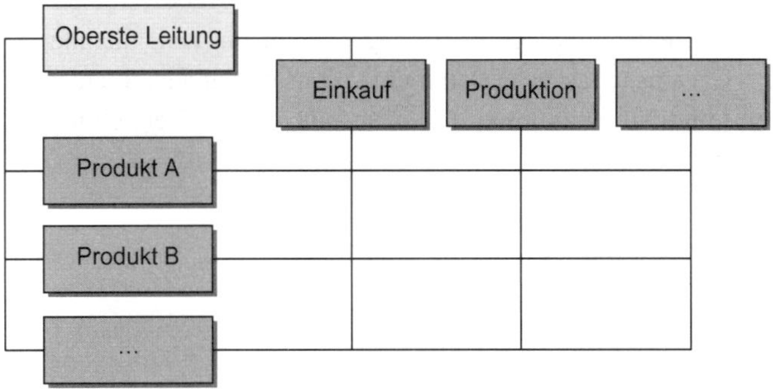

Matrixorganisationen werden hauptsächlich in großen, häufig international tätigen Betrieben eingesetzt, bei denen für die Wettbewerbsfähigkeit mindestens zwei Gliederungsdimensionen relevant sind.

Abb. 56: Vor- und Nachteile der Matrixorganisation

Vorteile	Nachteile
• direkte Kommunikations- und Verbindungswege • umfassende Betrachtung der Aufgaben • Spezialisierung nach verschiedenen Aspekten • Entlastung der obersten Leitung durch Entscheidungsdelegation	• Neigung zu dysfunktionalen Konflikten • Gefahr von schlechten Kompromissen • unklare Unterstellungsverhältnisse • hoher Kommunikations- und Informationsaufwand • schwerfällige Entscheidungsfindung

(7) Teamorganisation

Ein Team ist eine Gruppe von Personen, die weitgehend autonom mit der Bewältigung einer gemeinsamen Aufgabe beschäftigt ist. Diese Organisationsform wird entweder für eine begrenzte Dauer zur Lösung von Einzelproblemen eingesetzt (Projektform) oder in der Linienorganisation zur Bearbeitung einer längerfristigen Aufgabe angewandt. Die einzelnen Teammitglieder arbeiten gemeinsam an einer Aufgabenstellung. Die optimale Teamgröße liegt bei sieben bis neun Mitgliedern. Die Fehlerhäufigkeit reduziert sich i.d.R. bereits ab fünf Gruppenmitgliedern. Hingegen steigt mit zunehmender Mitgliederzahl der Organisations- und Kommunikationsaufwand stark an. Der Teamleiter übernimmt Moderationsaufgaben und ist für die Herstellung von Außenkontakten zuständig.

Abb. 57: Teamorganisation

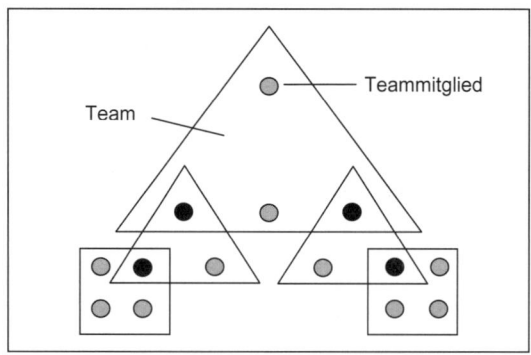

(vgl. Jung 2009, S. 288)

Teams sind zum Beispiel im Kreativbereich von Abteilungen (z.B. Werbeabteilung, Produktdesign, PR-Abteilung) einsetzbar oder bei großen komplexen Projekten, die mehrere Betriebsbereiche tangieren und unterschiedliches Fachwissen erfordern.

Abb. 58: Vor- und Nachteile der Teamorganisation

Vorteile	Nachteile
• Synergievorteile sowie kurze Kommunikations- und Informationswege	• erhöhter Aufwand durch das Erfordernis, Überzeugungsarbeit zu leisten und sich gegenseitig zu informieren
• Arbeit als eine Art „Selbstverwirklichung" fördert die Motivation	• lange Diskussionen und Gefahr von Kompromissen
• das Wissen und die Kreativität der Mitarbeiter wird umfassend genutzt	• Frustration weniger leistungsfähiger Teammitglieder bzw. Dominanz einzelner Mitglieder
• Verbesserung der Entscheidungsqualität durch Teamentscheidung	• Konflikte bei fehlenden Teamregeln
• Förderung eines guten Betriebsklimas	

4.1.5.4 Organisation der Führungsinstanz

Neben den bisher besprochenen Organisationssystemen und -formen ist das Problem der Organisation der obersten Führungsinstanz zu lösen. Hier existieren zwei grundsätzliche Möglichkeiten: Entweder ist die Führung der Unternehmung in letzter Verantwortung einer Person überlassen (Direktorialprinzip, Singularinstanz) oder mehreren Personen (Kollegialprinzip, Pluralinstanz).

Beim **Direktorialprinzip** konzentriert sich die Entscheidungsgewalt auf eine **einzige** Person.

Die **Vorteile** dieses Prinzips liegen in der eindeutigen Zuordnung von Kompetenz und Verantwortung. Hier ist eine straffe und klare Führung mit schnellen Entscheidungs- und Reaktionsmöglichkeiten gegeben, Einheitlichkeit und Berechenbarkeit der Leitung bleiben gewahrt.

Nachteile dieses Leitungsprinzips sind neben der möglichen Überforderung der Führungsperson in mengenmäßiger und fachlicher Hinsicht die hohe Machtkonzentration und fehlenden Kontrollmöglichkeiten. Auch lassen sich

Probleme der Vertretung und der Kontinuität schlechter lösen als in einer Pluralinstanz.

Das Direktorialprinzip eignet sich überall dort, wo die wirtschaftlichen, technischen und personellen Verhältnisse noch einigermaßen überschaubar sind. Aber selbst dann hängt der Erfolg weitgehend davon ab, ob es gelingt, eine qualitativ gut besetzte zweite Führungsebene zu schaffen. Im Bereich der öffentlichen Verwaltung repräsentiert das Direktorialprinzip die „...typisch monokratische Behördenverfassung." *(Schmidt 2009, S. 143)*

Beim **Kollegialprinzip** werden die grundlegenden Entscheidungen von einer **Personenmehrheit** bei gemeinsamer Letztverantwortung getroffen. Diese Mehrheit hat sich gemeinsam nach eventuell vorgegebenen Bestimmungen (z.B. Satzung) zu richten.

Der **Vorteil** des Kollegialprinzips liegt aufgrund der Kombination von Sach- und Fachkenntnissen vor allem in einer höheren Entscheidungsqualität.

Als **Nachteile** sind insbesondere eine mögliche erhebliche Verzögerung der Entscheidungsfindung sowie die mangelnde Einheitlichkeit der Leitung zu nennen.

4.1.6 Ablauforganisation

Aufbau- und Ablauforganisation sind eng miteinander verknüpft und bilden gemeinsam die Betriebsorganisation. Während sich die Aufbauorganisation mit der Gliederung und organisatorischen Strukturierung von Stellen, Instanzen und Abteilungen (Gebildestruktur) befasst, behandelt die Ablauforganisation die Arbeitsabläufe innerhalb der betrieblichen Struktur (Prozessstruktur). Dabei steht die Festlegung der Arbeitsabläufe unter Berücksichtigung von Raum, Zeit, Sachmittel und Personen im Mittelpunkt *(vgl. Thommen/Achleitner 2009, S. 858)*. Die **Ablauforganisation** folgt ebenfalls einem **Analyse-Synthese-Konzept,** das auf der Aufgabenanalyse aufbaut.

4.1.6.1 Arbeitsanalyse

Die aus der Aufgabenanalyse gewonnenen Teilaufgaben werden in einzelne Tätigkeiten der Aufgabenerfüllung (**Arbeitsteile**) zerlegt, da die Analyse der Ablauforganisation eine viel größere Gliederungstiefe erfordert als die Aufgabenanalyse. Die Gliederung dieser Arbeitsteile kann – wie bei der Aufgabenanalyse – nach den Kriterien Verrichtung, Objekt, Rang, Phase und Zweckbeziehung erfolgen, wobei das Kriterium Verrichtung meistens im Vordergrund steht. Zum Beispiel lässt sich die Teilaufgabe *Kreditvergabe an den Kunden* nach dem Verrichtungsprinzip in die Arbeitsteile *Kundenwunsch entgegennehmen, Bonität prüfen, Konditionen vereinbaren* und *Auszahlung veranlassen* zerlegen. Dabei sind mehrere Gliederungsstufen möglich, allerdings kann nur nach einem Kriterium gegliedert werden. Ziel der Arbeitsanalyse ist es, einen transparenten Überblick über alle Arbeitsteile beliebiger Ordnung (Gliederungsstufe) zu geben.

4.1.6.2 Arbeitssynthese

Die mit Hilfe der Arbeitsanalyse gewonnenen Arbeitsteile werden zu effizienten Arbeitsgängen zusammengefasst und auf die einzelnen Aufgabenträger (Personen oder Sachmittel) verteilt. Ein Arbeitsgang ist ein „synthetischer Komplex von Arbeitsteilen, der einem Arbeitssubjekt zur Durchführung übertragen wird" *(Kosiol 1968, S. 101).* Die Arbeitssynthese vollzieht sich unter drei verschiedenen Aspekten, die sich gegenseitig beeinflussen *(vgl. Kosiol 1976, S. 212 ff.):*

- **Personale Arbeitssynthese (Arbeitsverteilung):** Zuordnung einer bestimmten Arbeitsmenge (mehrere Arbeitsteile) auf einen Arbeitsträger bzw. Stelleninhaber. Die Arbeitsmenge (Arbeitspensum) soll unter dem Aspekt der optimalen Auslastung und des Leistungsvermögens erfolgen.

- **Temporale Arbeitssynthese (Arbeitsvereinigung):** Die Arbeitsgänge der einzelnen Arbeitsträger sind zeitlich so abzustimmen, dass für jedes Arbeitsobjekt eine optimale Durchlaufzeit erreicht wird. Als Gestaltungsziel gilt die Reduzierung der „organisatorischen Lagerbestände", die zwischen den einzelnen Arbeitsgangfolgen existieren.

- **Lokale Arbeitssynthese (Raumgestaltung):** Räumliche Anordnung der Arbeitsplätze bzw. Festlegung der Arbeitswege und zweckmäßige Ausstattung der einzelnen Arbeitsplätze. Die räumliche Anordnung verfolgt das Ziel, die innerbetrieblichen Transportwege zu minimieren.

Die Arbeitssynthese kann zu ganz unterschiedlichen ablauforganisatorischen Lösungen führen. Dies hängt auch davon ab, ob die Arbeitsabläufe repetitiv sind. Die Ergebnisse der Arbeitssynthese werden in der Regel in **Arbeitsablaufbeschreibungen** und **Arbeitsanweisungen** festgehalten.

4.1.7 Prozessorganisation

Das **klassische Analyse-Synthese-Konzept** misst der Aufbauorganisation – im Vergleich zur Ablauforganisation – eine deutlich größere Bedeutung bei. Die Arbeitsanalyse ist der Aufgabensynthese zeitlich nachgelagert, d.h. die Ablauforganisation kann erst gestaltet werden, wenn die Aufbauorganisation (Stellen, Leistungssystem) bereits abgeschlossen ist. Mit Ausnahme des Merkmals „Objekt" führt die klassische Aufgabensynthese zu einer **funktionalen** Arbeitsteilung. Jede Abteilung ist auf bestimmte Aufgabenbereiche spezialisiert und die Gesamtorganisation basiert auf dem Zusammenwirken dieser Abteilungen anhand ablauforganisatorischer Regelungen. Funktionale Organisationen sind dabei primär auf **Ressourceneffizienz** ausgerichtet. Wesentliche Kennzeichen stark funktionaler Strukturen sind unter anderem Schnittstellenprobleme, eine geringe Flexibilität, Daten- und Organisationsbrüche, hohe Warte- und Liegezeiten, ein hoher personeller, sachlicher und zeitlicher Koordinationsbedarf, unvollständige Informationsweitergaben, Neigung zur Abschottung des Bereiches sowie Redundanzen bei der Aufgabenerfüllung. Dadurch leidet die **Prozesseffizienz**.

Abb. 59: Prozessorganisation

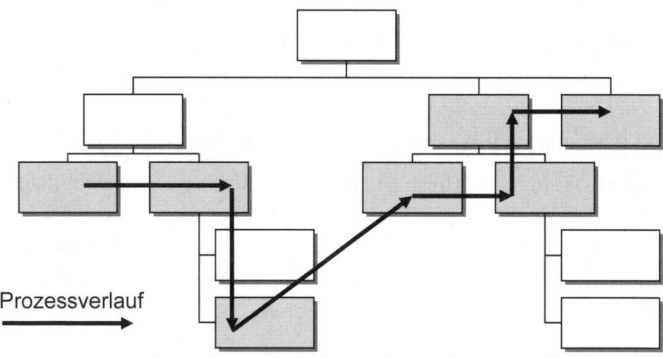

Prozessverlauf

In diesem Kontext kommt der **Prozessorganisation** – die seit den 1990er Jahren zunehmend Verbreitung findet – eine wichtige Rolle zu. Ausgangspunkt der Prozessorganisation ist die Überlegung, dass sich Arbeitsabläufe stellenübergreifend gestalten. Zum Beispiel stellt die Bereitstellung eines Kredits von der Kundenanfrage bis zur Auszahlung einen Prozess dar, an dem mehrere Stellen innerhalb eines Kreditinstituts beteiligt sind. Dieser Prozess kann als Ganzes betrachtet und gestaltet werden.

Im Gegensatz zum klassischen Analyse-Synthese-Konzept verfolgt die Prozessorganisation folgenden Ansatz: Bei der Stellen- und Hierarchiebildung soll von den Geschäftsprozessen ausgegangen werden *(vgl. Gaitanides 2007, S. 32 f.)*. Als **Geschäftsprozess** wird hierbei die Folge logisch zusammenhängender Aktivitäten zur Erstellung einer kundenbezogenen Leistung verstanden. Demnach werden in einer Prozessorganisation die Stellen und Organisationseinheiten nach den Kriterien des Ablaufs gebildet, d.h. zuerst werden die Arbeitsabläufe bzw. Geschäftsprozesse, die sich an den Kundenanforderungen orientieren, gestaltet, bevor der strukturelle Aufbau eines Betriebes festgelegt wird. Für jeden Geschäftsprozess gibt es einen Prozessverantwortlichen und ein Prozessteam. Auf diese Weise sollen folgende Ziele erreicht werden *(vgl. Schulte-Zurhausen 2010, S. 49)*:

- Vermeidung von Schnittstellen entlang der betrieblichen Prozesse,

- Bildung einfacher und transparenter Organisationseinheiten,

- Schaffung einfach zu koordinierender Verantwortungsbereiche, denen ganzheitliche Aufgabenkomplexe und Kompetenzen zugeordnet sind,

- markt- und kundenseitigen Forderungen nach einer hohen Reaktionsfähigkeit entsprechen.

Zur Gestaltung einer Prozessorganisation werden heutzutage leistungsfähige softwarebasierte Organisations- und Modellierungstools (z.B. ARIS-Toolset) eingesetzt, die eine simultane Gestaltung der Aufbau- und Ablauforganisation unterstützen sowie die potenziellen Kosten, Kapazitätsauslastungen und Durchlaufzeiten einzelner Geschäftsprozesse simulieren. In der Praxis finden sich gewöhnlich verschiedene Mischformen zwischen einer reinen Prozessorganisation und einer funktionalen Spezialisierung. Darüber hinaus ergeben sich prozessorientierte Gestaltungspotenziale, insbesondere durch den Einsatz moderner Kommunikations- und Informationstechnik (z.B. ERP-Systeme, Workflow-Management-Systeme, eAkte).

4.1.8 Organisatorischer Wandel und Change Management

Die Privatwirtschaft und der öffentliche Sektor müssen sich veränderten Rahmenbedingungen und Herausforderungen stellen, die unter anderem geprägt sind von:

- mehr Kundenorientierung,
- Lösung von Finanzierungsproblemen,
- Steigerung der Produktivität und Qualität,
- Realisierung von Kosteneinsparpotenzialen,
- größerer Flexibilität und Reaktionsfähigkeit,
- Förderung der Mitarbeitermotivation.

Diese Tendenzen haben Konsequenzen für die Aufbau- und Ablauforganisation. Der klassische hierarchische Aufbau wird zunehmend abgelöst von flachen Hierarchien und gleichzeitig einem hohem Maß an Eigenständigkeit der einzelnen Organisationseinheiten. Netzwerkartige Organisationsstrukturen setzten sich immer mehr durch. Sie können sich durch ihre größere Flexibilität Umweltänderungen rascher anpassen als herkömmliche Systeme. Außerdem sind sie durch das weitgehende Fehlen von organisatorischen Engpässen, wie sie beispielsweise bei der Einlinienorganisation auftreten, weniger störanfällig.

Bei den Arbeitsabläufen steht die Optimierung der einzelnen Prozesse im Vordergrund. Dies führt zu größerer Flexibilität bei der Gestaltung der organisatorischen Einheiten. Zunehmend an Bedeutung gewinnen Projektorganisation, teilautonome Arbeitsgruppen und Qualitätszirkel. Grundlegende Steuerungsprozesse laufen bei diesen Organisationsformen wesentlich über gemeinsame Ziele und Strategien ab. Auch eine konstruktive, motivierende Organisationskultur trägt ihren Teil zum Erfolg dieser neuen Konzepte bei.

Vor diesem Hintergrund müssen sich Betriebe als lernende Organisationen begreifen. Gerade in der öffentlichen Verwaltung sind die Schwächen einer bürokratisch geprägten Verwaltungskultur, wie Reglementierung, Arbeitsteilung oder Hierarchiebildung im Interesse von mehr Wirtschaftlichkeit sowie Kunden- und Mitarbeiterzufriedenheit zu beheben. Gleichzeitig sollen die vorhandenen Stärken, wie Rechtsstaatlichkeit, Verlässlichkeit, Stabilität, Berechenbarkeit der Handlungsabläufe erhalten bleiben. Zu diesem Zweck werden Organisationsänderungen durchgeführt, die in zahlreichen Verwaltungsreformen zum Ausdruck kommen. Bürokratische Organisationen zeichnen sich im Allgemeinen dadurch aus, dass die Mitarbeiter für das eigene Handeln nicht unmittelbar verantwortlich sind. Dies bewirkt, dass die persönliche Bereitschaft der Mitarbeiter, sich an Organisationsänderungen aktiv zu beteiligen, oftmals gering ist. Der Erfolg eines Reformprojektes hängt jedoch ganz wesentlich von der Akzeptanz und Mitwirkung der Mitarbeiter ab *(vgl. Schreyögg 2008, S. 406 f.)*. Zwar wird die Notwendigkeit, neue organisatorische Strukturen einzurichten, nur selten bestritten. Dennoch können erhebliche Widerstände auftreten, falls die gewohnten „altbewährten" Strukturen verändert werden sollen. „Mitarbeiter besitzen durchaus Vorbehalte gegenüber Veränderungen, die sie mit Verlust von bisherigen Kompetenzen, Notwendigkeit des Erlernens von Neuem oder Furcht vor Arbeitsplatzverlust verbinden" *(Schmalen/Pechtl 2009, S. 131)*.

Abb. 60: Organisatorische Änderung und Leistungsfähigkeit

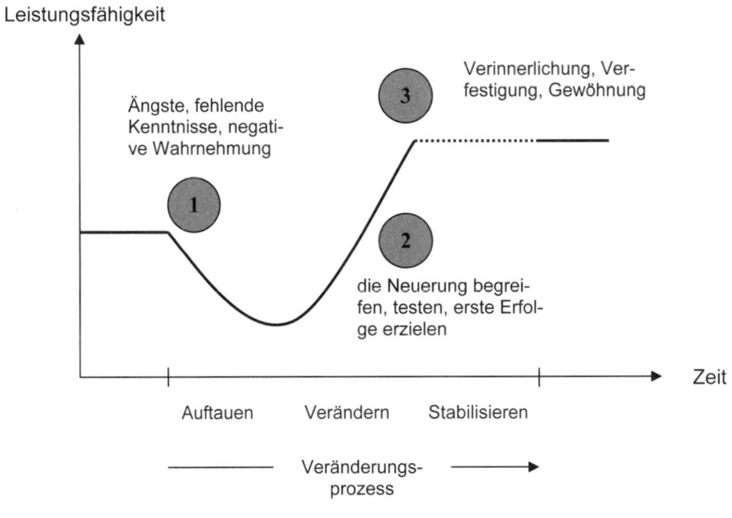

(bearbeitet nach Lewin 1958, S. 210 f.)

Um Änderungswiderstände abzubauen, müssen die Mitarbeiter rechtzeitig in den Veränderungs- bzw. Reformprozess eingebunden werden. Ziel ist es, die Gründe für Veränderungen und die Konsequenzen für die Betroffenen aufzuzeigen. Auf diese Weise lassen sich bestehende Bedenken der Mitarbeiter zerstreuen und Vertrauen schaffen. Wird hingegen eine Organisation ohne jegliche Mitarbeiterbeteiligung verändert, so kann dies zu einer Destabilisierung der Mitarbeiter führen. Der Veränderungsprozess muss durch ein proaktives und reaktives Change Management begleitet werden, das die Willens-, Wissens- und Lernbarrieren bei den Mitarbeitern beseitigt.

Oftmals reichen umfangreiche Informationen oder ein gut vorbereitetes Change Management nicht aus, um Mitarbeiterwiderstände abzubauen. Die Betriebsführung muss daher ihre Visionen bzw. Organisationsziele gegenüber den Mitarbeitern deutlich kommunizieren; ansonsten werden Organisationsänderungen nur halbherzig durchgeführt oder sie sind zum Scheitern verurteilt. Insgesamt muss der organisatorische Wandel zu einem akzeptierten Bestandteil der Betriebskultur werden. Dieser Wandel erfordert ein Klima der Veränderungsbereitschaft *(vgl. Schmalen/Pechtl 2009, S. 131).*

4.1.9 Spezielle Organisationsformen

(1) Projektorganisation

Zur Bewältigung von komplexen zeitlich befristeten Vorhaben (z.B. Einführung betriebswirtschaftlicher Standardsoftware) werden üblicherweise Projektorganisationen gebildet. Projekte haben einen festen Anfangs- und Endzeitpunkt und unterliegen bestimmten zeitlichen, finanziellen und personellen Rahmenbedingungen. Durch die Projektorganisation soll gewährleistet werden, dass die Komplexität eines Vorhabens reduziert und die Zielvorgaben termingerecht erreicht werden. Projekte erfordern eine effiziente Kommunikationsstruktur und die Integration verschiedener Betriebsbereiche. Eine Projektorganisation setzt sich aus einer Projektleitung, einem Projektteam und einem Lenkungsausschuss zusammen. Falls die Projektorganisation gegenüber der Basisorganisation verselbständigt wird, spricht man von einer Projektgesellschaft.

(2) Holdingorganisation

Eine Holdingorganisation besteht aus dem Verbund mehrerer rechtlich selbstständiger Betriebe (Tochtergesellschaften) unter einer einheitlichen Leitung (Muttergesellschaft). Die einzelnen Tochtergesellschaften verfügen über weitgehend getrennte Wertschöpfungsketten. Allerdings wird häufig versucht, Synergieeffekte zwischen den Tochtergesellschaften zu nutzen, so dass für die Wahrnehmung bestimmter Aufgaben Zentralbereiche gebildet werden.

Holdingorganisationen sind in verschiedenen Ausprägungen vorzufinden.

Abb. 61: Holdingorganisationen

	Muttergesellschaft	Tochtergesellschaften
operative Holding	strategische und operative Leitung	detaillierte, regelmäßige Berichterstattung über die Erreichung operativer Ziele (z.b. über Absatzmengen, Kostenarten, Bestände)
Management-holding	strategische Leitung; nur im Ausnahmefall Eingriff in die operative Leitung	operative Leitung regelmäßige Berichterstattung über Ergebnisse (z.b. über Gewinne, Umsatz, Kosten); Zusatzinformationen nur auf Anforderung
Finanzholding	Leitung über die Vorgabe finanzieller Zielgrößen	operative und strategische Leitung Berichterstattung über die Erreichung finanzieller Ziele in aggregierter Form (z.b. Gewinn, Rendite, Cash-flow)

(vgl. Schulte-Zurhausen 2010, S. 282)

(3) Shared Service Center

Diese Organisationsform entsteht durch die Zusammenfassung und Zentralisierung von Serviceprozessen (z.B. Personalwesen, Controlling, Reisekostenabrechnung, IT-Service). Die (internen) Kunden, die diese Prozesse bzw. Leistungen beanspruchen, stehen in einem Kunden-Lieferanten-Verhältnis zum Shared Service Center. Ziel ist es, die Transparenz über Kosten und Leistungen zu erhöhen sowie die Kundenorientierung und Service-Qualität (Service-Levels) der Leistungen (z.B. durch die schnellere Prozessabwicklung) zu verbessern. Hierfür sind vor allem Supportprozesse geeignet, die ein hohes Standardisierungspotenzial sowie eine hohe Repetitivität aufweisen und räumlich ungebunden sind. Kostensenkungspotenziale ergeben sich bei dieser Organisationsform vor allem durch die Nutzung von Skalen- und Synergieeffekten *(vgl. Hauer/Ultsch 2010, S. 113)*.

(4) Netzwerkorganisation

„Eine Netzwerkorganisation besteht aus relativ autonomen Mitgliedern (Einzelpersonen, Gruppen, Institutionen), die langfristig durch gemeinsame Ziele miteinander verbunden sind und koordiniert zusammenarbeiten" *(Schulte-Zurhausen 2010, S. 288)*. In der Praxis sind interne und externe Netzwerkorganisationen vorzufinden. Während interne Netzwerke aus mehreren Mitgliedern innerhalb einer Organisation bestehen, die in erster Linie auf persönlichen Kontakten basieren und in einer intensiven vertikalen und horizontalen Beziehung zueinander stehen, sind externe Netzwerke dadurch gekennzeichnet, dass wirtschaftlich und rechtlich selbstständige Betriebe koordiniert zusammenarbeiten.

Externe Netzwerkorganisationen kommen unter anderem in folgender Form vor:

(a) Kooperationen: Eine Kooperation ist die längerfristige Zusammenarbeit zwischen rechtlich selbstständigen Betrieben, um die gemeinsamen Ressourcen zu nutzen. In *institutioneller Hinsicht* können Kooperationen als vertragslose oder vertragliche Zusammenarbeit (auch Lizenzverträge) sowie als Franchising, Kapitalbeteiligung oder Joint Venture (Auslagerung von Aktivitäten aus den beteiligten Betrieben und Überführung in einen eigenständigen Betrieb, an dem die Kooperationspartner beteiligt sind) gestaltet werden. *(vgl. hierzu Kap. 2.3)*

(b) Strategische Allianzen: Hier handelt es sich um eine langfristig ausgerichtete, freiwillige Zusammenarbeit zwischen zwei oder mehreren rechtlich selbstständigen Betrieben, die normalerweise zueinander im Wettbewerb stehen. Ziel ist die gemeinsame Nutzung und Entwicklung von Produkten, Technologien oder Dienstleistungen. Diese formalisierte Beziehung wird i.d.R. vertraglich vereinbart. Die Betriebe bleiben im Rahmen einer strategischen Allianz rechtlich unabhängig. Die eigenen Schwächen eines Betriebes sollen durch die Stärken des Partners ausgeglichen werden. Gemeinsam festgelegte Ziele sind beispielsweise Kostensenkungen (z.B. durch Skaleneffekte oder gemeinsame Ressourcennutzung), die Verbesserung der Wettbewerbsposition aufgrund größerer Marktmacht sowie der bessere und schnellere Zugang zu Know-how.

(c) Virtuelle Organisation: Rechtlich unabhängige Betriebe können sich für einen bestimmten Zeitraum virtuell zu einem gemeinsamen Verbund zusammenschließen. Die Partner treten gegenüber Dritten bzw. Auftraggebern wie ein einheitlicher Betrieb auf und beteiligen sich an der Zusammenarbeit mit ihren unterschiedlichen Kernkompetenzen. Auf die Institutionalisierung von zentralen Leitungs- bzw. Managementfunktionen und eine hierarchische Koordination wird weitgehend verzichtet *(vgl. Schulte-Zurhausen 2010, S. 293)*. Die Netzwerkpartner sind bereit, eigenes Wissen und Informationen offen untereinander auszutauschen. Einzelne Teilprozesse werden auf die Netzwerkpartner je nach Kernkompetenz verteilt und somit dezentralisiert bearbeitet. Der umfassende Einsatz moderner Kommunikations- und Informationstechnologien unterstützt hierbei den Erfolg virtueller Organisationen und trägt zu einer deutlichen Reduktion des Koordinationsaufwands bei.

4.2 Personalführung

4.2.1 Einführung

In einer arbeitsteiligen Organisation, in der Leistungen durch das Zusammenwirken von mehreren oder vielen Menschen erbracht werden, ist Führung (auch: Personalführung) notwendig.

Unter **Führung** wird allgemein ein zielgerichteter kommunikativer Prozess der Einflussnahme auf die Mitarbeiter zum Zwecke der Leistungsgewinnung verstanden. Hieraus ergeben sich die grundlegenden Elemente:

• Führung ist eine soziale Beziehung zwischen mindestens zwei Personen.

• Es erfolgt ein Einwirken von der Führungskraft auf den bzw. die Geführten zum Zweck der Verhaltenssteuerung.

• Diese Einwirkung erfolgt zielgerichtet, d.h. bestimmte Ergebnisse sollen damit erreicht werden.

Der Personalführung kommen hierbei insbesondere zwei Funktionen zu:

• die Zielerreichungsfunktion (Lokomotionsfunktion) und

• die Gruppenerhaltungsfunktion (Kohäsionsfunktion).

Die Lokomotionsfunktion umfasst alle Aufgaben, die dazu dienen, die Geführten auf die von der Organisation verfolgten Ziele hin auszurichten, während bei der Kohäsionsfunktion die Förderung und Festigung positiver gruppeninterner Beziehungen und die Bindung an den Betrieb im Vordergrund stehen.

In jeder Organisation werden die Mitarbeiter jedoch in ihrem Verhalten nicht nur durch unmittelbares Einwirken des Vorgesetzten beeinflusst, sondern durch eine Vielzahl von Regeln, Vorschriften und Vorgaben des Geschäftsablaufs wie z.B. das Softwareprogramm im PC oder die Geschwindigkeit des Fließbandes. Die Strukturierung der Arbeitsabläufe im Rahmen der Ablauforganisation kann die Führung also unterstützen, sie aber nicht ersetzen.

4.2.2 Führungsstile

Unter **Führungsstil** werden die generellen Verhaltensweisen einer Führungskraft verstanden, welche die Art und Weise charakterisieren, wie die Führungsaufgabe wahrgenommen wird. Es ist „... ein innerhalb von Bandbreiten und Führungskontexten konsistentes, typisiertes und wiederkehrendes Führungsverhalten." *(Wunderer 2009, S. 204)* Führungsstile dienen vor allem der Beschreibung und der Klassifikation von Führungsverhalten.

Eine **klassische Typologie** von Führungsstilen geht auf Untersuchungen des Psychologen Kurt Lewin aus den 1930er Jahren zurück. Er unterscheidet den autoritären, den kooperativen und den laissez-faire-Führungsstil *(vgl. Neuberger 2002, S. 493 ff.)*

(1) Autoritärer Führungsstil

Hierunter wird ein Führungsverhalten verstanden, bei dem allein die Entscheidungsmacht des Vorgesetzten im Mittelpunkt steht. Er entscheidet allein und ohne Rücksprache mit seinen Mitarbeitern. Diese haben seine Anweisungen lückenlos auszuführen und unterliegen seiner vollständigen Kontrolle.

Der autoritäre (auch: autokratische) Führungsstil lässt zwar sehr schnelle Entscheidungen zu, auf der anderen Seite werden die Fähigkeiten der Mitarbeiter so aber nicht vollständig genutzt. Durch die zentrale Stellung der Führungskraft besteht darüber hinaus die Gefahr der Demotivation der Mitarbeiter sowie der Überforderung der Führungskraft in quantitativer und qualitativer Hinsicht.

(2) Kooperativer Führungsstil

Beim kooperativen Führungsstil (auch: partizipativ, demokratisch) werden die Mitarbeiter in die Willensbildung und Entscheidungsfindung einbezogen. Der Vorgesetzte behält sich allerdings vor, gegebenenfalls auch abweichend von der Auffassung seiner Mitarbeiter verbindliche Entscheidungen zu treffen. Durch die Einbeziehung der Mitarbeiter kann eine größere Identifikation mit dem Betrieb und den Aufgaben erreicht werden. An die Stelle der Fremdkontrolle, die beim autoritären Führungsstil eine wichtige Rolle spielt, tritt im kooperativen Führungsmodell vermehrt die Selbstkontrolle. Hierdurch ergibt sich eine hohe Motivation und gleichzeitig eine Entlastung der Führungsebene, allerdings kann dieser Führungsstil zu längeren Entscheidungsprozessen führen.

(3) Laissez-faire-Führungsstil

Die Führungskraft verzichtet bei diesem Führungsstil weitgehend auf alle Anweisungen und jegliches Einwirkungen auf die Mitarbeiter. Diese sind sichselbst überlassen, eine zielbezogene Einflussnahme findet nicht statt. Der Vorgesetzte übt hier seine Führungsfunktion nicht aus. Nur auf Anfrage erteilt er die gewünschten Informationen. Trotz des sehr hohen Freiheitsgrades der Mitarbeiter können bei diesem Führungsstil die Nachteile überwiegen. Er ist nur dann angebracht, wenn die Mitarbeiter aufgrund ihrer Qualifikation und ihrer Motivation auf Führung nicht angewiesen sind.

Des Weiteren werden gelegentlich auch die charismatische, die patriarchalische und die bürokratischen Führung den klassischen Führungsstilen zugerechnet *(vgl. Jung 2009, S. 218 ff.)*:

(4) Charismatischer Führungsstil

Im Gegensatz zu den anderen Führungsstilen wird hier der Führungsanspruch nicht durch die formale Legitimation des Vorgesetzten bewirkt, sondern aufgrund der besonderen rational nicht zu erklärenden Wirkung und Ausstrahlungskraft, welche er besitzt. Charismatische Führungspersönlichkeiten sind in der Lage, den größtmöglichen Einsatz ihrer Untergebenen zu mobilisieren, allerdings nur so lange, wie an deren besondere Eigenschaften geglaubt wird.

(5) Patriarchalischer Führungsstil

Hier steht das Bild des Familienvaters (Patriarch) im Vordergrund, welcher auf der einen Seite Gehorsam, Unterordnung und Loyalität verlangt, sich dafür aber für das Wohlergehen der ihm Unterstellten verantwortlich fühlt. Es handelt sich um eine Art wohlwollend autoritären Führungsstil. Dieser Führungsstil war vor allem in der Vergangenheit weit verbreitet, er findet sich aber auch in der Gegenwart noch insbesondere bei kleineren Familienbetrieben.

(6) Bürokratischer Führungsstil

Der bürokratische Führungsstil entspricht dem im Bürokratiemodell verankerten Prinzip der legalen Herrschaft. Es existiert hiernach keine unumschränkte persönliche Anordnungsbefugnis eines Vorgesetzten, keine Willkür oder Unberechenbarkeit. Dieser Führungsstil beruht auf dem Grundsatz einer genauen Regelung der Kompetenzen aller Stelleninhaber. Er ist nicht personenzentriert, sondern orientiert sich an einer präzise geregelten Ordnung der Kompetenzen und Verfahrensabläufe. Für persönliche Initiative einer Führungskraft bleibt hier wenig Spielraum.

Die Erfahrung gerade in der öffentlichen Verwaltung zeigt jedoch, dass aus Ordnung leicht Formalismus und aus Genauigkeit Schwerfälligkeit werden kann.

4.2.3 Führungstheorien

Führungstheorien befassen sich mit den Ausgangsbedingungen, Abläufen und Wirkungen von Führung. Mit ihrer Hilfe sollen weitgehend allgemeingültige Aussagen über die Arten der Führung gemacht werden, die den größtmöglichen Führungserfolg, d.h. das höchstmögliche Maß an zielgerichteter Mitarbeiterbeeinflussung, ermöglichen. Führungstheorien wollen demzufolge erklären, wie Führungserfolg zustande kommt. Die in der Literatur zu findenden Führungstheorien leisten dies jedoch nur in Ansätzen.

Führungstheorien beziehen sich auf die drei grundlegenden Dimensionen des Führungsverhaltens: die Person, das Verhalten und die Situation.

Abb. 62: Führungstheorien

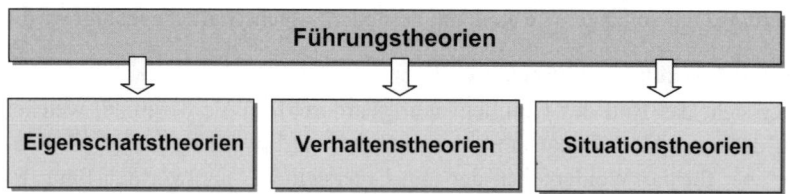

4.2.3.1 Eigenschaftstheorien

Der älteste Erklärungsansatz der Führung ist die sog. **Eigenschaftstheorie**. Lange vor einer systematischen wissenschaftlichen Beschäftigung mit Führungsfragen wurden Erfolge bestimmter Personen insbesondere ihrer Willensstärke, Intelligenz und Zielstrebigkeit zugeschrieben. Eigenschaftstheorie ist ein Sammelbegriff für alle diejenigen Führungsansätze, welche die Persönlichkeitsmerkmale der Führenden in den Mittelpunkt der Betrachtung stellen. *(vgl. hierzu Neuberger 2002, S. 223 ff.)*

Bestimmten intellektuellen Merkmalen, wie Intelligenz, Leistungen, Zuverlässigkeit, Selbstvertrauen, Kontaktfähigkeit, Anpassungsfähigkeit, sozioökonomische Position aber auch physischen Merkmalen, wie Alter und Größe, werden positive Auswirkungen auf das Führungsergebnis zugeschrieben. Diese Merkmale wurden insbesondere durch den Vergleich erfolgreicher mit weniger erfolgreichen Führungskräften gewonnen. Zeigten sich bei den erfolgreichen Führungskräften bestimmte Eigenschaften in stärkerer Ausprägung, wurde von sog. Führungseigenschaften gesprochen. In ihrer einfachsten Form besagt diese Führungstheorie: Nur wer über bestimmte Persönlichkeitseigenschaften in einem bestimmten Ausmaß verfügt, kann Führungskraft werden und bleiben.

Dieser Ansatz belegt somit die Führungskraft mit einer Alleinverantwortung für den Führungserfolg. Aufgrund dieser Annahmen wurden in den fünfziger und sechziger Jahren zahlreiche empirische Studien unternommen. Hierbei zeigte sich, dass die im Zusammenhang mit Führung bedeutsamen Faktoren sich auf bestimmte Persönlichkeitseigenschaften (Fähigkeiten, Leistungen, Verantwortungsbewusstsein, Kooperationsbereitschaft etc.) reduzieren lassen. Ein direkter Zusammenhang zwischen einzelnen Persönlichkeitsmerkmalen und dem Führungserfolg war jedoch in den Studien nur selten nachweisbar.

Dennoch ist die Orientierung an Eigenschaften der Beschäftigten für Betriebe in der Praxis unverzichtbar. Auch wenn es nicht gelungen ist, generelle Führungseigenschaften zu eruieren, so ist die Grundidee dennoch nicht von der Hand zu weisen, dass Führungserfolg letztlich auch von den Persönlichkeitsmerkmalen der Führungskräfte abhängen muss. Aus diesem Grunde haben Verfahren der Personalauswahl insbesondere die Aufgabe, Merkmale wie: Intelligenz, soziale Kompetenz, Lernfähigkeit und Lernbereitschaft, Flexibilität und Motivation als Grundanforderungen für Führungskräfte zu identifizieren.

4.2.3.2 Verhaltenstheorien

Aufgrund der geschilderten Problematik des Eigenschaftsansatzes wandte sich das Interesse der Führungsforschung seit den der fünfziger Jahren des 20. Jahrhunderts vermehrt den Fragen nach demjenigen **Verhalten** von Führungskräften zu, welches den größtmöglichen Führungserfolg sichert.

(1) Das Stilkontinuum von Tannenbaum und Schmidt
Eine große Popularität besitzt die Klassifikation des Führungsverhaltens anhand der beiden Führungsstile autoritär und kooperativ (demokratisch), die

bereits in der klassischen Typologie von Lewin genannt werden. Die Betrachtung des Führungsverhaltens konzentriert sich hierbei auf die Dimension ‚Mitarbeiterbeteiligung' bei der Entscheidungsfindung.

Abb. 63: Führungsstile im Stilkontinuum

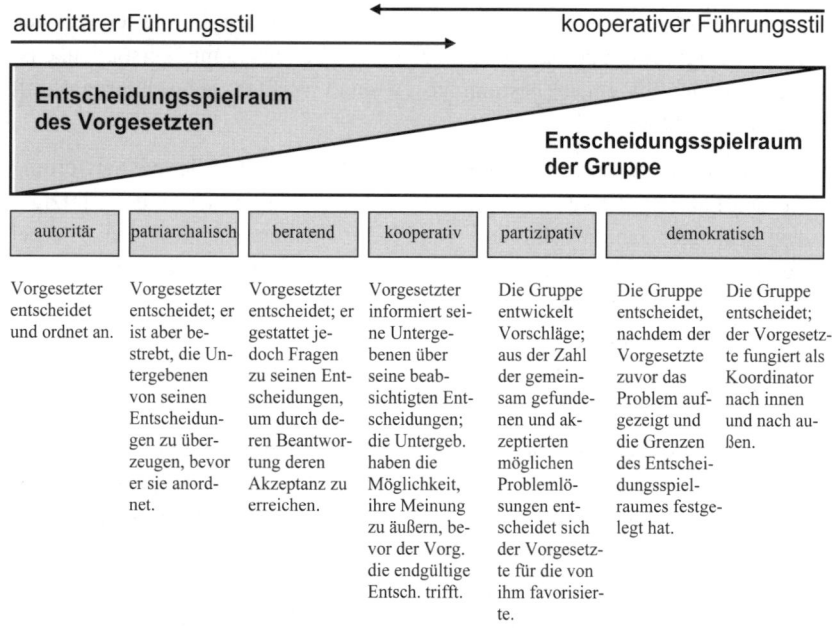

| Vorgesetzter entscheidet und ordnet an. | Vorgesetzter entscheidet; er ist aber bestrebt, die Untergebenen von seinen Entscheidungen zu überzeugen, bevor er sie anordnet. | Vorgesetzter entscheidet; er gestattet jedoch Fragen zu seinen Entscheidungen, um durch deren Beantwortung deren Akzeptanz zu erreichen. | Vorgesetzter informiert seine Untergebenen über seine beabsichtigten Entscheidungen; die Untergeb. haben die Möglichkeit, ihre Meinung zu äußern, bevor der Vorg. die endgültige Entsch. trifft. | Die Gruppe entwickelt Vorschläge; aus der Zahl der gemeinsam gefundenen und akzeptierten möglichen Problemlösungen entscheidet sich der Vorgesetzte für die von ihm favorisierte. | Die Gruppe entscheidet, nachdem der Vorgesetzte zuvor das Problem aufgezeigt und die Grenzen des Entscheidungsspielraumes festgelegt hat. | Die Gruppe entscheidet; der Vorgesetzte fungiert als Koordinator nach innen und nach außen. |

(vgl. Staehle 1999, S. 337; s. auch Jung 2008, S. 423 f.)

Die Kontinuumtheorie von Tannenbaum und Schmidt (1958) unterscheidet zwischen verschiedenen Verhaltensweisen der Führung, die auf einem Kontinuum angeordnet sind. Die Vorstellung eines Kontinuums impliziert, dass das Führungsverhalten nicht in starren Kategorien betrachtet wird, sondern fließende Übergänge besitzt.

Der Nutzen dieses Ansatzes liegt in der gezielten Analyse der Auswirkungen unterschiedlich weit gehender Mitarbeiterbeteiligung auf den Führungserfolg. Die isolierte Betrachtung nur dieser Dimension des Führungsverhaltens reduziert allerdings die Komplexität von Führung beträchtlich.

(2) Das Verhaltensgitter von Blake und Mouton

Das Verhaltensgitter beschreibt das Verhalten von Führungskräften anhand der zwei Dimensionen: Produktionsorientierung und Menschenorientierung. Die Ausprägungsgrade dieser beiden Merkmale staffeln sich zwischen 1 (sehr gering) und 9 (sehr hoch).

Abb. 64: Führungsstile im Verhaltensgitter

(vgl. Staehle 1999, S. 840; Oechsler 2006, S. 361)

Trägt man die beiden Dimensionen auf einem Koordinatenkreuz ab, so lassen sich theoretisch insgesamt 81 Führungsstile unterscheiden. Aus den beiden Gitterdimensionen sind fünf Basisführungsstile ableitbar.

1.1: Überlebensmanagement
Der Vorgesetzte hat minimales Interesse sowohl an der Leistung als auch an der Zufriedenheit der Mitarbeiter.

9.1: Befehlsmanagement
Das Führungsverhalten konzentriert sich ausschließlich auf die Erreichung der Organisationsziele. Die menschlichen Bedürfnisse werden vernachlässigt.

1.9: Vereinsmanagement
Der Vorgesetzte betont hier genau entgegengesetzt maximal die zwischenmenschlichen Beziehungen und minimal die Sachaufgaben. Die Zufriedenheit der Mitarbeiter hat Vorrang vor den Organisationszielen.

5.5: Humanes Organisationsmanagement
Dieser Führungsstil ist durch mittleres Interesse des Vorgesetzten sowohl für die Sach- als auch für die Mitarbeiterinteressen bestimmt.

9.9: Teammanagement
Er wird von den Autoren als der einzig empfehlenswerte Ansatz angesehen. Hier werden sowohl die Organisations- als auch die Mitarbeiterziele ohne Abstriche verwirklicht.

Neben den fünf Basisführungsstilen existieren noch entsprechende Mischformen.

Dieses Modell ist grafisch eingängig gestaltet und hat vor allem auch wegen seiner Eignung in Schulungsveranstaltungen eine große Resonanz gefunden. In seinem offenen und einprägsamen Schema kann sich jede Führungskraft problemlos positionieren und feststellen, wie weit sie noch von der 9.9 Verhaltensweise entfernt ist. Auf der anderen Seite verhindern diese generellen Aussagen, die sich grundsätzlich kaum widerlegen lassen, das spezifische Anpassen an eine konkrete betriebliche Situation. Insbesondere auf den situativen Kontext wird hier explizit nicht eingegangen.

Die von den Autoren ausschließlich empfohlene Führungsform 9.9 unterstellt einen direkten Zusammenhang zwischen einem bestimmten Führungsverhalten und bestimmten Wirkungen. Diverse Studien haben diese Aussage jedoch dahingehend relativiert, dass zwischen einem bestimmten Führungsstil und dem Führungserfolg keine eindeutige Beziehung besteht, sondern immer auch die jeweiligen Umstände zu beachten sind, unter denen Führung auftritt. So kann ein bestimmter Führungsstil unter verschiedenen Rahmenbedingungen ganz unterschiedliche Ergebnisse hervorrufen.

Es zeigte sich in zahlreichen empirischen Untersuchungen, dass auch der Versuch einer noch so vollständigen und systematischen Beschreibung des Führungsverhaltens nicht ausreicht, um präzise Aussagen über die Wirkung bzw. den Erfolg von Führung zu machen. Erfolgreiches Führen hängt jedoch nicht nur vom Verhalten des Vorgesetzten, d.h. der Art und Weise, wie er kommuniziert, ab, sondern auch von der jeweiligen Situation. Ein und dasselbe Führungsverhalten kann in einer spezifischen Situation unmittelbar zum gewünschten Erfolg führen, in einer anderen Situation aber nicht.

4.2.3.3 Situationstheorie

Der Name Situationstheorie wird hier als Sammelbegriff für diejenigen Führungsansätze benutzt, welche ausdrücklich die jeweilige Situation, in der Führung stattfindet, mit einbeziehen.

Untersuchungen zum Führungserfolg haben gezeigt, dass verschiedene Mitarbeiter denselben Vorgesetzten sehr unterschiedlich wahrnehmen. Offensichtlich kann in der Praxis das Führungsverhalten nicht streng generalisiert werden, weil verschiedenste Anpassungsformen an die momentane Situation erfolgen. Dieses bestätigen auch die Ergebnisse der Befragung von Praktikern, die zeigen, dass im Alltag das Führungsverhalten flexibel in Abhängigkeit von der jeweiligen Situation gewählt wird.

Abb. 65: Rahmenbedingungen autoritärer und partizipativer Führung

	Rahmenbedingungen für den mehr autoritären Führungsstil	**Rahmenbedingungen für den mehr partizipativen Führungsstil**
Person	- starkes Niveaugefälle zwischen Vorgesetzten u. Mitarbeitern - Mitarbeiter mit überwiegenden autoritären Wertvorstellungen, ohne Eigeninitiative und stark sicherheitsmotiviert	- geringes Niveaugefälle zwischen Vorgesetzten und Mitarbeitern - Mitarbeiter mit hoher Leistungsmotivation, Aufgeschlossenheit, Kreativität und Initiative
Situation	- Situationen, die rasche Entscheidungen verlangen - stabile Umweltverhältnisse mit geringer Komplexität und Dynamik	- Situationen, die ideenreiche Entscheidungen erfordern - Hohe Umweltkomplexität und -dynamik mit starken Innovationszwängen
Aufgabe	- Aufgaben, die wenig Eigeninitiative erfordern, sondern schlicht Pflichtbewusstsein und Zuverlässigkeit - Aufgaben mit hohem Routinegehalt (repetitive und programmierbare Tätigkeiten)	- Aufgaben, die schöpferische Eigengestaltung, Flexibilität und unkonventionelles Vorgehen erfordern - Nichtstandardisierte Aufgaben, deren Schwerpunkt in der Lösung innovativer Probleme liegt
Organisationsstruktur	- Strenge Hierarchie (Direktorialprinzip) mit Betonung vertikaler Informationskanäle (Befehle und Meldungen) - Hoher Organisationsgrad (geringer Dispositionsspielraum)	- Aufgelockerte Hierarchie (Tendenz zum Kollegialprinzip) mit freier Kommunikation - geringer Organisationsgrad (Beschränkung auf Rahmenregelungen)

(vgl. Schierenbeck/Wöhle 2008, S. 130)

Diese Gedanken greifen entsprechende theoretische Ansätze auf. Demnach sollten Führungskräfte über Verhaltensflexibilität verfügen. Sie sollten in der Lage sein, die gegebenen Rahmenbedingungen zutreffend zu interpretieren und ihr Verhalten darauf abzustimmen, darüber hinaus aber auch fähig sein, Führungssituationen aktiv zu gestalten.

Hiernach ist der Führungserfolg nicht nur von den Eigenschaften und dem gezeigten Verhalten des Vorgesetzten abhängig. Diese Ansätze betonen, dass es keinen einzig empfehlenswerten Führungsstil gibt, der in jeder Situation erfolgreich ist. Eine erfolgreiche Führungskraft muss vielmehr in der Lage sein, die jeweilige Gesamtsituation mit ihren vielfältigen Teilkomponenten zutreffend einzuschätzen und sich in ihrem Führungsverhalten flexibel darauf einzustellen. Sie muss sensibel auf Veränderungen der Bedingungen gegenüber der Vergangenheit reagieren und permanent eine Neuakzentuierung ihres Verhaltens vornehmen können.

Situative Ansätze haben in der Management-Praxis weite Verbreitung gefunden, weil sie konkret angeben, unter welchen Bedingungen ein bestimmtes Führungsverhalten erfolgreich sein wird.

So bestimmen die Persönlichkeitsmerkmale zwar weitgehend das gezeigte Verhalten. Dieses ist jedoch auch abhängig von der jeweiligen Situation. Der gewünschte Führungserfolg ist daher das Resultat einer optimalen Kombination dieser drei Einflussbereiche: Person, Verhalten und Situation.

4.2.4 Praxisorientierte Führungsmodelle

Bei diesen Führungsmodellen handelt es sich im Unterschied zu den Führungstheorien um Konzepte, die den Anspruch erheben, bei entsprechender Anwendung dem Praktiker Hilfestellungen bei der Lösung seiner Führungsprobleme zu geben. Unter ihnen finden sich auch hinsichtlich des theoretischen Anspruchs sehr vielfältige Modelle. So rechnet die Literatur beispielsweise mitunter auch das Verhaltensgitter von Blake und Mouton zu dieser Kategorie *(vgl. Hentze/Graf/Kammel/Lindert 2005, S. 563)*. Daneben handelt es sich aber vor allem um Modelle, in denen sich insbesondere die Erfahrungen der Praxis widerspiegeln und die nur mehr oder weniger durch wissenschaftliche Studien optimiert wurden. Praxisorientierte Führungsmodelle werden häufig von großen Betrieben als Anregung und Basis für ein organisationsspezifisches Führungskonzept verwendet.

Zu den bekanntesten Ansätzen dieser Gruppe gehören die **Management-by-Konzepte**. Hierbei handelt es sich nicht um einen einheitlichen, auf einen bestimmten Autor zurückgehenden Ansatz, sondern um Konzeptionen, die sich im Laufe der Zeit aus verschiedenen Arbeiten entwickelten. Sie wurden vor allem in den sechziger und siebziger Jahren in großer Zahl kreiert *(vgl. Jung 2009, S. 235 ff.)* Aufgrund ihrer Ähnlichkeit und ihrer Überschneidung können sie im Wesentlichen auf vier Grundformen *(vgl. Schierenbeck/Wöhle 2008, S. 180 ff.)* zurückgeführt und reduziert werden. Diese sind:

- **Management by Exception** (MbE)
  (= Führung über die Bestimmung von Ausnahmen)
- **Management by Delegation** (MbD)
  (= Führung durch Delegation)
- **Management by Systems** (MbS)
  (= Führung durch Systeme)
- **Management by Objectives** (MbO)
  (= Führung durch Zielvereinbarung/Zielvorgabe)

(1) **Mangement by Exception** ist ein weithin verbreitetes Führungskonzept, das sich vor allem für die Lösung des Delegationsproblems kleinerer und mittlerer Betriebe eignet. Im Kern geht es hier darum, bei der Delegation von Aufgaben und Kompetenzen zwischen einem Routinebereich, der vollständig delegiert wird, und einem Ausnahmebereich, der dem Vorgesetzten vorbehalten bleibt, zu unterscheiden. Delegiert werden nur solche Aufgaben, die für die Entwicklung und den Bestand des Unternehmens bzw. der jeweiligen Abteilung unkritisch sind. Die „wichtigen" Entscheidungen behält sich der Vorgesetzte vor. MbE ist ein vergleichsweise einfaches Führungsprinzip, das sich für die Führung größerer Organisationen und bei komplexen Aufgabenstellungen weniger eignet. Es wird vor allem auch deswegen kritisiert, weil es zur Demotivation der Mitarbeiter führen kann, da sie von den wesentlichen Führungsentscheidungen fern gehalten werden.

(2) Das Prinzip des Führens durch Delegation hat vor allem durch das sog. **Harzburger Modell** Verbreitung gefunden. Zu seinen Grundprinzipien gehören:

- Entscheidungen werden nicht mehr nur an der Spitze des Betriebes getroffen, sondern jeweils von den Mitarbeitern, zu denen sie „ihrem Wesen nach" gehören.

- Der Mitarbeiter handelt und entscheidet innerhalb seines vorgegebenen

Aufgabenbereiches selbständig.

- Ein Teil der Verantwortung der Unternehmensleitung wird mit den Aufgaben und Kompetenzen auf die nachgelagerten Ebenen übertragen.

- Die Vorgesetzten übernehmen nur diejenigen Aufgaben, welche von den Mitarbeitern nicht übernommen werden können.

- Es existieren präzise Stellenbeschreibungen mit genauer Festlegung der einzelnen Aufgaben.

- Die Grundsätze der „Führung im Mitarbeiterverhältnis", wie diese Führungstechnik auch bezeichnet wird, sind in einer „Allgemeinen Führungsanweisung" verbindlich festgelegt.

(vgl. Hentze/Graf/Kammel/Lindert 2005, S. 580; s. auch Jung 2009, S. 234 f.)

Obwohl sich bei Einführung des Harzburger Modells Leistungssteigerungen im Einzelfall feststellen ließen, überwiegt letztlich doch die kritsche Einschätzung. Das Bild vom Mitarbeiter ist hier vor allem gekennzeichnet durch Kontrolle und Anweisung. Konkrete motivationspsychologische Aspekte sind in dieser Konzeption nicht enthalten. Dieses Modell orientiert sich primär an der Nützlichkeit für den Betrieb, die Arbeitszufriedenheit des einzelnen tritt dahinter zurück. Weiterhin erfordert das Harzburger Modell einen erheblichen formalen Aufwand, wenn es konzeptionsgetreu in die Organisationsrealität umgesetzt werden soll. Hierdurch wird der angestrebte Gewinn an Führungseffizienz wieder geschmälert und ein flexibles Einwirken auf die Mitarbeiter erschwert.

Das Harzburger Modell und andere, auf dem Delegationsprinzip beruhende Führungsmodelle, haben daher in der Praxis sehr an Bedeutung verloren und werden auch in der Verwaltung, immer mehr durch zielorientierte Modelle nach dem Muster des MbO ersetzt.

(3) Besondere Bedeutung hat das **Management by Objectives** erlangt. Dieses Modell zeichnet sich vor allem durch das dominierende Prinzip der Zielorientiertheit aus. Ziele sind hier der zentrale Steuerungsmechanismus der Aktivitäten des Betriebes. Das Kernstück des MbO ist das Festlegen von operationalisierbaren Zielen, wobei die grundlegenden Unternehmensziele in einem mehrstufigen Prozess absteigend immer weiter präzisiert und detailliert werden. Die operationalisierten und schriftlich fixierten Ziele werden anschließend den Mitarbeitern bzw. dem Team zur eigenverantwortlichen Ausführung übertragen. Das bedeutet, dass der erforderliche Entscheidungsspielraum auf

die Mitarbeiter delegiert wird. Diese übernehmen damit auch die Verantwortung für ihr Handeln. *(vgl. Jung 2009, S, 236 f.)*

Je nach dem Grad der Beteiligung der Mitarbeiter an der Zielbildung lassen sich zwei Grundformen unterscheiden: die Zielvorgabe und die Zielvereinbarung.

Bei der **Zielvorgabe** entscheidet allein der Vorgesetzte bzw. die übergeordnete Geschäftspolitik. Hier wird den Mitarbeitern eine verbindliche Richtschnur für ihre Aktivitäten vorgegeben. Demgegenüber findet bei der **Zielvereinbarung** ein kooperativ geführtes Gespräch statt, in dessen Verlauf Mitarbeiter und Vorgesetzter gemeinsam Ziele festlegen oder aus festgelegten Oberzielen für ihren Bereich entsprechende Zielformulierungen ableiten. Bei dieser Führungstechnik findet somit keine enge Bindung der Mitarbeiter an konkret übertragene Aufgaben statt, sondern das Ergebnis ihres Handelns, der jeweils realisierte Zielerreichungsgrad, ist der Maßstab für die Leistungen. Typisch für MbO ist ebenfalls die regelmäßige Analyse der Soll-Ist-Abweichungen und das entsprechende Reagieren darauf im Sinne eines Rückkopplungsprozesses.

Die Vorteile dieser Führungstechnik liegen in der umfassenden Nutzung der Kompetenzen der Mitarbeiter. Die Übertragung der Verantwortung für die Zielerreichung kann zu hoher Motivation bei den Beteiligten führen. Auf diesem Wege können für den Betrieb zusätzliche Leistungspotentiale erschlossen werden. Allerdings ist der mit dem Prinzip der Zielorientiertheit verbundene Aufwand bei der Bildung, Formulierung und Abstimmung von Zielen erheblich. So müssen die Aufgabenbereiche der einzelnen Mitarbeiter durch genaue Stellenbeschreibungen festgelegt werden und außerdem die Beschäftigten bereit sein, in dem vorgegebenen Rahmen eigenständig zu handeln und ihren Entscheidungsspielraum zu nutzen. Bei den Vorgesetzten ist die Kompetenz und positive Einstellung gegenüber dieser Führungstechnik erforderlich. Außerdem kann bei einer Zielvorgabe die Akzeptanz bei den Mitarbeitern sinken.

Insgesamt trägt MbO aufgrund der immer weiteren Konkretisierung der Ziele im Betrieb eher operative als strategische Züge.

In der öffentlichen Verwaltung wird diese Führungsform in den letzten Jahren in deutlich höherem Maße angewendet, obwohl hier die Spielräume für Zielvereinbarungen in vielen Fällen nur gering sind. Traditionell herrscht dort das Delegationsprinzip vor.

4.3 Controlling

4.3.1 Begriff und Funktionen des Controllings

Organisation, Führung und Controlling sind Instrumente der Betriebsführung. Während sich **Organisation** mit dem System der Beziehungen bzw. Regelungen zwischen den einzelnen Betriebseinheiten befasst und die **Führung** das zielbezogene Einwirken auf den Einzelnen beinhaltet, sieht das **Controlling** das konkrete Planen und Steuern des betrieblichen Geschehens als Hauptaufgabe an.

Abb. 66: Controllingkonzeptionen

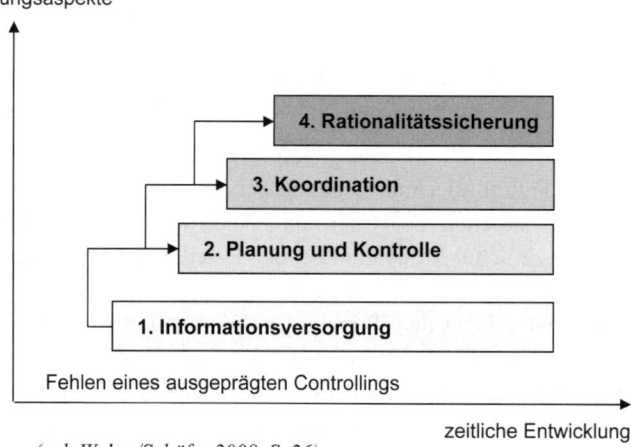

(vgl. Weber/Schäfer 2008, S. 26)

Der Begriff Controlling leitet sich vom englischen Verb „to control" ab, was mit steuern, überwachen oder beeinflussen übersetzt werden kann. Die in der Praxis häufig anzutreffende inhaltliche Interpretation von Controlling als Kontrolle ist zwar nicht völlig falsch; allerdings beinhaltet Controlling wesentlich mehr als nur die Kontrolle und sollte daher besser mit Steuerung übersetzt werden. Die traditionelle Kontrolle zielt auf einen Vergleich zwischen Soll und Ist ab. Dabei wird eine betriebliche Handlung nach deren Abschluss beurteilt, indem die entstandene Ist-Situation einer vorher geplanten Sollgröße gegenübergestellt wird. Traditionelle Kontrolle bezieht sich somit auf die Vergangenheit; ein Einflussnehmen auf den laufenden Prozess ist nicht möglich. Controlling befasst sich hingegen mit der laufenden und zukünftigen Entwicklung eines Betriebes.

Während in der Privatwirtschaft das Controlling – in amerikanischen Betrieben – bereits Ende des 19. Jahrhunderts eingeführt wurde, beschäftigt sich die öffentliche Verwaltung erst in den letzten Jahrzehnten verstärkt mit diesem Thema. Der Paradigmenwechsel im öffentlichen Sektor vom traditionellen Bürokratiemodell hin zum New Public Management ist unter anderem mit der Forderung nach einer konsequenten Anwendung betriebswirtschaftlicher Methoden verbunden. Controlling umfasst vier grundlegende Funktionen, denen verschiedene Konzeptionen zugrunde liegen.

(1) Informationsversorgung

Frühe Konzeptionen stellen vorrangig die Informationsversorgung des Managements als Kernaufgabe des Controllings dar. Die Informationsversorgung umfasst die Beschaffung, Aufbereitung und Koordination von Informationen im Rahmen der Unternehmenssteuerung. Das Management benötigt zur Ausführung seiner Aufgaben aktuelle und entscheidungsrelevante Informationen; auch über die sich abzeichnende zukünftige Entwicklung. Der Controller hat hier die Aufgabe, den tatsächlichen Informationsbedarf des Managements zu ermitteln und zu decken. Aktuelle Daten bzw. Kennziffern sind dem Management rechtzeitig zur Verfügung zu stellen. Hierzu benötigt der Controller vor allem Daten aus dem Finanz- und Rechnungswesen (z.B. Statistiken, Finanzbuchhaltung, Kostenrechnung), die ausgewertet und in einem Berichtswesen aufbereitet werden. Die Funktion „Informationsversorgung" bildet jedoch nur einen kleinen Teil des heutigen Controllerships ab.

(2) Planung und Kontrolle

Die Funktion Planung und Kontrolle geht weit über die rein informatorische Aufgabe des Rechnungswesens hinaus und wird auch als **erfolgszielorientierte Steuerung** bezeichnet. Controlling wird hier als Regelkreis im Sinne eines kybernetischen Managementmodells verstanden. Ausgangspunkt ist die Festlegung von Zielen, die der Betrieb erfüllen soll. Diese werden in Form von Plänen den Managern vorgegeben, die diese im täglichen Managerhandeln erreichen sollen. Die Kontrolle der Zielvorgaben umfasst die Messung der Zielerreichung sowie die Abweichungsanalyse. Des Weiteren werden Vorschläge und Maßnahmen entwickelt, um bestehende Abweichungen zu korrigieren.

Der Kerngedanke liegt darin, durch laufende unterjährige Rückkopplung die festgesetzten Ziele zu erreichen. Gleichfalls dienen die Abweichungsinformationen dazu, dass durch die Vorkopplung die Gültigkeit bzw. Erreichbarkeit der Pläne hinterfragt wird. Controlling stellt somit ein umfassendes Steuerungssystem dar, vergleichbar mit einem Lotsen (Controller), der im Auftrag des Kapitäns (Manager) dafür sorgt, dass das Schiff den vom Kapitän festgesetzten Kurs erreicht. Dabei wird keine isolierte Zielverfolgung in einzelnen betrieblichen Teilbereichen angestrebt; Controlling bezweckt vielmehr eine ausgewogene Abstimmung der Zielerreichung der einzelnen Funktionen im Interesse eines betrieblichen Gesamtzieles.

(3) Koordination

Diese Controllingfunktion umfasst die Koordination der betriebswirtschaftlichen **Führungsteilsysteme** in einem Betrieb *(vgl. Horváth 2009, S. 89 ff.).* Der Schwerpunkt liegt in der Zielausrichtung sowie in der Abstimmung des Planungs- und Kontrollsystems (z.B. Budgetierung) mit dem Informationssystem (z.B. Rechnungswesen). In diesem Zusammenhang hat das Controlling zwei wichtige Koordinationsaufgaben zu erfüllen *(vgl. Horváth 1978, S. 203 f.)*:

- **Systembildende Koordination:** Aufbau und Weiterentwicklung der Planungs-, Kontroll- und Informationsversorgungssysteme (Gestaltung).
  Hier geht es zum Beispiel um die Frage, welches Kostenrechnungssystem eingesetzt werden muss, um die Informationserfordernisse der Betriebsführung zu decken, oder um die Frage, welche Planinhalte für die Steuerung relevant sind.

- **Systemkoppelnde Koordination:** Laufende Abstimmung im Sinne einer „Störungsbeseitigung" zwischen den Systemen als Reaktion auf veränderte Informationen innerhalb und außerhalb eines Betriebes.
  Das Informationsversorgungssystem und das Planungs- und Kontrollsystem sind inhaltlich eng miteinander verbunden. Zum Beispiel resultiert ein Abstimmungsbedarf aus Soll-Ist-Vergleichen, den Abweichungsanalysen und den damit einhergehenden Folgen für die weiteren Planungen.

Der inhaltliche Teil des laufenden Planungs- und Kontrollprozesses ist nicht Gegenstand dieser Controllingfunktion und liegt bei den handlungsverantwortlichen Managern.

(4) Rationalitätssicherung der Führungskräfte

Führung wird durch eigenständige, Ziele verfolgende ökonomische Akteure (insbesondere Manager) vollzogen, die hierfür kognitive Fähigkeiten besitzen.

Diese sind individuell begrenzt, so dass Rationalitätsdefizite durch Wollens- und Könnensbeschränkungen entstehen *(vgl. Weber/Schäfer 2008, S. 26)*. Die Aufgabe des Controllings ist es, diese Defizite zu vermindern oder zu vermeiden. Dabei hängen der Umfang und die Ausprägung der Controllingaufgabe vom Ausmaß der Rationalitätsdefizite der Führung ab. Mit der Entlastung, Ergänzung und Begrenzung lassen sich drei Aufgabentypen unterscheiden. Die Controller übernehmen im Rahmen der Rationalitätssicherung Mitverantwortung für den Betriebserfolg.

Abb. 67: Rationalitätssicherung der Führungskräfte

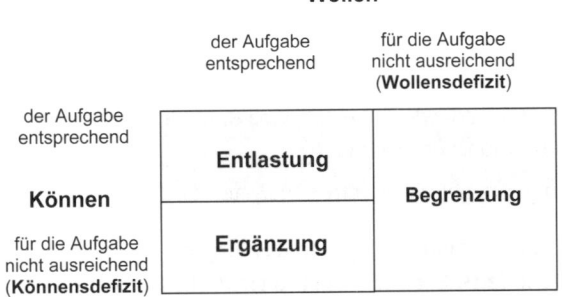

(vgl. Weber/Schäfer 2008, S. 39)

- **Entlastungsaufgaben:** Dem Controller werden Aufgaben delegiert, um diese schneller und effizienter zu erledigen (z.B. Berichtswesen, Abweichungsanalysen). In diesem Zusammenhang liegt grundsätzlich kein Wollens- und Könnensdefizit der Manager vor. Der Controller erfüllt eine „Zulieferfunktion" und erhöht so die Wirtschaftlichkeit des Führungsbereichs.

- **Ergänzungsaufgaben:** Controller können aufgrund ihres Fach- und Methodenwissens überprüfen, ob die Manager die richtigen Mittel zur Zielerreichung einsetzen. Darüber hinaus kann der Einsatz geeigneter Mittel angeregt und durchgesetzt werden. Der Grund ist im **Könnensdefizit** der Manager zu sehen.

- **Begrenzungsaufgaben:** Sie entstehen, wenn beim Manager **Wollendefizite** vorliegen. Controller werden dann häufig zum „Hüter der ökonomischen Moral", vor allem wenn ein Manager den – von der übergeordneten Instanz festgelegten – Rahmen verlassen will.

4.3.2 Aufgaben eines Controllers

Die International Group of Controlling (IGC) hat ein Controller-Leitbild ent-wickelt, das unter anderem die **Kernaufgaben eines Controllers** zusammen-fasst *(vgl. Internationaler Controller Verein 2010)*: „Controller gestalten und begleiten den Managementprozess der Zielfindung, Planung und Steuerung und tragen damit Mitverantwortung für die Zielerreichung. Das heißt:

- Controller sorgen für Strategie-, Ergebnis-, Finanz-, Prozesstransparenz und tragen somit zu höherer Wirtschaftlichkeit bei.

- Controller koordinieren Teilziele und Teilpläne ganzheitlich und organi-sieren unternehmensübergreifend das zukunftsorientierte Berichtswesen.

- Controller moderieren und gestalten den Managementprozess der Zielfin-dung, der Planung und der Steuerung so, dass jeder Entscheidungsträger zielorientiert handeln kann.

- Controller leisten den dazu erforderlichen Service der betriebswirtschaftli-chen Daten- und Informationsversorgung.

- Controller gestalten und pflegen die Controllingsysteme."

Während das Management Verantwortung für das Ergebnis des Betriebes oder einzelner Betriebsteile (z.B. Service-, Cost- oder Profit-Center) trägt, ist der Controller für die Informationsversorgung und die Transparenzerzeugung in einem Betrieb zuständig. Controlling ist in der Schnittmenge zwischen den Management- und Controlleraufgaben angesiedelt und entsteht durch Mana-ger und Controller im Team. Besteht zum Beispiel die Hauptaufgabe des Ma-nagements in verbindlichen Entscheidungen für den Betrieb, stellt der Cont-roller eine vorbereitende und begleitende Hilfe für das Management dar.

Die Anforderungen an die **Qualifikation eines Controllers** leiten sich aus seinen konkreten Aufgaben ab. Neben methodisch-fachlichen Kenntnissen sind auch verhaltensbezogene und soziale Kompetenzen für die Controllerar-beit wichtig. Besonders auf folgende Eigenschaften sollte Wert gelegt werden *(vgl. Weber/Schäfer 2008, S. 446; Bachmann 2009, S. 160)*:

- Fähigkeit, kritisch zu hinterfragen und Schwachstellen zu erkennen,

- analytisches und unternehmerisches Denken,

- Kommunikations- und Kooperationsfähigkeit,

- Beherrschen der Controllinginstrumente,

- Geschäftsverständnis und gute Kenntnisse der innerbetrieblichen Abläufe,

- Team-, Lern- und Konsensfähigkeit,
- Dienstleistungsorientierung,
- Standfestigkeit und Durchsetzungsvermögen,
- IT-Kenntnisse,
- Überzeugungsfähigkeit,
- umfassendes betriebswirtschaftliches Fachwissen,
- Führungskompetenz.

4.3.3 Strategisches und operatives Controlling

Die Controllingaktivitäten in Betrieben lassen sich nach verschiedenen Kriterien dem **operativen** und **strategischen Controlling** zuordnen. Wesentlich ist dabei die **Zeitperspektive**:

Abb. 68: Strategisches und operatives Controlling

	strategisches Controlling	operatives Controlling
Zeitraum	langfristig (> 5Jahre)	kurz- und mittelfristig
Dimensionen	Stärken/Schwächen; Chancen/Risiken (potenzialorientiert)	Kosten/Leistungen; Aufwand/Ertrag (erfolgsorientiert)
Ziel	Existenzsicherung, optimale Bedarfsdeckung	Gewinnmaximierung, Kostendeckung, hohe Rentabilität, Liquiditätssicherung, Produktivitätssteigerung
Orientierung	Betrieb und Umwelt	betriebliche Abläufe
Kennzahlen	wenige	viele
Informationsquellen	primär aus der Umwelt des Betriebes	primär aus dem Rechnungswesen
Controllinginstrumente	z.B. Portfolioanalyse, SWOT-Analyse, Balanced Scorecard, Benchmarking, Potenzialanalyse, Nutzwertanalyse, dynamische Investitionsrechnung, Outsourcing	z.B. Budgetierung, Kosten- und Leistungsrechnung (KLR), statische Investitionsrechnung, Finanzplanung, ABC-Analyse, Kennzahlensysteme

(bearbeitet nach Reichmann 2006, S. 560)

Das **operative Controlling** befasst sich mit einem Planungszeitraum von bis zu fünf Jahren. Der Fokus liegt auf der Erstellung der kurz- und mittelfristigen Umsatz-, Kosten- und Finanzpläne. Diese bilden die Grundlage für die kurzfristige Erfolgssteuerung eines Betriebes. Zu den Aufgaben des operativen Controllings gehören die Sicherstellung der Wirtschaftlichkeit der betrieblichen Prozesse, die Unterstützung der operativen Planung, die Budgetierung und die Budgetkontrolle sowie die Versorgung des Managements mit entscheidungsrelevanten Informationen.

Das **strategische Controlling** beschäftigt sich mit Maßnahmen, die die langfristige Existenzsicherung des Betriebes zum Ziel haben. Dabei sind zukünftige Chancen und Risiken zu erkennen, wobei auch „weiche Faktoren" (z.B. Bekanntheitsgrad, Kernkompetenzen, Image, Kundenbindung) zu berücksichtigen sind. Hauptaufgabe ist die strategische Planung, die Umsetzung der strategischen Planung in die operative Planung sowie die strategische Kontrolle.

Das operative und das strategische Controlling können nicht voneinander getrennt werden. Zwischen beiden Bereichen besteht eine ständige Wechselwirkung. Zum Beispiel hängt die operative Planung sehr stark von der strategischen Planung ab. Umgekehrt liefern operative Überlegungen wichtige Impulse für die strategische Ausrichtung eines Betriebes. Die höchste Wirksamkeit erreicht das Controlling durch die gezielte Verknüpfung von strategischem und operativem Controlling.

4.4 (New) Public Management

4.4.1 Begriffsbestimmung

Unter **New Public Management (NPM)** sind Reformstrategien zu fassen, die stark von einer betriebswirtschaftlichen Interpretation des Verwaltungshandelns geleitet sind.

Seit Beginn der 1990er-Jahre steht NPM in der internationalen Diskussion als Leitbegriff für die Reform und Modernisierung von Staat und Verwaltung, wenngleich Reformelemente schon vorher eingeführt wurden. NPM befasst sich mit der Modernisierung öffentlicher Einrichtungen und neuen Formen öffentlicher Verwaltungsführung. Neu am NPM ist die institutionelle Sichtweise auf die Verwaltung und ihr Umfeld *(vgl. Schedler/Proeller 2003, S. 5)*.

Im Vergleich zum Bürokratiemodell handelt es sich bei NPM nicht um ein einheitliches Modell. Vielmehr steht NPM als Sammelbegriff für eine weltweite Reformbewegung von Staat und Verwaltung.

NPM ist durch folgende **Merkmale** geprägt:

- eine stärkere Markt- und Wettbewerbsorientierung,
- eine ziel- und ergebnisorientierte Steuerung (Output- und Outcome-Orientierung),
- dezentrale Organisationsstrukturen,
- Orientierung am Unternehmensmodell und
- dem Wandel von der Binnenorientierung öffentlicher Verwaltungen hin zu Kunden- bzw. Bürgerorientierung.

Diese Merkmale finden sich in ganz unterschiedlicher Ausprägung in den Reformländern wieder. Nicht selten wurden für NPM auch länderspezifische Begriffe wie in Deutschland „Neues Steuerungsmodell" oder in der Schweiz und in Österreich „Wirkungsorientierte Verwaltungsführung" eingeführt *(vgl. Schedler/Proeller 2003, S. 5)*. Vorreiterländer in Europa sind v.a. die skandinavischen Länder, Großbritannien und die Niederlande. Weltweit werden u.a. Neuseeland und Australien zu den Vorreiterländern gezählt. Die Reformbewegungen in Großbritannien begannen bereits Anfang der 1980er-Jahre; die in Neuseeland und den Niederlande Mitte der 1980er-Jahre.

Auslöser ist einerseits die seit Beginn der 1980er-Jahre spürbare globale ökonomische Krise, die zu drastischen Finanzierungsengpässen öffentlicher

Haushalte geführt hat *(vgl. Schröter/Wollmann 2005, S. 63 f.)*. Ein „additives Ressourcenmanagement", d.h. die Forderung nach zusätzlichen Personal- und Finanzmitteln bei neuen Aufgaben und Problemlagen, ist nicht mehr haltbar. Hinzu kommt ein steigender internationaler Wettbewerbsdruck (Globalisierung), bei der eine effiziente und v.a. effektive Verwaltung immer mehr Bedeutung bekommt. Auch spielt als Hintergrund für die Einführung von NPM eine allgemeine Unzufriedenheit mit öffentlichen Leistungen eine Rolle, die nicht zuletzt mit zunehmender Individualisierung und steigender Erwartungshaltung der Bevölkerung einhergeht. Überdies verlieren tendenziell etablierte politische und administrative Mandatsträger bei den Bürgern zunehmend an Glaubwürdigkeit (Bürokratie- und Politikverdrossenheit).

Abb. 69: Triebkräfte für Veränderungen (Reformursachen)

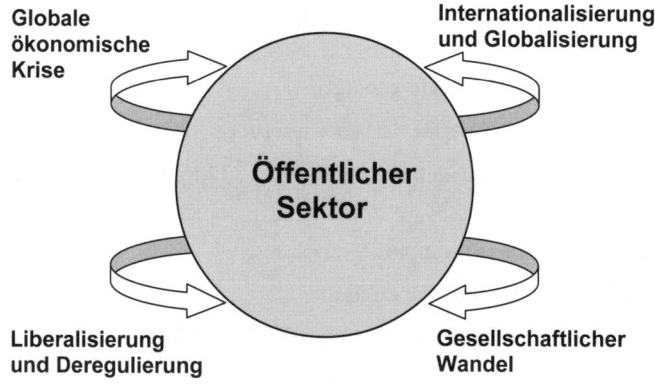

Gerade in westlichen Ländern ist ein Wertewandel zu beobachten. Konventionelle Pflicht- und Akzeptanzwerte werden verdrängt; die Bürger wünschen mehr Partizipation und wollen sich entfalten. Der Staat muss sich gegenüber einer anspruchsvolleren Bürgerschaft durch Leistung rechtfertigen. Auch das Personal im öffentlichen Sektor verlangt nach mehr eigenverantwortlichen Tätigkeitsbereichen. Die Verwaltung handelt bis heute vielfach in gewachsenen und verfestigten bürokratischen Organisationsstrukturen. Merkmale des von Max Weber zu Beginn des 19. Jahrhunderts entwickelten Bürokratiemodells sind u.a. das Prinzip der (rigiden) Arbeitsteilung mit fester Zuordnung von Kompetenzen und Entscheidungsbefugnissen, Amtshierarchie, umfangreiche technische Normen und Regeln zur Amtserfüllung, die schriftlich fixiert sind, sowie Aktenmäßigkeit. Dieses eher statische Organisationsmodell wird jedoch den sich gewandelten und wandelnden Umfeldbedingungen nicht mehr gerecht.

4.4.2 Annahmen und theoretische Begründung

NPM basiert auf einer Reihe von Grundannahmen, die nützliche Ansatzpunkte zum Verständnis von NPM liefern *(vgl. Schedler/Proeller 2003, S. 41 ff.)*.

- **Optimistisches Menschenbild**: Die Menschen sind lernfähig und grundsätzlich ohne externe Anreize motiviert. Sie wollen gute Arbeit leisten, schätzen eigene Entscheidungsspielräume und sind bereit, Verantwortung zu übernehmen.

- **Staat und Verwaltung sind notwendig**: NPM zielt nicht darauf ab, den Staat „abzuschaffen" oder ihn durch radikale (Voll-)Privatisierung zurückzudrängen. Durch neue Kompetenzen und schlankere Strukturen will NPM den Staat in seinen unverzichtbaren Funktionen für die Gesellschaft stärken.

- **Hauptproblem der öffentlichen Verwaltung ist mangelnde Effizienz und Effektivität:** Der Staat funktioniert in Bezug auf Demokratie und Rechtsstaatlichkeit bereits auf solider Basis. Vielmehr besteht Modernisierungsbedarf bei Wirtschaftlichkeit und Wirksamkeit.

- **Rationales Management ist möglich**: Betriebswirtschaftliche Verfahren und Instrumente, die sich in der Privatwirtschaft bewährt haben, können zum Teil auf die öffentliche Verwaltung übertragen werden.

- **Präferenz für Wettbewerb**: Ein funktionierender Wettbewerb führt zu effizienter Verteilung knapper Mittel als administrative Planung und Steuerung. Im NPM sind daher Marktmechanismen im öffentlichen Sektor zu installieren.

- **Politik und Verwaltung sind lernfähig**: Sowohl die Verwaltung als auch die Politik sind lernende Systeme. Abläufe und Strukturen können verändert werden.

Entsprechend den unterschiedlichen Annahmen hat NPM keine konsistente theoretische Grundlage, sondern ist aus verschiedenen Managementströmungen und *theoretischen Ansätzen* entstanden, die sich teilweise widersprechen *(vgl. Ritz 2003, S. 115)*.

Für die eher ordnungspolitische Dimension des Neuzuschnitts des öffentlichen Sektors wird vor allem die **Public-Choice-Theorie** herangezogen. Vertreter dieser Theorieansätze (auch „Neue politische Ökonomie" oder „Public Choice") versuchen, mikroökonomische Erkenntnisse auf die politische Willens- und Entscheidungsbildung anzuwenden und so zu erklären. Die Analyse auf der Mikroebene fokussiert sich auf rationale, nutzenmaximierende Individuen, die ihr Verhalten an den eigenen Präferenzen und den vorhandenen Anreizstrukturen ausrichten (methodologischer Individualismus). Dabei geht es jedoch nicht um die Erklärung des menschlichen Handelns an sich, sondern um die Analyse der aggregierten Folgen des individuellen Handelns auf der gesellschaftlichen Makroebene. Folgende Frage stellt sich hier: Welche Wirkung hat die Summe aller Verhaltensweisen von Politikern oder Verwaltungsmitarbeitern auf die Gesamtgesellschaft, auf das Kollektiv oder auf die Politik? Nach der Public-Choice-Theorie ist das Entscheidungsverhalten von Politikern demnach das Ergebnis der aufsummierten individuellen Präferenzen aller Verwaltungsmitarbeiter. Mit fortschreitender Dienstdauer verhalten sich die Verwaltungsmitarbeiter als „budgetmaximierende Bürokraten", d.h. durch Überproduktion von Leistungen versuchen sie, ihr Budget zu maximieren. Dies wiederum vergrößert die Erreichung persönlicher Ziele. Zudem beeinflussen die Bürokraten das Entscheidungsverhalten der Verwaltungsspitzen und Politiker stärker als letztere selbst. Folgende Reformanforderungen leiten sich daraus ab: das Verwaltungshandeln durchschaubarer machen (u.a. durch Zielvorgaben, Leistungsindikatoren, Kontrolle des Outputs), die Verwaltung dem Wettbewerbsdruck aussetzen und die „Kundenmacht" (d.h. die Wahlmöglichkeiten) der Bürger fördern. Die zentralen Anliegen der Public-Choice-Theorie und des NPM stimmen überein: Das individuelle Handeln soll verstärkt in Richtung der kollektiven Interessen beeinflusst werden *(vgl. Ritz 2003, S. 134)*.

Andere Reformansätze – wie z.B. Kontraktmanagement und/oder Auslagerungsentscheidungen – sind eher von den Leitsätzen der **Neuen Institutionenökonomie** geprägt sind – dies sind v.a. die Transaktionskostentheorie, die Principal-Agent-Theorie und die Theorie der Verfügungsrechte (Property Rights). Das Erkenntnisinteresse dieser miteinander verwobenen Ansätze liegt darin, möglichst effiziente institutionelle Arrangements zu finden, um Austauschbeziehungen zu organisieren *(vgl. Picot/Dietl/Franck 2005,*

S. 45 ff.). Entgegen den traditionellen neoklassischen Vorstellungen wird angenommen, dass neben den Produktions- auch sog. Transaktionskosten zu berücksichtigen sind. Diese fallen z.b. bei der Beschaffung von Informationen oder für Kontroll- und Koordinationsmaßnahmen an.

Bei der Rechtfertigung von Privatisierungen wird häufig die Theorie der Verfügungsrechte herangezogen. Aus dieser Perspektive haben die Entscheidungsträger in privatwirtschaftlichen Unternehmen größere Anreize, die ihnen anvertrauten Ressourcen möglichst effizient einzusetzen. Die Beziehungen innerhalb einer Organisation (z.b. Vorgesetzter und Mitarbeiter) und deren Auftragsverhältnisse lassen sich mit der Principal-Agent-Theorie erklären. Zur Realisierung seiner Interessen überträgt der Auftraggeber (Principal) bestimmte Aufgaben und Entscheidungskompetenzen auf Basis einer Vereinbarung an einen Auftragnehmer (Agent). Der Ansatz unterstellt, dass der Agent mehr Informationen über seine Eignung, seine Absichten, sein Arbeitswissen und Leistungsverhalten als der Principal hat. Diese Informationsasymmetrie versetzt den Principal in eine ambivalente Situation: Einerseits hat der Principal ein Interesse an den Diensten des Agent, weil dieser über bessere Kenntnisse, Fähigkeiten und Erfahrungen verfügt; andererseits kann der Agent seinen Informationsvorsprung auch für eigene Ziele und zum Nachteil des Principal nutzen. Zwischen den Beteiligten können somit Zielkonflikte entstehen. Mithilfe von ausgehandelten Verträgen (Kontrakten) und angemessenen Anreizstrukturen kann eine effektive und effiziente Ergebnissteuerung erreicht werden.

Um die Entscheidung zwischen Eigenerstellung oder Fremdbezug von Leistungen („Make or Buy"; vgl. dazu auch Kap. 5.1.3.2) zu erleichtern, kann die Transaktionskostentheorie herangezogen werden. Sie zielt darauf zu bestimmen, welche Arten von Transaktionen in welchen institutionellen Arrangements am kostengünstigsten abgewickelt und organisiert werden können *(vgl. Picot/Dietl/Franck 2005, S. 56 ff.; vgl. auch Williamson 1981).* Die Theorie hebt insbesondere die Bedeutung von Ex-post-Transaktionskosten hervor. Die Höhe der Kosten wird jedoch durch drei Charakteristika der Transaktion beeinflusst: Spezifität, Unsicherheit und Häufigkeit der Transaktion. Die Diskussion um die optimale „Leistungstiefe" wird zunehmend auch im öffentlichen Sektor diskutiert – der Staat solle sich auf seine „Kernaufgaben" konzentrieren und Aufgaben oder Leistungsbereiche auf privatwirtschaftliche und gemeinnützige Anbieter auslagern *(vgl. Naschold 2000, S. 17 ff.).*

4.4.3 Ebenen der Modernisierung

Der Gestaltungsanspruch des NPM beschränkt sich jedoch keineswegs nur auf den Einsatz betriebswirtschaftlicher Instrumente. Aus internationalen Reformansätzen und -strategien lassen sich drei interdependente Reformebenen ableiten *(vgl. Brüggemeier 2004, S. 336 f.; Schröter/Wollmann 2005, S. 63).*

Abb. 70: Vom Bürokratiemodell zum (New) Public Management

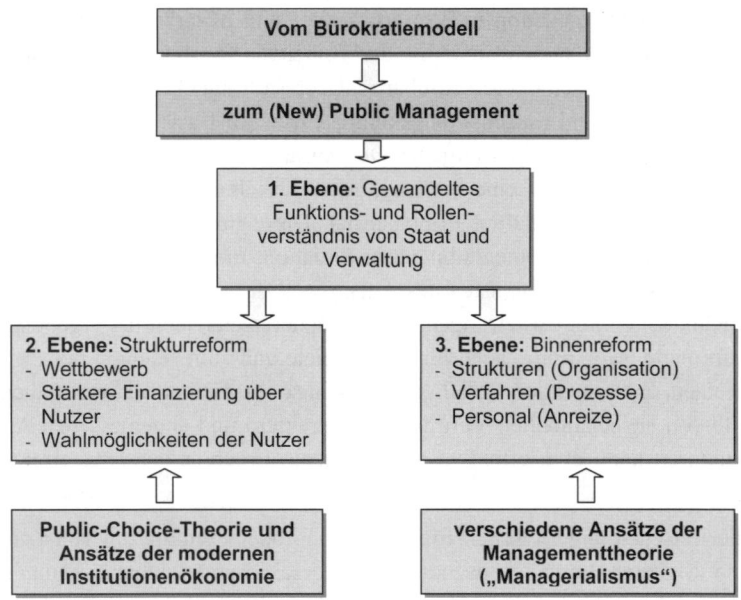

Die **erste Ebene** zielt auf ein gewandeltes neues Funktions- und Rollenverständnis von Staat und Verwaltung. Staatliche Eigenproduktion soll abgebaut werden, indem bspw. die Aufgabe auf den Markt verlagert (Privatisierung) oder die Zivilgesellschaft mobilisiert wird, die einst staatlichen Aufgaben zu übernehmen. Denkbar ist auch die Nutzung neuartiger Kooperationsformen, wie z.B. Public-Private-Partnership oder Public Governance *(vgl. Schröter/Wollmann 2005, S. 63).* Der Staat soll nicht mehr alles selbst machen. Vielmehr geht es darum, dass der Staat die als öffentlich angesehenen Aufgaben in der gewünschten Form – aber nicht notwendigerweise selbst – erfüllt („Gewährleistungsstaat") *(vgl. Reichard 1998, S. 121 ff.; auch Schuppert*

2005). Es kommt zu einer Verantwortungsteilung zwischen dem Staat und denen, welche die Aufgabe ausführen.

Auf der **zweiten Ebene**, die als externe Strukturreform bezeichnet werden kann, werden die Rahmenbedingungen gestaltet, unter denen Träger öffentlicher Aufgaben ihre Leistungen erbringen. Vordergründig geht es hier um die Schaffung von Wettbewerbsbedingungen im öffentlichen Sektor. In einigen Bereichen wird jedoch (Markt-)Wettbewerb nicht möglich sein, so dass Wettbewerbssurrogate (z.b. Benchmarking) etabliert werden können, um wettbewerbsähnliche Gegebenheiten zu simulieren. Indem die Nutzer durch Gebühren und Preise individuell zur Finanzierung der von ihnen in Anspruch genommenen Leistungen herangezogen werden, können Präferenzen der Nachfrager stärker berücksichtigt werden. Folglich können die Dysfunktionen kollektiver Finanzierungssysteme reduziert werden. Ein weiteres Element dieser Ebene ist die Schaffung von Wahlmöglichkeiten für den Bürger. Kann der Bürger zwischen unterschiedlichen Leistungsangeboten wählen, wandelt sich die bisher im öffentlichen Sektor vorherrschende Angebotsorientierung in eine stärkere Nachfrageorientierung.

Ein breites Spektrum von Elementen der Binnenmodernisierung bildet die **dritte Ebene**. Beispiele sind u.a. eine neue Aufgabenverteilung zwischen Politik und Verwaltung und dezentrale Organisationsstrukturen mit integrierter Fach- und Ressourcenverantwortung *(vgl. Jann u.a. 2004, S. 53; Brüggemeier 2004, S. 336 f.).* Ein weiteres wichtiges Element im Rahmen der Binnenmodernisierung ist der Wechsel von der Input- zur Outputorientierung. Dies soll u.a. durch Produktbildung und Leistungsmessung ermöglicht werden. Mit der Einführung eines am kaufmännischen Rechnungswesen („Doppik") orientierten öffentlichen Rechnungswesens werden nicht mehr nur Zahlungsvorgänge (Kameralistik), sondern auch Kosten und Leistungen sowie Vermögen und Schulden erfasst. Durch Budgetierung wird eine leistungsorientierte Ressourcenzuweisung möglich, so dass bislang vor allem die Verbesserung der Effizienz im Mittelpunkt der Binnenmodernisierung stand. Aber nicht nur die erbrachten Leistungen (Produkte/Output), sondern auch die durch die Leistungen erreichten Wirkungen (Outcome) und die Effektivität öffentlicher Leistungen sind zu berücksichtigen *(vgl. Budäus 1998, S. 59 f.).* Das Verwaltungshandeln ist grundsätzlich an Wirkungen zu orientieren, da die staatliche Aufgabe erst dann erfüllt ist, wenn die erwünschte Wirkung eingetreten ist. Schwierig ist jedoch, gültige Ursache-Wirkungsbeziehungen herzustellen, die größtenteils mit hohem Forschungsaufwand verbunden sind *(vgl. Sched-*

ler/Proeller 2003, S. 63 ff.). Zusätzlich werden die Messung und Erfassung erschwert, da Wirkungen erst langfristig erkennbar sind. Da z.Zt. vielfach noch Analyseinstrumente fehlen, beschränkt sich die NPM-Praxis oftmals auf die Produktorientierung als „Zwischenstufe". Erst wenn Wirkungen und Leistungen messbar gemacht wurden, kann darüber eine Steuerung erfolgen.

- Seit Anfang der 1980er-Jahre finden sich die radikalsten Maßnahmen in Neuseeland, Großbritannien und Australien.

- Ende der 1980er und Anfang der 1990er-Jahre begannen die skandinavischen Länder, die Niederlande, die USA, Kanada, die deutschsprachigen Länder und unter dem Einfluss von internationalen Organisationen auch Länder in Mittel- und Osteuropa mit Ökonomisierungsmaßnahmen, die insgesamt weniger radikal als in der ersten Ländergruppe waren.

- Ende der 1990er-Jahre wurde in Frankreich und in den südeuropäischen Ländern mit Ökonomisierungsmaßnahmen begonnen. Diese waren allerdings politisch deutlich umstrittener.

In diesen Ländern waren die verfolgten NPM-Maßnahmen gekennzeichnet durch einen radikalen Rückzug des Staates durch Privatisierung oder einer verstärkten Ausschreibung öffentlicher Leistungen. Weitere umgesetzte Maßnahmen waren die Etablierung ökonomischer Anreize in und zwischen Verwaltungseinheiten bis hin zu deren (Teil-)Verselbstständigung.

4.4.4 Das Neue Steuerungsmodell in Deutschland

Neben den bereits erwähnten Auslösern besteht die Ursache der Probleme des öffentlichen Sektors vorrangig in einer Reihe von so genannten „Steuerungslücken" *(vgl. KGSt 5/1993, S. 9 f.)*:

Insbesondere die bürokratischen Strukturmuster der Kommunalverwaltung, die strenge Arbeitsteilung und Hierarchisierung führten zu einem System der „organisierten Unverantwortlichkeit" *(vgl. Banner 1991, S. 7)*.

In Anlehnung an die weltweite NPM-Reformbewegung wurden in Deutschland public-management-orientierte Reformen wesentlich durch die KGSt (Kommunale Gemeinschaftsstelle für Verwaltungsvereinfachung)[1] unter der Bezeichnung „Neues Steuerungsmodell" (NSM) vorangetrieben. Das NSM orientiert sich sehr stark an den Verwaltungsstrukturen und Elementen der

---

[1] Die KGSt koordiniert seit 1949 die überörtlichen Bemühungen um eine Vereinheitlichung und Verbesserung der kommunalen Verwaltungsorganisation und Verwaltungsarbeit. Die KGSt hat ihren Sitz in Köln und wird von den kommunalen Spitzenverbänden getragen.

niederländischen Stadt Tilburg. Dass Tilburg Vorbild für das NSM wurde, war eher Zufall und weniger das Ergebnis einer systematischen Suche nach brauchbaren Lösungen für die deutsche Kommunalverwaltung. Man bezog sich in Deutschland in den ersten Jahren kaum auf die internationale NPM-Diskussion (auch nicht auf die OECD).

Abb. 71: „Steuerungslücken" der Verwaltung

„Steuerungslücke"	Beschreibung
Strategielücke	Umsetzung kurzfristiger Einzelmaßnahmen durch die Politik; punktueller Eingriff in den Verwaltungsprozess anstatt langfristig ein Leitbild für die Verwaltung zu entwickeln.
Managementlücke	Trennung von Fach- und Ressourcenverantwortung, fehlender Zwang und fehlende Instrumente zur Leistungsverbesserung, zur Ressourcenumschichtungen, zur Anpassung an Nachfrageänderungen.
Attraktivitätslücke	Mitarbeitern mit qualifizierten Ausbildungen wird keine interessante, selbstständige Tätigkeit mit Gestaltungsmöglichkeiten in Aussicht gestellt; Entkopplung von Vergütung und Leistung sowie die Beförderung nach dem Senioritätsprinzip führt eher zu Abschreckung leistungsfähiger Bewerber.
Legitimationslücke	Die traditionellen Werthaltungen gegenüber dem Staat sind zugunsten individualistischer Anspruchshaltungen zurückgedrängt; Bürger verlangen einen Nachweis über ein faires Preis-Leistungsverhältnis und eine angemessene Qualität der von ihnen in Anspruch genommenen Verwaltungsleistungen.
Effizienzlücke	Fehlende Anreize zur ständigen, effizienten Mittelverwendung.

Die deutsche Bewegung entstammt eindeutig der kommunalen Ebene, während im Ausland NPM vorrangig von der Zentralregierung propagiert wurde *(vgl. Jann 2005, S. 76)*. Dem Leitbild der bürokratischen und zentralistischen Steuerung wird das Leitbild einer ergebnisorientierten und dezentralen Steuerung entgegengesetzt. Die einzelnen Elemente des NSM können als Gegenentwürfe zu realen Mängeln der derzeitigen Steuerungspraxis verstanden werden. Die nachfolgende Abbildung verdeutlicht die Unterschiede zwischen beiden Leitbildern.

Abb. 72: Leitbild bürokratisch-zentralistische vs. ergebnisorientierte-dezentrale Steuerung

Bürokratisch-zentralistische Steuerung ("Alte Steuerungspraxis")	Ergebnisorientiert-dezentrale Steuerung ("Neues Steuerungsmodell")
Steuerung über Inputs (Regeln und Ressourcen)	Ziel- und ergebnisorientierte Steuerung (Produktsteuerung)
Ständige Eingriffe durch die Politik in das Tagesgeschäft, Übersteuerung im Detail	Steuerung auf Abstand, Steuerung über Ziele
Exzessiver Zentralismus	Selbststeuerung dezentraler Einheiten
"Organisierte Unverantwortlichkeit" (Trennung von Fach- und Ressourcenverantwortung)	Abgestufte, weitgehend delegierte Ergebnisverantwortung (Einheit von Fach- und Ressourcenverantwortung)
Orientierung an den internen Erfordernissen des Verwaltungsablaufs	Bürger- und Kundenorientierung
Orientierung an arbeitsplatzbezogener Ordnungsmäßigkeit	Umfassende Qualitätsorientierung
Abschottung vom Marktdruck, natürliche und künstliche Monopole	Marktorientierung und Wettbewerb
Präferenz für Eigenerstellung (übertriebene vertikale und horizontale Integration)	Konzentration auf Kernkompetenzen (Gewährleistungsverantwortung)
Kameralistische Haushaltsführung	Transparenz von Kosten und Leistung (Kosten- und Leistungsrechnung)
Juristische Personalverwaltung	Personalmanagement (Leistungsanreize, Führung, Personalentwicklung)

(vgl. Jann 2005, S. 76)

Ziel des NSM ist die Umwandlung der Kommunalverwaltung in ein öffentliches Dienstleistungsunternehmen. Dies ist durch folgende Merkmale gekennzeichnet:

Ändert sich die Nachfrage, passt das "Dienstleistungsunternehmen Kommunalverwaltung" seine Leistungen an und schichtet zu diesem Zweck vorhandene Mittel (v.a. Geld und Personal) um. Kennzeichen eines "echten" Dienstleistungsunternehmens ist seine primäre Nachfrage- und Kundenorientierung *(vgl. Banner 1991, S. 6)*. Die Kommunalverwaltung ist wettbewerbsfähig und setzt sich auch dem direkten Wettbewerb mit privaten Anbietern aus. Das Dienstleistungsunternehmen Kommunalverwaltung investiert in Mitarbeiter, setzt ihnen Leistungsziele und bietet Gestaltungsmöglichkeiten.

Abb. 73: Von der Kommunalverwaltung zum öffentlichen Dienstleistungsunternehmen

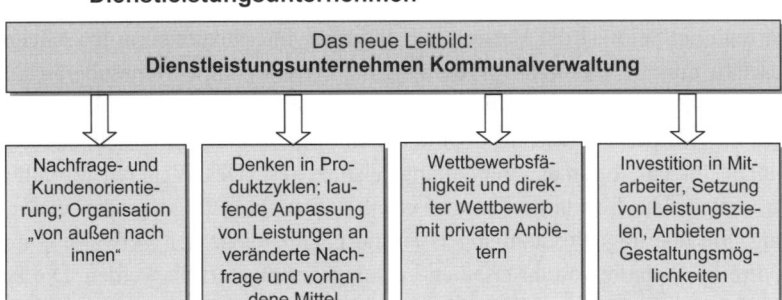

Vor allem Strukturelemente haben Eingang in das deutsche NSM gefunden, während Prozesselemente unterbelichtet blieben, ganz im Unterschied zu den Entwicklungen beispielsweise in Schweden, Dänemark oder Finnland. Für die Situation in Deutschland ist festzustellen, dass die Reformbemühungen nicht alle NPM-Elemente systematisch mit einbeziehen.

4.4.4.1 Kernelemente

Das Kernmodell des Neuen Steuerungsmodells setzt sich aus den folgenden Elementen zusammen *(vgl. KGSt 5/1993, S. 16 ff.; Reichard 1996, S. 33 ff.; Reichard/Banner 1993)*:

- Aufbau einer unternehmensähnlichen, **dezentralen** Führungs- und Organisationsstruktur,

- **Outputsteuerung** und

- Aktivierung dieser neuen Struktur durch (künstlichen) **Wettbewerb**.

Diese zentralen Elemente verdeutlichen, dass in Deutschland der Fokus auf der Binnenmodernisierung des öffentlichen Sektors (dritte Reformebene; s.o.) liegt.

(1) Unternehmensähnliche Führungs- und Organisationsstruktur

Der Aufbau einer unternehmensähnlichen, dezentralen Führungs- und Organisationsstruktur erfordert zunächst eine klare Verantwortungsabgrenzung zwischen Politik und Verwaltung. Typisch für viele Kommunen ist eine Verantwortungsvermischung zwischen Politik und Verwaltung. Auf der einen Seite läuft die Politik Gefahr, in fachliche Fragen der Leistungserstellung einbezogen und somit für rein bürokratische Interessen eingespannt zu werden. Auf der anderen Seite ist die Verwaltung ständigen Interventionen in ihr Alltagsgeschäft durch die Politik ausgesetzt. Eine klare Verantwortungsabgrenzung zwischen Politik und Verwaltung sollte wie folgt ausgestaltet sein: Die Politik legt die „Unternehmensphilosophie", Führungsstruktur und Rahmenbedingungen für eine optimale Verwaltungsleistung fest. Des Weiteren formuliert sie strategische Leistungsziele und erteilt Leistungsaufträge an die Verwaltung. Sie überträgt Produktbudgets an die Fachbereiche der Verwaltung und kontrolliert, ob die von ihr erteilten Leistungsaufträge erfüllt werden. Die Politik fungiert im Rahmen dieser Verantwortungsteilung als Auftrag- und Kapitalgeber für kommunale Leistungen.

Abb. 74: Kernelemente des Neuen Steuerungsmodells

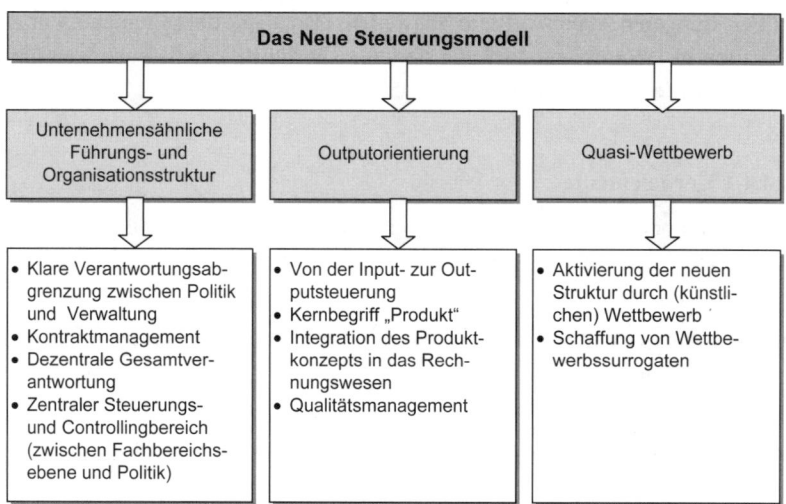

Demgegenüber ist die Verwaltung dafür verantwortlich, den von der Politik erhaltenen Leistungsauftrag zu erfüllen, indem sie die definierten Produkte erstellt. Wie sie die Produkte erstellt, ist der Verwaltung überlassen, d.h. die Ergebnisverantwortung liegt bei der Verwaltung. Über den Vollzug des Auftrages und ggf. über Abweichungen muss sie der Politik berichten.

Vereinfachend ist die Politik für das „Was", d.h. welche Leistungen sollen durch die Verwaltung erstellt werden, und die Verwaltung für das „Wie", d.h. wie die Leistungen erstellt werden, verantwortlich.

Wenn die jeweiligen Verantwortlichkeiten zwischen Politik und Verwaltung abgrenzt sind, sind (Leistungs-)Vereinbarungen zwischen der politischen Führung und der Verwaltung zu treffen - sog. **Kontraktmanagement**. Inhalt dieser Vereinbarungen sind die von den Fachbereichen zu erzeugenden Leistungen oder Produkte (nach Menge, Preis, Kosten, Qualität und Zielgruppe) und das dafür gebilligte Budget. Diese Vereinbarungen können innerhalb der Verwaltung bis auf einzelne verantwortliche Mitarbeiter heruntergebrochen werden. Der Grundsatz des Kontraktmanagements gilt auch zwischen einer Kommune und einem Dritten, der bspw. eine öffentliche Aufgabe ausführt.

Die nachfolgenden Aspekte tragen zu einer **dezentralen Gesamtverantwortung** des Fachbereichs bei: Ausrichtung auf das Leistungsergebnis, Übertragung der Ressourcenverantwortung, persönliche Ergebnisverantwortung und Konzernstruktur.

Das Kontraktmanagement zielt darauf ab, das Interesse und die Aufmerksamkeit der Fachbereiche auf ihr Leistungsergebnis zu richten. In einem ersten Schritt werden die zu erzeugenden Leistungen (Produkte) klar definiert *(vgl. Reichard 1998)*. Anschließend erhält der Fachbereich ein auf die Produkte bezogenes Budget, um die Produkte erstellen zu können. Aus dem Budget sind alle notwendigen Leistungen, die zur Produkterstellung notwendig sind, zu bezahlen. Wie gut oder schlecht ein Fachbereich gearbeitet hat, lässt sich durch einen Abgleich mit den Leistungsvereinbarungen messen.

Den Fachbereichen muss überlassen sein, wie sie den von der Politik erhaltenen Leistungsauftrag im Einzelnen erfüllen. Um dies zu realisieren, ist den Fachbereichen die Verantwortung für den zweckgebundenen Einsatz ihrer Ressourcen (u.a. Geld, Stellen, Personal, Sachmittel) zu übertragen. So haben sie die Möglichkeit, ihre Ressourcen frei zu bewirtschaften, mit anderen Fachbereichen auszutauschen oder ggf. in das nächste Haushaltsjahr zu übertragen. Erst mit der Übertragung der Ressourcenverantwortung können die Fachbereiche Kunden- und Marktverantwortung entwickeln.

Die Verantwortung für das Leistungsergebnis ist innerhalb der Fachbereiche soweit wie möglich nach unten – d.h. bis auf einzelne Mitarbeiter – herunterzubrechen (dezentrale Ergebnisverantwortung) *(vgl. Reichard 1996, S. 53 f.)*.

Indem Leistungsziele vereinbart und die Ressourcenverantwortung auf die Fachbereiche übertragen werden, werden die Fachbereiche zu weitgehend selbstständigen Leistungseinheiten innerhalb der Verwaltung. Auf diese Weise wächst die Verwaltung in eine Konzernstruktur hinein - „Konzern Kommunalverwaltung". Dennoch müssen diese jetzt teilautomatisierten Fachbereiche führbar bleiben. Hier ist zwischen der Fachbereichsebene und Politik ein **zentraler Steuerungs- und Controllingbereich** einzuführen. Dieser ist für die nicht dezentralisierbaren strategischen Aufgaben verantwortlich, wie u.a. Entwicklung und Vollzugskontrolle zentraler Leitlinien der Personal-, Organisations- und Finanzpolitik oder Analyse und Überprüfung der Leistungen der Fachbereiche im Rahmen des Berichtswesens.

(2) Outputorientierung

Das zweite zentrale Element des NSM ist die Outputsteuerung, d.h. die Steuerung der Verwaltung von der Leistungsseite (Output) her *(vgl. Reichard 1996, S. 62 f.; Schedler/Proeller 2003, S. 117 ff.)*. Die herkömmliche Steuerung erfolgt hauptsächlich über den Input, d.h. über die zentrale Zuteilung von Ressourcen. Der traditionelle Haushaltsplan gibt keine Auskunft darüber, welche Leistungen (Produkte) die Verwaltung mit dem Geld erzeugen soll. Dies eröffnet der Verwaltung eine enorme Handlungsfreiheit bei der Gestaltung ihrer Leistungen. Eine Verwaltung, die gegenüber der Politik nicht verpflichtet ist, offen zu legen, was sie mit dem bei der Politik beantragten Geld konkret tun wird, bildet unkontrollierte Reserven. Unübersichtliche Haushaltspläne machen es der Politik beinahe unmöglich, die Verwaltung ordnungsgemäß zu steuern. Die fehlende Verbindung zwischen Input und Output ist durch die Basisgröße „Produkt" herzustellen.

Ein Produkt ist die kleinste selbstständige Leistungseinheit, die von einem Kunden nachgefragt bzw. genutzt werden kann.

Die unzähligen Einzelaktivitäten der Verwaltung sind zu einer überschaubaren Zahl von Leistungspaketen bzw. Produkten zusammenzufassen. Anschließend ist für jedes Produkt festzulegen, welche Ziele mit ihm erreicht werden sollen. Der Produktbegriff ist in die Haushaltsplanung und den Haushaltsvollzug, das Berichtswesen und die Kostenrechnung zu integrieren. Der Haushaltsetat ist nach Produkten und Produktgruppen zu gliedern. So entsteht ein Konzernhaushalt, der je Produkt eine konzentrierte Information über die Geldströme und über das Produkt selbst enthält.

Das **Qualitätsmanagement** bildet einen Unterfall der Outputsteuerung. Der Qualitätsdruck auf die Verwaltung steigt, und zwar nicht nur dort, wo sie im Wettbewerb mit anderen Leistungsanbietern steht. Die Verwaltung ist mehr und mehr gezwungen, ihre Prozesse an der Nachfrage auszurichten und die vorherrschende Angebotsorientierung zu überdenken. Im Rahmen des Qualitätsmanagements sind die Erwartungen der Bürger und der Wirtschaft an die Verwaltungsleistungen systematisch zu ermitteln und auszuwerten. Hierzu stehen der Verwaltung viele Instrumente zur Verfügung, wie z.B. Durchführung von Interviews, Beschwerdemanagement oder Qualitätszirkel.

(3) Quasi-Wettbewerb

Die Aktivierung dieser neuen Struktur durch (künstlichen) Wettbewerb ist das dritte Element des Kernmodells des NSM *(vgl. Reichard 1996, S. 47 f.)*. Aufgrund des Monopolcharakters zahlreicher kommunaler Leistungen herrscht in der Verwaltung kein Wettbewerbsdruck vom Markt. Hier sind sog. Wettbewerbssurrogate zu etablieren, wie z.B. interkommunale Leistungsvergleiche oder Vergleiche mit privaten Preisen, indem private Angebote eingeholt werden. Die Verwaltung darf die Herausforderung des Wettbewerbs nicht scheuen, denn nur so bleibt sie leistungs- und innovationsfähig.

Die Schnittstelle zum erweiterten Modell des NSM bildet das strategische Personalmanagement *(vgl. Reichard 1996, S. 64 f.)*. In der Verwaltung war Personalmanagement in der Vergangenheit kaum von Bedeutung. Um das NSM erfolgreich umsetzen zu können, sind die Mitarbeiter einzubeziehen und diese für einen unternehmensähnlichen Verwaltungsstil zu motivieren *(vgl. Budäus 1998, S. 73)*. Der Einführungserfolg des NSM ist stark vom Engagement der Mitarbeiter abhängig.

Das NSM funktioniert nur dauerhaft, wenn die „richtigen" Mitarbeiter, die in der neuen Steuerungslogik denken und mit den neuen Steuerungsinstrumenten umgehen können, an der „richtigen" Stelle agieren. Gefragt sind eigenverantwortlich handelnde, in Ziel- und Ergebniskategorien denkende, leistungsmotivierte Mitarbeiter.

Die traditionelle Personalwirtschaft soll durch ein modernes und flexibles Personalmanagement abgelöst werden.

Abb. 75: Dimensionen und Reformelemente des NSM

Außendimension	Binnendimension	
	Ablösung des „Bürokratiemodells"	Verhältnis Politik - Verwaltung
Wettbewerbs-elemente (Ausschreibungen, Markttests, Benchmarking); Kundenorientierung durch Total Quality Management und One-Stop-Agencies	*Verfahren*: Ergebnisorientierung durch Produktdefinitionen, Kosten- und Leistungsrechnung; Kontraktmanagement zwischen Verwaltungsebenen; Zusammenführung von Fach- und Ressourcenverantwortung auf Fachbereichsebene	Trennung von Politik („Was") und Verwaltung („Wie"): „Politische Kontrakte"; ergebnisorientierte Steuerung durch Produktbudgets; politisches Controlling
	Organisation: Konzernstruktur mit teilautonomen Ergebniszentren als Betriebsebene; Zentraler Steuerungsdienst für strategische Aufgaben; Umbau der Querschnittsämter zu zentralen Servicestellen mit Auftragnehmerfunktion	
	Personal (Bereich des „erweiterten Modells"): Betriebswirtschaftliches Know how; ganzheitliche Arbeitszusammenhänge; Anreizsysteme; modernes Personalmanagement	

(vgl. Jann u.a. 2004, S. 53)

4.4.4.2 Umsetzungsstand von NSM

Die Praxis der vergangenen Jahre in Deutschland zeigt, dass sich die konkreten Reformbestrebungen im Wesentlichen auf Elemente der dritten Reformebene – der sog. Binnenmodernisierung – beschränken. Eine umfassende Strukturreform fehlt bisher. Insbesondere Veränderungen i.S.d. zweiten Ebene (u.a. Wettbewerb) könnten dazu führen, dass öffentliche Einrichtungen nicht mehr „unsterblich" und faktisch einem Bestandsrisiko ausgesetzt sind. In den vergangenen Jahren ist auf der deutschen Kommunalebene erstaunlich viel in Bewegung geraten. Die Kommunen sind zweifelsohne Vorreiter bei der Verwaltungsmodernisierung in Deutschland. Nach eigenen Angaben ist der überwiegende Teil der Kommunen „modernisierungsaktiv" oder zumindest ‚reformbereit'. Insbesondere im Ressourcenmanagement ist es zu einem stärkeren Kostenbewusstsein gekommen, so dass in vielen Kommunen signifikante Effizienzgewinne und Kosteneinsparungen verzeichnet werden konnten *(vgl. Bogumil u.a. 2007)*. Andererseits setzten die „Reformkommunen" jedoch nur Teilbereiche des NSM um. Es gibt kaum Kommunen, die das NSM vollständig einführten – der Anteil der Städte mit konkreten Umsetzungsergebnissen ist vergleichsweise gering. Des Weiteren liegt ein markantes West-Ost-Gefälle in Bezug auf die NSM-Modernisierung vor; die Kommunen in Ostdeutschland haben später mit der Durchführung von Reformen begonnen und haben bis jetzt noch nicht den Umsetzungsstand wie in Westdeutschland erreicht *(vgl. Kuhlmann 2007, S. 377)*.

Positiv ist die fast flächendeckende Einführung von Bürgerämtern, die zu einer verbesserten Kundenorientierung führte. Allerdings ist anzumerken, dass das Konzept des Bürgeramtes bereits seit Beginn der 1980er Jahre existiert und somit keine „Erfindung" des NSM ist. Dagegen wurden kaum Formen des echten (Markt-)Wettbewerbs implementiert. Eine bedeutsamere Rolle nimmt der nicht-marktliche Wettbewerb in Form von interkommunalen Leistungsvergleichen und Benchmarking-Projekten ein (z.B. durch die Bertelsmann Stiftung) *(vgl. Kuhlmann 2004, S. 379)*. Die interkommunalen Leistungsvergleiche entwickelten jedoch keinen Wettbewerbsdruck und verursachten eher hohe Transaktionskosten.

Weiterhin breitete sich in den Kommunen eine regelrechte „Produkt-Euphorie" aus. Bei der Implementierung der Kosten- und Leistungsrechnung wurden beachtliche Fortschritte gemacht. Die konzeptionelle Entwicklung des kaufmännischen Rechnungswesens wird als weitgehend abgeschlossen betrachtet. In vielen Fällen wurden bemerkenswerte Umsetzungsstände erreicht. Aber dennoch wurde die Produktphilosophie nicht in das Rechnungswesen integriert, so dass letztendlich Produktkataloge erstellt wurden, die für eine Steuerung ungeeignet waren *(vgl. Banner 2001, S. 287)*. Die Zusammenführung von Fach- und Ressourcenverantwortung wurde in der Mehrzahl der Kommunen nicht fachübergreifend umgesetzt. In Zeiten der Haushaltskonsolidierung wurde diese auch wieder partiell zurückgenommen. Hierarchische Vorgaben sind für den Vollzug und die Nichtübertragbarkeit von Budgetüberschüssen in Kommunen mit Haushaltsproblemen nach wie vor der Regelfall, so dass auch der Baustein der Ressourcenverantwortung nicht dauerhaft umgesetzt wurde. Mit der outputorientierten Steuerung wurden im Kern „Datenfriedhöfe" produziert *(vgl. Naschold/Bogumil 2000, S. 215)*. Die generierten Informationen wurden von den kommunalen Entscheidungsträgern kaum zur Kenntnis genommen *(vgl. Bogumil u.a. 2007, S. 155)*. Teilweise wurden die

Produktkataloge und outputorientierten Haushaltsbücher zu den Akten gelegt. Somit gilt die an Produkten orientierte Steuerung als gescheitert. Das darauf aufbauende Controlling hat in der Verwaltung nur eine geringe Akzeptanz. Die Ergebnisse wurden von der Führung kaum zur Kenntnis genommen. Größere Konsolidierungseffekte können in den Kommunen, die das NSM umgesetzt haben, nicht nachgewiesen werden, so dass das zentrale Ziel des NSM – die Haushaltskonsolidierung – nicht erreicht wurde *(vgl. Bogumil u.a. 2007)*.

Die Einführung des NSM konnte die Handlungsschwäche der Kommunalvertretung gegenüber der Verwaltung bisher nicht beheben. Nach wie vor greifen die kommunalen Mandatsträger mit „klassischen" Steuerungsinstrumenten (z.b. Vorgaben, Arbeitsaufträge) in das administrative Tagesgeschäft ein; neue Steuerungsformen (z.B. Zielvereinbarungen, Kontraktmanagement) werden nicht genutzt *(vgl. Kuhlmann 2004, S. 382)*. Die Detailintervention wird von der Politik weiter fortgesetzt. Das im NSM angestrebte Verhältnis von Politik und Verwaltung wird grundlegend abgelehnt und daher nicht umgesetzt. Weiterhin zeigte sich, dass die aggregierte Kosten- und Leistungsrechnung kaum steuerungsrelevante Informationen für die Politik liefern. Die Umgestaltung des Verhältnisses von Politik und Verwaltung kann „als eindeutig gescheitert angesehen werden" *(vgl. Bogumil 2007, S. 39 f.)*.

In den Bundesverwaltungen in Deutschland gibt es bei weitem nicht so viele Umsetzungserfolge wie auf kommunaler Ebene. Die Bundesverwaltung gilt allgemein als Nachzügler der Verwaltungsmodernisierung *(vgl. Jann u.a. 2004, S. 100 ff.)*. Bspw. sind die ohnehin bescheidenen Ansätze der Produkthaushalte wieder zurückgefahren worden. Folgende Ansätze gibt es: Einführung eines Controllings, wie z.B. im Statistischen Bundesamt oder im Bundesverwaltungsamt, eines Qualitätsmanagements oder die Wirkungsorientierung in der Gesundheits- und Bildungspolitik. In den Bundesländern ist man z.T. schon wesentlich weiter. So ist in verschiedenen Bundesländern die Doppik bereits eingeführt (z.B. Hamburg und Hessen). Ableitend aus den Berichten der Rechnungshöfe zu den Verwaltungsreformen wurde vor allem die outputorientierte Steuerung als unwirtschaftlich kritisiert, weil sie bei hohem Aufwand zu „Zahlenfriedhöfen" führen würde. Budgetierungsverfahren kommen in den Landesverwaltungen eher verhalten zum Einsatz.

Hieraus lässt sich erkennen, dass die Kommunen in Deutschland wesentlich „reformfreudiger" sind als die Länder und der Bund. Dennoch gibt es auf allen Verwaltungsebenen Umsetzungsdefizite.

Der durch das NSM prognostizierte Paradigmenwechsel führte in Deutschland eher zu einer Vermischung von „traditionellen" mit NPM-inspirierten Strukturen und Verfahren (Hybridzustand). Zum Beispiel wird neben Formen der Kosten- und Leistungsrechnung die Kameralistik weitergeführt oder die zentralistische Regelsteuerung vermischt sich mit Ansätzen dezentraler Budgetverantwortung. Die Einschätzung zum NSM-Umsetzungsstand fällt insgesamt ambivalent aus: Zweifelsohne ist das überkommene Bürokratiemodell Max Webers in Bewegung gekommen. Nunmehr ist die NSM-Euphorie einer Phase der Stagnation und Ernüchterung gewichen. Derzeit gibt es neuere Reformkonzepte und -leitbilder, wie u.a. Governance, die sich stärker auf die „Außendimension" der Verwaltungsmodernisierung und die Wirkungssteuerung fokussieren. Es wird sich in den nächsten Jahren zeigen, inwieweit diese geeignet sind, eine neue Reformbewegung zu bewirken. Vergleicht man die ursprünglichen Absichten mit den Umsetzungen in den Kommunen, könnte man von einem weitgehenden Scheitern des NSM sprechen. Gemessen an den Erkenntnissen über die Veränderungsresistenz öffentlicher Verwaltungen sieht die Bilanz im Zeitvergleich besser aus – die Kommunalverwaltungen sind heute bürger- und kundenorientierter.

In vielen Kommunen ist festzustellen, dass sie sich auf Max Weber zurückbesinnen anstatt manageriale Verwaltungsstrukturen umzusetzen. Sie rücken von der "Reinform" des NSM ab. Neue Strukturen und Verfahren wurden zurückgebaut und auf altbewährte Handlungsroutinen wieder zurückgegriffen. Die deutschen Kommunen unterliegen derzeit eher einem Trend zur Re-Zentralisierung und Re-Hierarchisierung, was u.a. durch die sich zuspitzende Finanzkrise verstärkt wird *(vgl. Bogumil u.a. 2007, S. 318)*.

Vergleicht man die OECD-Länder im Hinblick auf die Umsetzung von NPM untereinander, sind die skandinavischen Länder (Norwegen, Dänemark, Finnland und Schweden) gefolgt von Island, Neuseeland und Kanada am weitesten fortgeschritten. Deutschland befindet sich in einer kontinentaleuropäischen Tradition mit ausgeprägter Rechtsstaatlichkeit und einer stark dezentralen Verwaltung eher im Mittelfeld. Berücksichtigt man solche Verschiedenheiten, so ist generell eher Zurückhaltung bei allgemeinen Modernisierungsranglisten geboten.

4.4.4.3 Kritik am NSM

Ende der 1990er-Jahre war eine gewisse Ernüchterung und Stagnation in der Reformbewegung in Deutschland zu beobachten. Immer lauter wurde die Kritik an der Neuen Steuerung. Auf einzelne Kritikpunkte wird im Folgenden eingegangen. Die Übernahme betriebswirtschaftlicher Terminologie (z.B. Produkt, Kunde) und die allgemeine ökonomische Fixierung sind nicht unproblematisch. Das Verhältnis von Bürger und Verwaltung lässt sich nicht nur eindimensional marktbezogen betrachten. Der Bürger ist nicht nur Konsument und damit nur Kunde.

Die entscheidende Schwachstelle des NSM ist die Steuerungsproblematik auf ihrer höchsten Ebene – an der Schnittstelle zur Politik. Bei Evaluierungen war die neue Aufgabenteilung zwischen Politik und Verwaltung das letztgenannte Ziel bei Reformversuchen. Dabei galt gerade dieses Element als „Sollbruchstelle Nr. 1". Eine idealtypische Trennung von Politik und Verwaltung, von Politikformulierung und -durchführung ist nicht haltbar. Politik i.S. politisch-administrativer Problemverarbeitung ist i.d.R. nicht durch klare, eindeutige Ziele und ein einfaches Instrumentarium zur Erreichung dieser Ziele gekennzeichnet. Das Reformmodell lässt die Komplexität des politischen Raumes unberücksichtigt. Die Zusammenarbeit zwischen Politik und Verwaltung ist komplexer zu organisieren als die einfache Vorstellung der Trennung beider Bereiche *(vgl. Jann 2005, S. 83)*. Hinzu kommt, dass Politiker wenig Interesse an der Verwaltungsreform nach dem NSM zeigen.

Eine ebenso gravierende Schwachstelle ist die Produktionsblindheit des NSM *(vgl. Brüggemeier 2004, S. 335)*. Bisher liegt der Fokus in der Theorie und Praxis eindeutig auf der Steuerungsebene. Die Prozesse der Leistungserstellung, die weiterhin den tradierten Mustern des Bürokratiemodells folgen, bleiben unbeachtet. Unter Nutzung der Informationstechnik können Produktions- und Distributionsprozesse verändert und neu gestaltet werden, was zu neuen Leistungsnetzwerken führen könnte.

Erfahrungen mit vorherigen Verwaltungsreformen wurden ignoriert *(vgl. Jann 2005, S. 82)*. Die KGSt gab keine Empfehlungen für den „richtigen" Einstieg bei der Implementierung des NSM. Eine Vielzahl der Kommunen in Deutschland setzt nur einzelne Instrumente des NSM um, so dass das Reformmodell eher als Werkzeugkasten und Inspirationsquelle diente und nicht als umfassendes Reformleitbild. Insbesondere der Blick auf die tatsächliche Implementation von NSM-Instrumenten zeigt ein noch größeres Auseinanderfallen zwischen Konzept und Realität. Weiterhin sind im Außenverhältnis kaum Veränderungen eingetreten. Wettbewerb sollte als zentraler Impuls fungieren. Dadurch sollten Kommunen zu Innovationen und zu einer Verbesserung ihrer Verwaltungsstrukturen und -prozesse angetrieben werden. Durch den Trend zur Privatisierung und Liberalisierung der Leistungserbringung wurde die Wettbewerbsdimension jedoch überlagert.

NSM als Einheitskonzept für den gesamten öffentlichen Sektor anzuwenden – als „one size fits all" für sämtliche Steuerungsprobleme – ist wenig sinnvoll *(vgl. Jann 2005, S. 83)*. Die Steuerungsinstrumente müssten gemäß den Politikfeldern angepasst und situativ eingesetzt werden, da der öffentliche Sektor zunehmend differenzierter organisiert ist. Eine weitere Schwachstelle des NSM ist das fehlende strategische Management, das durch die Politik vorbereitet und initiiert werden sollte. Wie auch bei bisherigen Reformen wurde das „Top-Management" der Kommunen in die Implementierung des NSM nicht involviert. Strategisches Management im öffentlichen Sektor ist v.a. darauf ausgerichtet, die politischen Interessen durchzusetzen. Wichtiger ist es, sich parteiintern zu positionieren und viele Wählerstimmen für sich zu verbuchen. NSM weist nur einen einseitig betriebswirtschaftlichen, binnenstrukturellen Zuschnitt mit starker Ausrichtung auf ein operatives Management auf. Aber gerade die Dynamik und wachsende Geschwindigkeit, mit der sich die Rahmenbedingungen der öffentlichen Verwaltung ändern, verdeutlicht die Notwendigkeit einer strategischen Ausrichtung von Verwaltungshandeln. Würde die öffentliche Verwaltung auf ein strategisches Management verzichten, würde sie Gefahr laufen, Problemlösungen nur noch als kurzfristiges Krisenmanagement zu begreifen.

Trotz der genannten Kritikpunkte des NSM ist festzuhalten, dass positive Reformeffekte und unverkennbare Reformerfolge nicht von der Hand zu weisen sind, bspw. Verbesserungen in der Servicequalität und Kundenorientierung, Einrichtung von Bürgerämtern (das Modell des „Bürgeramtes" war jedoch kein genuines NSM-Projekt) und Verkürzungen von Bearbeitungszeiten.

Viele Kommunen haben bereits Umsetzungserfahrungen mit dem NSM gesammelt. Zudem ist zu berücksichtigen, dass die Implementation des NSM ein sehr langwieriger Prozess ist.

4.4.5 Perspektiven

Seit Ende der 1990er Jahre gilt (Public) **Governance** in der Verwaltungsreformdebatte als ergänzendes Reformmodell zum NPM/NSM *(vgl. Löffler 2001, S. 214)*. Durch Governance sollen die Defizite des NPM – wie mangelnde Betrachtung der Wirkungs- und Produktionsorientierung – überwunden werden. Ähnlich wie bei NPM spielen auch hier die bereits genannten Kontextbedingungen wie gesellschaftliche Herausforderungen, zunehmende Globalisierung und Flexibilisierung sowie veränderte Umweltbedingungen eine Rolle.

Ganz allgemein bezeichnet Governance sowohl die Tätigkeit des Regierens, Lenkens bzw. Steuerns und Koordinierens als auch die Art und Weise dieser Tätigkeit *(vgl. Benz 2004, S. 15)*. Die Anwendungsbereiche von Governance lassen sich deskriptiv u.a. nach dem territorialen Kontext (z.B. Local/Urban Governance, Regional Governance, European Governance, Global Governance), in Mehrebenensystemen (Multilevel Governance), in der Wirtschaft und in Organisationen (Corporate Governance) unterscheiden. Der normativen Dimension sind Good Governance und Public Governance (normativ und deskriptiv) zuordnen.

Governance ist als Reaktion auf das von liberal-konservativer Seite propagierte Modell des schlanken Staates zu sehen. Insbesondere der übertrieben binnenorientierte und managerialistische Ausrichtung der Verwaltungspolitik (v.a. in Deutschland) will Governance entgegentreten.

Public Governance ist ein „Sammelbegriff für eine neue Generation von Staats- und Verwaltungsreformen, … die das wirksame, transparente und partnerschaftliche Zusammenwirken von Staat, Wirtschaft und Zivilgesellschaft zur innovativen Bewältigung gesellschaftlicher Probleme und zur Schaffung von zukunftsweisenden und nachhaltigen Entwicklungsmöglichkeiten und -chancen für alle Beteiligten zum Ziel haben." *(vgl. Löffler 2001, S. 212)*

Für die Lösung gesellschaftlicher Probleme ist nicht allein der Staat zuständig, sondern diese sollen von der Zivilgesellschaft gelöst werden. Die gesellschaftlichen Akteure sollen in die Problembewältigung eingebunden, motiviert und aktiviert werden. Nicht mehr die hierarchische Steuerung bestimmt das staatliche Handeln, sondern die Selbststeuerung autonomer und gleichberechtigter Akteure aus Staat, Wirtschaft und Zivilgesellschaft gewinnt zunehmend an Bedeutung. Der Staat zieht sich aus seinen öffentlichen Aufgaben zurück, behält jedoch die Verantwortlichkeit für die übergeordnete Koordination und Steuerung im Hinblick auf zentrale staatliche Ziele. Es entstehen Arrangements mit Akteuren aus verschiedenen gesellschaftlichen Teilbereichen, die gemeinsam verfolgte Ziele erreichen wollen. Mithin wird verstärkt vom „Gewährleistungsstaat" gesprochen. Nach einer neuen Verantwortungsstufung verbleibt lediglich die Gewährleistungsverantwortung – die dauerhafte Sicherstellung der Leistungserbringung an Bürger zu politisch gewollten Standards und Kosten – beim Staat. Der Staat fungiert in seiner neuen Rolle als Moderator und Gewährleister, aber auch als Koordinator und Steuerer.

Für den Perspektivenwandel vom Public Management zu Public Governance existieren bereits Anhaltspunkte in der Realität, wie bspw. eine Vielfalt an Organisations- und Erledigungsformen, immer mehr Verselbstständigungen und Ausgliederungen im öffentlichen Sektor, aber auch eine Zunahme an Kooperationen zwischen Staat und Privaten (sog. Public-Private-Partnership) und die Indienstnahme Privater für öffentliche Leistungen (sog. Contracting-Out und Abgabe an Non-Profit-Organisationen).

4.5   Wiederholungsfragen

**Lösungshinweise
siehe Seite**

87. Definieren Sie den Begriff ‚Organisation'.	95
88. Grenzen Sie die formale und informale Organisation voneinander ab.	96
89. Erläutern Sie drei Grundsätze der Organisation.	97
90. Welcher Zusammenhang besteht zwischen Improvisation, Disposition und Organisation?	97
91. Was ist unter dem Substitutionsgesetz der Organisation zu verstehen?	98
92. Erläutern Sie kurz fünf Variablen der Organisationsgestaltung.	100-102
93. Beschreiben Sie die Aufgabenanalyse und Aufgabensynthese anhand eines Beispiels.	103
94. Geben Sie einen Überblick über die wesentlichen Gliederungsmerkmale bei der Aufgabenanalyse.	103/104
95. Nennen Sie die wichtigsten Zentralisationskriterien bei der Aufgabensynthese.	104/105
96. Nennen Sie die Inhalte einer Stellenbeschreibung.	105/106
97. Von welchen Faktoren wird die optimale Leitungsspanne bestimmt?	106
98. Welche Konsequenzen ergeben sich aus einer großen Leitungsspanne?	106
99. Grenzen Sie das Einlinien- und das Mehrliniensystem voneinander ab.	107-109
100. Was ist unter dem Begriff ‚Fayolsche Brücke' zu verstehen?	107
101. Erläutern Sie die Stab-Linien-Organisation.	109/110
102. Grenzen Sie die Funktional- und die Spartenorganisation gegeneinander ab.	110/112
103. Beschreiben Sie die Besonderheiten der Matrixorganisation.	113/114

5 Leistungsbereich des Betriebes

5.1 Materialwirtschaft, Beschaffung und Lagerhaltung

5.1.1 Grundlagen

Gegenstand der Materialwirtschaft ist die Bereitstellung von Material für den Prozess der betrieblichen Leistungserstellung. Hierunter fallen alle Entscheidungen und Vorgänge der kostenoptimalen Bedarfsplanung, Beschaffung, Lagerhaltung, des innerbetrieblichen Transportes von Material und neuerdings auch der Entsorgung.

Die Materialwirtschaft umfasst also alle Vorgänge der Beschaffung und Bewirtschaftung von Material, unabhängig davon, für welche betrieblichen Teilbereiche diese gebraucht werden.[1] Sie bildet letztlich das umfassende Versorgungssystem des Betriebes.

Die Materialwirtschaft hatte in der Vergangenheit innerhalb der betriebswirtschaftlichen Diskussion nicht den gleichen Stellenwert wie Produktion und Absatz. In den letzten Jahrzehnten gewann sie jedoch deutlich an Bedeutung, was sich auch im Aufstieg in der betrieblichen Hierarchie niederschlägt.

Maßgebend hierfür ist vor allem der hohe Anteil der Materialkosten an den gesamten Kosten eines Betriebes. Der Grund hierfür liegt in dem Trend, die Fertigungstiefe zu verringern, d.h. den Umfang des Fremdbezugs von Teilen entsprechend zu erhöhen. Die Materialkosten betragen je nach Branche zwischen 50% und 80% der Gesamtkosten gegenüber beispielsweise nur ca. 15% Produktionskosten *(vgl. Jung 2009, S. 318)*. Dieser Wert belegt, wie stark sich auch eine nur geringfügige Senkung der Materialkosten auf die gesamte Kostensituation und damit letztlich auf das Betriebsergebnis auswirkt.

Unter **Material** versteht man dabei alle realen Sachgüter, die im Betriebsprozess eingesetzt werden und danach entsprechend ihrer Zweckbestimmung für eine weitere Verwendung nicht mehr geeignet sind. Die Materialarten können nach ihrer Beziehung zum Erzeugnis (Fertigprodukt) unterschieden werden.

---

[1] Je nach Organisation des einzelnen Betriebes kann auch die Bereitstellung externer Dienstleistungen (z.B. Wartung, Reparatur, Reinigung) und von externen Informationen Gegenstand des Beschaffungsbereiches sein.

Abb. 76: Materialarten

Produktionsfaktor	Erläuterung
Betriebsmittel	Stoffe, welche die Produktion sichern, nicht aber in den Prozess der Leistungserstellung eingehen (z.b. Maschinen)
Werkstoffe **(Halb- und Fertigfabrikate, Rohstoffe)**	Rohstoffe und Fertigungsmaterial gehen in die Produkte bei der Leistungserstellung ein (Fertigungsmaterial), bzw. – bei reinen Wiederverkäufern – Produkte, die das Sortiment bilden
Hilfsstoffe, Betriebsstoffe, Erzeugnis-Hilfsstoffe	Stoffe, die bei der Produktion benötigt werden, die aber nur in geringem Maße in das Produkt eingehen, oder die bei der Produktion verbraucht werden

5.1.2 Ziele und Aufgaben des Beschaffungswesens und der Materialwirtschaft

Zur Charakterisierung der Ziele und Aufgaben der Materialwirtschaft kann zwischen technischen und ökonomischen Zielsetzungen unterschieden werden.

- Die **technische** Zielsetzung richtet sich auf die Sicherung des Produktionsvollzuges, d.h. die Aufgabe der Materialwirtschaft besteht insbesondere darin, die in den Prozess der Leistungserstellung eingehenden Güter rechtzeitig, in der richtigen Qualität und Quantität und am richtigen Ort zur Verfügung zu stellen (Sachziel der Materialwirtschaft), und

- die **ökonomische** Zielsetzung richtet sich auf die Sicherung möglichst wirtschaftlichen Handelns (Formalziel der Materialwirtschaft).

Zur **technischen Zielsetzung** gehören als Unteraufgaben:

- Ermittlung des Materialbedarfs, Beschaffung der Materialien, Prüfung der Materialeingänge nach Menge und Qualität, Auswahl des Materials nach ökologischen Kriterien.

- Lagerung des Materials, Überwachung und Pflege der Materialbestände, Abwicklung der innerbetrieblichen Materialtransporte, Recycling bzw. Entsorgung.

Bei der **ökonomischen Zielsetzung** geht es zunächst um die Minimierung der bei der technischen Aufgabenerfüllung anfallenden Kosten (Anschaffungskosten, Transportkosten, Prüfkosten, Wagniskosten, Lagerhaltungskosten ...). Daneben geht es um die Opportunitätskosten. Diese Kosten in Form entgangener Gewinne entstehen, weil das im Materialbestand gebundene Kapital in einer anderen gewinnbringenderen Form hätte eingesetzt werden können. Die Opportunitätskosten spielen angesichts der hohen Anteile von Materialbeständen an der Vermögenssumme der Bilanz bei den Unternehmensentscheidungen häufig eine wichtige Rolle.

Die Materialwirtschaft will also Beschaffung, innerbetrieblichen Transport und Lagerhaltung optimieren. Dabei hat sie verschiedene **Teilprobleme** zu lösen:

- **Das Mengenproblem**
  Zum Zeitpunkt des Bedarfs der betrieblichen Leistungserstellung müssen die benötigten Materialien in ausreichender Menge und Qualität für einen störungsfreien Produktionsablauf zur Verfügung stehen. Hier gilt es, zwischen den bei größeren Mengen steigenden Lagerhaltungs- und Transportkosten und den bei größeren Mengen sinkenden Beschaffungskosten abzuwägen.

- **Das Sortimentsproblem**
  Das Sortimentsproblem besteht in der nach Art und Güte richtigen Bereitstellung der Materialien. Bei der Lösung dieses Problems spielt die Festlegung des Materialsortiments und die Überprüfung der geforderten technischen und ökologischen Eigenschaften des Materials eine wichtige Rolle.

- **Das Raumüberbrückungsproblem**
  Das Material muss vom Lieferanten zum Betrieb geliefert werden und vom Materialeingang zum Lager oder zur Materialausgabe bzw. zum Verbrauchsort transportiert werden.

- **Das Zeitproblem**
  Dieses Problem bezieht sich auf die Zeitspanne zwischen Materialbeschaffung und Materialverwendung, d.h. der termingerechten Bereitstellung für die Fertigung. Allgemein sind für die Wahl der Beschaffungszeitpunkte die Lieferfristen, die Beschaffungskosten, die Kapitalbindungs- und La-

gerkosten, die Finanzlage des Betriebes und die Preisentwicklung zu beachten und - wenn möglich - zu minimieren.

- **Das Kapitalbindungsproblem**
  Jede Materialbeschaffung bindet Finanzierungsmittel (Kapital), die in der Regel nicht allein durch Lieferantenkredite, d.h. mit Zahlungsstundungen der Lieferanten, zu beschaffen sind. Um eine möglichst geringe Kapitalbindung zu erreichen, versuchen Unternehmen die Durchlaufgeschwindigkeit des Materials im betrieblichen Leistungsprozess zu maximieren

- **Das Zielerfüllungsproblem**
  Die genannten Teilprobleme sind unter den Aspekten der Kostenminimierung (ökonomisches Ziel) und der Sicherung der reibungslosen Leistungserstellung (technisches Ziel) zu lösen.

(vgl. Bestmann 2001, S. 167f.)

5.1.3   Fragen des Materialbestandes

5.1.3.1 Materialbedarfsplanung

Ausgangspunkt der Materialbedarfsplanung sind entweder Verbrauchswerte der Vergangenheit und/oder das geplante Leistungserstellungsprogramm des Betriebes. Entsprechend werden die Art und die Menge (quantitative Dimension), die Qualität (qualitative Dimension) sowie Zeitpunkte (zeitliche Dimension) des Materialbedarfs festgelegt.

Bei der Planung der Art und der **Menge des Materials** spielen neben den genannten Faktoren für die Bestellplanung insbesondere die vorhandenen Lagerbestände eine Rolle. Je nach vorhandenen Mengen und unter Berücksichtigung von Sicherheitsreserven an Material wird disponiert.

Bei einer Bestellung wird über die erforderliche **Qualität von Material** entschieden. Dabei versteht man unter Qualität die Gesamtheit von Eigenschaften und Merkmalen eines Produktes oder einer Tätigkeit, die sich auf die Eignung zur Erfüllung gegebener Anforderungen beziehen. Idealer Weise erfolgt die Qualitätsprüfung unmittelbar nach der Anlieferung, wobei sich diese Prüfung im Sinne einer Vollerhebung auf die gesamte Lieferung oder im Sinne einer Stichprobe auf eine Teilmenge beziehen kann.

In Bezug auf die **Beschaffungszeitpunkte** kann man unterscheiden in:

- **Einzelfallbeschaffung im Bedarfsfall**
  Dieses Verfahren setzt die stete Lieferbereitschaft des Lieferanten voraus. Anderenfalls können Stockungen der Leistungserstellung auftreten. Sie wird in der Praxis meist nur bei auftragsabhängiger Einzelfertigung (z.B. Ersatzteilbeschaffung bei KFZ-Reparaturen) oder zum Ausgleich möglicher Fehlplanungen oder bei Qualitätsproblemen des vorhandenen Materials eingesetzt.

- **Vorratsbeschaffung**
  Dieses Verfahren findet bei Gütern Anwendung, die zum einen durch Lagerung keine Qualitätseinbußen erfahren, bzw. es findet nur in dem Umfang statt, wie keine Qualitätseinbußen eintreten (z.B. bei Lebensmitteln). Zum anderen dürfen durch Vorratsbeschaffung die Kapitalbindungskosten nicht zu hoch werden.

- **Einsatzsynchrone Beschaffung**
  Die einsatzsynchrone Beschaffung ist eine Kombination der Einzelfallbeschaffung und der Vorratsbeschaffung bei der versucht wird, nur die Vorteile beider Verfahren miteinander zu kombinieren. Hier erfolgt die Lieferung des Materials zu Zeitpunkten, die genau mit dem Prozess der Leistungserstellung abgestimmt sind (‚just-in-time-production‘). Die Güter werden meist an dem Tag geliefert, an dem sie gebraucht werden. Eine längere Zwischenlagerung erfolgt nicht im Betrieb, sondern auf der „rollenden Landstraße“. Voraussetzungen für dieses Verfahren sind eine genaue Produktionsplanung und exakte und realistische Vereinbarungen mit den Lieferanten.

5.1.3.2 Make-or-Buy-Entscheidung

Bei einer Make-or-Buy-Entscheidung stellt sich für den Betrieb die Frage, ob es für ihn günstiger ist, bestimmte Güter oder Dienstleistungen selbst herzustellen oder sie vom Markt zu beziehen.

Für eine solche Entscheidung müssen insbesondere zwei Voraussetzungen gegeben sein:

- Es muss grundsätzlich die Möglichkeit einer eigenständigen Leistungserstellung gegeben sein.
- Der Fremdbezug ist hinsichtlich der gewünschten Quantität und Qualität realisierbar.

Welcher Alternative letztlich der Vorzug gegeben wird, hängt in einer konkreten betrieblichen Situation von einer Fülle von Faktoren ab, wie beispielsweise den vorhandenen Kapazitäten, der Terminsituation oder den mit der Entscheidung verbundenen Kosten.

Generell werden eher „Buy-Entscheidungen" getroffen, wenn der Fremdbezug wesentlich kostengünstiger oder der Lieferant in diesem Bereich einen eindeutigen Kompetenzvorsprung hat. Allerdings kann das Vergeben von Aufträgen auch zu einer Abhängigkeit von den Lieferanten und zu einem Abfluss von eigenem Know-how führen.

Auf der anderen Seite wird der Betrieb dann eher an eine Eigenproduktion denken, wenn auf diesem Gebiet seine Kernkompetenzen liegen, vor allem, wenn die entsprechenden Komponenten zum Image der Erzeugnisse wesentlich beitragen.

5.1.3.3 Arten des Lagerbestandes

Ist der Materialbedarf geplant, hat der Betrieb zum einen seinen Lagerbestand zu planen, zum anderen seine Bestelldispositionen vorzunehmen.

Die Planung des Lagerbestandes stützt sich auf Lageranalysen, die verschiedene Arten von Beständen unterscheiden, die bei der Planung zu berücksichtigen sind.

Die wichtigsten Bestandsarten lassen sich grafisch darstellen, um die Zusammenhänge zwischen den einzelnen Lagerbestandsarten aufzuzeigen und zu verdeutlichen.

Abb. 77: Lagerbestandsarten

➔**Der Lagerbestand**
ist der körperlich zum Planungszeitpunkt im Lager befindliche Bestand, der sich mit den Zu- und Abgängen verändert (IST-Bestand).

➔**Der Buchbestand**
wird im Rechnungswesen geführt und verändert sich über Zu- und Abgänge (SOLL-Bestand). Er sollte mit dem Lagerbestand übereinstimmen, was jedoch häufig nicht der Fall ist.

➔**Der Inventurbestand**
wird bei der Inventur, der "körperlichen" Aufnahme des Bestandes an einem Stichtag, ermittelt und ist identisch mit dem Lagerbestand dieses Zeitpunktes.

➔**Der verfügbare Bestand**
steht für die weitere Leistungserstellung zur Verfügung und errechnet sich wie folgt:
Lagerbestand + offene Bestellungen - Vormerkungen = verfügbarer Bestand

➔**Der disponierte Bestand (Vormerkungen)**
besteht aus den Lagerbestandsmengen, die bereits für laufende Aufträge verplant sind.

➔ **Der Werkstattbestand**
setzt sich aus den Bestandsmengen zusammen, die das Lager zur Weiterverarbeitung verlassen haben und die sich bereits im Bereich der Leistungserstellung (in der „Werkstatt") befinden.

➔ **Der Sicherheitsbestand**
stellt einen Puffer dar, um die Leistungsbereitschaft auch bei Störungen im betrieblichen Ablauf zu garantieren. Mit ihm sollen die Risiken der Bedarfsunsicherheit, der Lieferzeitunsicherheit und der Bestandsunsicherheit abgedeckt werden.

➔**Der Meldebestand (Bestellbestand, Bestellzeitpunktbestand)**
Bei Erreichen dieser Bestandsmenge wird eine Bestellung entweder in Form eines internen Betriebsauftrages oder als Lieferantenbestellung ausgelöst. Der Sicherheitsbestand soll während der Wiederbeschaffungszeit nicht angegriffen werden.

➔**Der Höchstbestand**
gibt die Menge an, die maximal am Lager sein darf, um eine hohe Kapitalbindung am Lager zu vermeiden.

Die gestrichelte Linie in der folgenden Abbildung stellt die Entwicklung des IST-Lagerbestandes dar, wobei ein kontinuierlicher Verbrauch unterstellt wird. Zum Bestellzeitpunkt - beim Erreichen des Bestellbestandes - erfolgt eine Auftragsvergabe, die zum Liefertermin zu einer Auffüllung des Lagers in Höhe der Bestellmenge führt. Die Differenz zwischen dem Höchstbestand und der Sicherheitsmenge stellt grafisch die Bestellmenge dar.

Abb. 78: Lagerbestandsverläufe

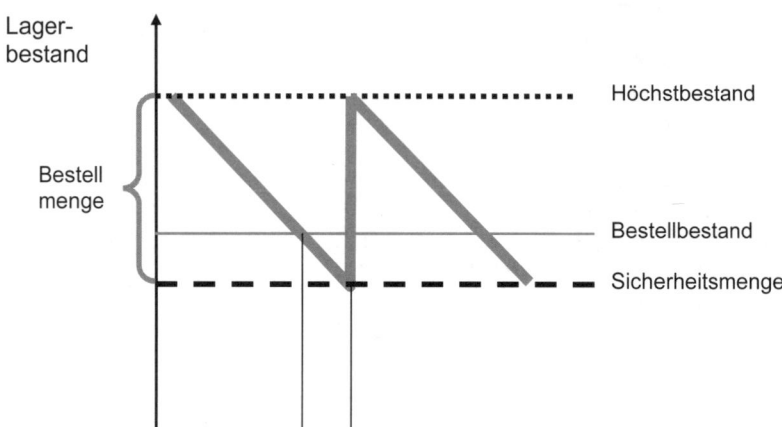

Die **Bestandsplanung** muss die zu jeder Materialart passende Bestandsstrategie festlegen, um eine optimale Lagerversorgung sicherzustellen. Dabei spielen der Sicherheitsbestand und die damit verbundenen Kapitalbindungskosten und der sogenannte Lieferbereitschaftsgrad mit den Fehlmengenkosten eine wesentliche Rolle. Fehlmengenkosten treten auf, wenn der Produktionsablauf gestört wird, weil die Produktion aufgrund zu geringer Lagerbestände nicht durchgeführt werden kann. Grundsätzlich sind die Kosten für den Sicherheitsbestand und die Fehlmengenkosten gegenläufig: Je höher der Bestand ist, desto größer sind die Kapitalbindungskosten, aber desto geringer sind die zu erwartenden Fehlmengenkosten.

5.1.3.4 Optimale Bestellmenge

Nachdem die Materialbedarfsplanung vorliegt und die Bestandsrechnung die am Lager befindlichen Materialien aufgezeigt hat, müssen die fehlenden Materialien kostengünstig und zum richtigen Zeitpunkt beschafft werden. Dabei muss insbesondere das Problem der kostengünstigsten, "optimalen" Beschaffungsmenge (Bestellmenge) gelöst werden. Grundsätzlich kann in Bezug auf den Beschaffungsumfang zwischen zwei Extremen unterschieden werden:

- Beschaffung **großer Mengen in großen Zeitabständen:**
  Die Vorteile liegen beim Preis, bei den Beschaffungskosten und in der relativen Sicherheit für den Produktionsablauf. Nachteilig sind hohe Kapitalbindungs- und Lagerkosten.

- Beschaffung **kleiner Mengen in kleinen Zeitabständen:**
  Die Vor- und Nachteile kehren sich um.

Zwischen beiden Extremfällen gibt es im Prinzip beliebig viele Lösungsmöglichkeiten, die im Rahmen eines Optimierungskalküls zielorientiert einer eindeutigen Lösung zugeführt werden müssen.

Die wichtigsten Einflussfaktoren und Kostengrößen einer solchen Betrachtung sind dabei:

- **Die Beschaffungskosten**
  sind von der Bestellmenge abhängig und ergeben sich generell aus Beschaffungsmenge mal Beschaffungspreis pro Einheit, vermindert um Rabatte u. ä., erhöht um Mindermengenaufpreise, Transportkosten und sonstige wertabhängige Beschaffungskosten.

- **Die Bestellkosten**
  sind unabhängig von der Beschaffungsmenge. Sie werden durch die Anzahl der Bestellungen, d.h. durch die Beschaffungshäufigkeit, bestimmt. Beispiele sind: Kosten der Angebotseinholung und Lieferantenauswahl, der Terminplanung, des Wareneingangs, der Qualitätskontrolle.

- **Die Lagerhaltungskosten**
  In den Materialvorräten ist Kapital gebunden, das in anderweitiger Verwendung ertragreich(er) eingesetzt werden könnte. Hinzu kommen Kosten aus der Beanspruchung des Lagerraumes und aus Löhnen im Zusammenhang mit der Lagerhaltung.

Ein mögliches Optimierungskalkül kann in der Form des **Modells der optimalen Bestellmenge** dargestellt werden. Dazu werden folgende Annahmen getroffen:

- Der über einen Zeitraum erforderliche Gesamtbedarf einer Materialart B ist bekannt und in beliebige Bestellmengen Q teilbar.

- Der Lagerabgang ist gleichmäßig und stetig.

- Der Betrieb kann die Anlieferungszeitpunkte frei wählen.

- Es gibt keine mengenmäßigen Beschränkungen bei der Beschaffung.

- Die Bestellmenge und die Anlieferungsmenge sind gleich.

- Der Stückpreis P ist unabhängig von der Beschaffungsmenge und vom Zeitpunkt der Beschaffung (P/Q = konstant).

- Je Bestellperiode ist der Bedarf Q (Nachfrage des Produktionsbereiches) bekannt und konstant.

- Die Lagerhaltungskosten je Stück (LK/Q) werden in Abhängigkeit von den Lagerwerten und der Lagerdauer betrachtet; der Zusammenhang ist proportional: Je mehr gelagert wird, desto höher sind die Lagerkosten pro Stück, d.h. die Grenzkosten sind konstant.

- Die Bezugskosten (bestellfixe Kosten BE) sind pro Bestelleinheit konstant, variieren also proportional mit der Beschaffungshäufigkeit. Bezogen auf eine Mengeneinheit nehmen sie (die bestellfixen Kosten pro Stück BE/Q) mit zunehmender Beschaffungsmenge ab.

Abb. 79: Modell der optimalen Bestellmenge

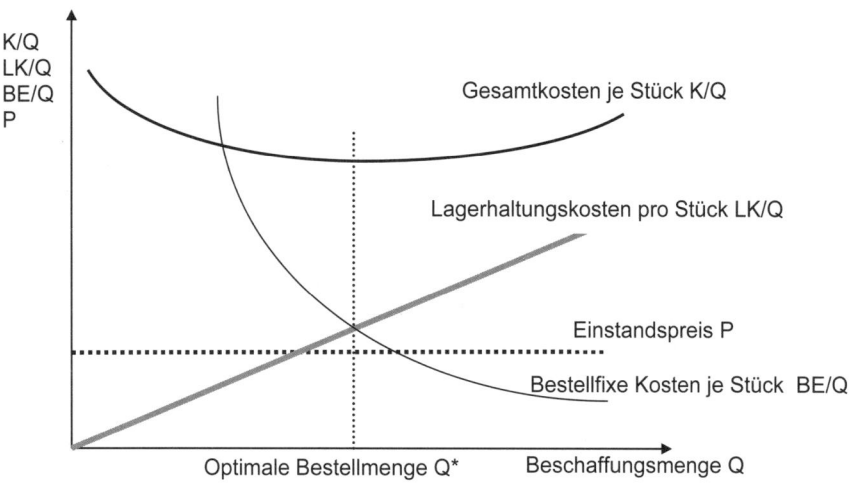

Die optimale Bestellmenge gibt diejenige Menge an, bei der die Gesamtkosten je Bestellstück je Bestellung minimiert werden.

Der formale Zusammenhang für alle Bestellungen zur Erreichung einer Gesamtbedarfsmenge ergibt:

$$Bestellkosten \; = \; Bestellfixe \; Kosten \; + \; Lagerkosten$$

Der Einstandspreis ist konstant und spielt für Optimalitätsbedingungen keine Rolle mehr!

$$Bestellfixe \; Kosten \; BE/Q \; = \; B \cdot Be/Q$$

mit B als Gesamtbedarfsmenge und Be als Fixkosten pro Lieferung und entsprechend B/Q als Anzahl der notwendigen Lieferungen.

$$Lagerhaltungskosten \; LK \; = \; Lagerkostensatz \; k \cdot durchschnittl. \; Lagerwert$$
$$= \; k \cdot (Anfangsbestand - Endbestand) \cdot Preis \; P/2$$

Da der Endbestand definitionsgemäß null ist und der Anfangsbestand der Bestellmenge entspricht, gilt:

$$LK \; = \; k \cdot Q \cdot P/2$$

Die Bestellkosten werden nun minimiert, indem die erste Ableitung gleich null gesetzt wird und man erhält als optimale Bestellmenge Q*:

$$Q^* = \sqrt{\frac{2 \cdot B \cdot Be}{k \cdot P}}$$

5.1.4 Logistische Fragen

5.1.4.1 Transportwesen

Hier ist das bereits o.g. Raumüberbrückungsproblem angesprochen. Grundsätzlich lassen sich hierbei die beiden Bereiche des außerbetrieblichen Transportes und des innerbetrieblichen Transportes unterscheiden.

Das Ziel des Transportwesens besteht generell darin, die Verfügbarkeit der jeweils benötigten Güter und Dienstleistungen unter Beachtung der Kostenvorgaben zu sichern.

Im Einzelnen ergeben sich hieraus die Aufgaben:

* Auswahl des günstigsten Transportmittels,
* Auswahl des günstigsten Transportweges,

- Auswahl des günstigsten Transportbetriebes,
- Auswahl der geeigneten Transportkette.

(vgl. Jung 2009, S. 403)

5.1.4.2 Lagerwesen

In einem Industriebetrieb lassen sich im Wesentlichen drei Arten von **Lagern** unterscheiden:

- Roh-, Hilfsstoff- und Betriebsstofflager
- Zwischenlager
- Fertigwarenlager.

Das Lager muss sich unter Berücksichtigung der räumlichen und baulichen Situation in den Materialfluss einordnen. Insbesondere soll es nicht mehr Vorräte enthalten, als dies aus betrieblicher Sicht notwendig ist.

Die Lagerhaltung umfasst verschiedene Aufgaben:

- Zunächst erfolgt die **Warenannahme,** wobei mit Hilfe der Warenbegleitpapiere eine erste Überprüfung der Lieferung erfolgt. Jede Anlieferung wird in einer Wareneingangsmeldung festgehalten.
- Anschließend erfolgt eine **Materialprüfung**, die sich sowohl auf die Menge wie die Qualität erstreckt. Aufgedeckte Mängel lösen dann entsprechende Bearbeitungsschritte aus.
- Nach dem Ende der Prüfvorgänge erfolgt die **Materialeinlagerung**. Hierbei erhalten die Waren ihren endgültigen Lagerplatz.
- Die **Materialausgabe** an die innerbetrieblichen Stellen bzw. auch Rücksendungen an die Lieferanten werden vergleichbar der Warenannahme nur gegen einen entsprechenden Beleg (Materialentnahmeschein) durchgeführt.

5.1.5   Entwicklungstrends in der Materialwirtschaft

Die Materialwirtschaft der Zukunft steht vor einer Reihe grundlegender Herausforderungen. Dem steigenden Bezugsvolumen aufgrund geringer werdender Fertigungstiefe steht das Minimieren der Lagerbestände gegenüber. Gleichzeitig steigt die Zahl der Produktvariationen und die Produktlebenszyklen werden kürzer.

Zudem nimmt die langfristige Kooperation mit Lieferanten zu, die z.T. eigenständig komplette Teilsysteme des Produktes entwickeln (wie z.B. elektronische Steuerungssysteme in der Automobilindustrie). Aus diesem Grunde gewinnt die Frage der Auswahl geeigneter Lieferanten eine strategische Bedeutung.

Ein modernes integriertes Materialmanagement, welches logistische Prozesse bestmöglich beherrscht und den Materialfluss auch unter Kostengesichtspunkten optimal steuert, ist hier die Konsequenz.

Gleichzeitig gewinnt der Bereich der Abfallwirtschaft aufgrund gesetzlicher Vorschriften sowie des gestiegenen Umweltbewusstseins an Bedeutung.

5.2 Leistungserstellung/Produktion

5.2.1 Grundlagen

Im Modell der betrieblichen Funktionen folgt nach der Behandlung von Beschaffung und Lagerhaltung (Materialwirtschaft) analytisch als nächster Schritt die zentrale Grundfunktion eines Betriebes - die **Leistungserstellung (Produktion)**. Durch die Kombination von Produktionsfaktoren werden Produkte (Güter und Dienstleistungen) hergestellt, die als marktgängige Tauschobjekte bei der Leistungsverwertung Umsatzerlöse erbringen sollen. Die Leistungserstellung stand und steht immer im Mittelpunkt betriebswirtschaftlichen Denkens, da die Art und Weise ihres Vollzuges den Kern betrieblichen Geschehens betrifft, Betriebe charakterisieren und z.B. auch die Wirtschaftszweigsystematik des Statistischen Bundesamtes (Land- und Forstwirtschaft, Verarbeitendes Gewerbe, Dienstleistungen mit weiteren Untergliederungen) bestimmt.

Wie alle betrieblichen Funktionen durchläuft auch die Leistungserstellung die Phasen eines Kreislaufs: Zielsetzung, Planung, Entscheidung, Durchführung und Kontrolle.

Bei der Leistungserstellung kann zwischen einer **technischen** und einer **ökonomischen Zielsetzung** unterschieden werden.

Unter technischen Aspekten muss die Durchführung eines reibungslosen Produktionsprozesses gewährleistet sein. Es darf nicht zu ungewollten Stockungen oder gar zur Beendigung der Produktion kommen.

Technisches Ziel (Sachziel):
Sicherung und Durchführung der Leistungserstellung

Unter dem Ziel der Wirtschaftlichkeit hat die Erstellung der Produkte zu minimalen Kosten zu erfolgen. Es kommt darauf an, unter den denkbaren Produktionsverfahren diejenigen auszuwählen, mit denen das Produktionsprogramm kostenminimal erstellt werden kann.

Ökonomisches Ziel (Formalziel):
Kostenminimierung

Ökonomische und technische Ziele können nicht immer optimal erreicht werden, eine latente Zielkonkurrenz ist gegeben. In bestimmten betrieblichen Situationen mag die Verbesserung der Produktionssicherheit mehr Kosten verursachen, als unter einer ausschließlich ökonomischen Zielsetzung wünschenswert wäre. Der Betrieb muss hier also zwischen Kosten und Risiko abwägen und entscheiden.

Die Verhältnisse zwischen dem Bereitstellen der Produktionsfaktoren und dem sich ergebenden Produktionsergebnis zu untersuchen, ist die Aufgabe der **Produktionstheorie**. Weiterhin ist es durch sie möglich, die Einflussfaktoren zu bestimmen, welche für das Ausmaß verantwortlich sind, in dem die Einsatzmengen der Produktionsfaktoren verbraucht werden.

Die Produktionstheorie stellt hierzu den Zusammenhang zwischen dem Einsatz von Produktionsfaktoren und dem Faktorertrag in Form von **Produktionsfunktionen** dar.

Hierbei stellt die **Produktivität** eine grundlegende Kennziffer für das jeweilige Verhältnis dar.

$$Produktivität = \frac{mengenmäßiger\ Faktorertrag}{mengenmäßiger\ Faktoreinsatz}$$

Die Einsatzfaktoren, welche für die Produktion benötigt werden, sind in der Regel knapp und müssen auf den entsprechenden Märkten beschafft werden. Werden die Einsatzfaktoren mit ihren Preisen bewertet, so erhält man die Kosten des betrieblich bedingten Werteverzehrs.

Auf einer solchen Basis ist es möglich, **Kostenfunktionen** aufzustellen, aus denen die bei einem bestimmten Faktoreinsatz jeweils entstehenden Kosten hervorgehen. Dies ist die Aufgabe der **Kostentheorie**. Ihr Ziel ist es, für bestimmte Ausbringungsmengen die Herstellungsverfahren zu beschreiben, welche am kostengünstigsten sind.

Dieses Ziel beinhaltet die **Wirtschaftlichkeit** der Leistungserstellung.

$$Wirtschaftlichkeit = \frac{Ertrag}{Aufwand}$$

Die Produktions- und die Kostentheorie stellen die theoretische Grundlage für die **Produktionsplanung** dar. Mit ihrer Hilfe soll der Produktionsprozess im Rahmen der betrieblichen Möglichkeiten optimal festgelegt und gesteuert werden.

Die Produktionsplanung umfasst insbesondere die Planung des Produktionsprogramms und die Planung der Produktionsprozesse.

Bei der **Produktionsprogrammplanung** steht die Frage im Vordergrund, welche Arten und Mengen von Gütern oder Dienstleistungen in einer bestimmten Periode hergestellt werden sollen. Grundlage dieser Planung sind Daten aus dem betrieblichen Umfeld, wie dem Beschaffungs- und Absatzmarkt, sowie Daten über die betrieblichen Rahmenbedingungen.

In den augenblicklichen Zeiten der Käufermärkte, d.h. in Situationen, in denen eine völlige Kundenorientierung geboten ist, wird die Produktionsplanung insbesondere durch die Absatzseite bestimmt. Die am Markt anzubietenden Produkte eines Betriebes passen sich den Abnehmerpräferenzen potenzieller Kunden an (Marktorientierung des betrieblichen Geschehens)[1], und nach der Entscheidung, welche Produkte bzw. Vorleistungen eingekauft werden, ergibt sich ein Leistungsprogramm für eine Periode.

Strategische Entscheidungen der Produktionsprogrammplanung betreffen insbesondere die Produkte und Produktfelder, welche zukünftig das Überleben des Betriebes bestmöglich sichern können. Hiermit verbunden sind Festlegungen auf bestimmte mit diesen Produkten verbundene Märkte.

Die **Produkte** der Betriebe als Elemente der Produktionsprogrammplanung sind im hohem Maße heterogen. Nach der Erfüllung des gewollten Produktionszwecks lassen sich zunächst **Zweckprodukte** und **Abfall** unterscheiden. Im Zentrum der Ersten stehen die dem Sachziel der Unternehmung entspre-

---

[1] Vgl. dazu unten den Abschnitt 5.3 Marketing.

chenden Hauptprodukte, während die im Produktionsprozess anfallenden Nebenprodukte (z.b. sog. Abwärme) ggf. ebenfalls einer Marktverwertung zugeführt werden können.

Weiter ist zwischen den für den Absatz verwertbaren **Endprodukten** der Leistungserstellung und den innerbetrieblich weiterverwendbaren **Zwischenprodukten** zu unterscheiden. Was für den einen Betrieb dabei ein Endprodukt sein mag, ist für einen anderen ein zu beziehendes Vorprodukt; diese Klassifizierung von Gütern ist daher immer auf einen Betrieb bezogen.

Die Aufgaben der **taktischen** Produktionsprogrammplanung betreffen vor allem die Festlegung der Kapazitäten, der Fertigungstiefe und -breite sowie der hierfür mittelfristig benötigten Kapazitäten.

Die **operative** Produktionsprogrammplanung legt die Quantität und Qualität der kurzfristig zu produzierenden Güter fest. Sie ist verzahnt mit der Planung der Produktionsprozesse.

Die **Produktionsprozessplanung** befasst sich grundlegend damit, welche Anlagen in welchem Umfang und welcher Reihenfolge an der Produktion beteiligt sind. Darüber hinaus erfüllt sie die Aufgabe, die Produktionsprozesse planungsgemäß zu steuern.

In diesen Bereich fallen auch Entscheidungen über die grundlegende Gestaltung des Fertigungsablaufs. Hierbei können unterschieden werden:

- Werkstattfertigung,
- Gruppenfertigung,
- Fließfertigung.

Bei der **Werkstattfertigung** werden räumlich getrennt spezielle Verrichtungen durchgeführt. Dadurch entstehen spezielle Werkstätten (z.B. Gießerei), in denen die Produkte je nach entsprechendem Bedarf bearbeitet werden.

Die **Gruppenfertigung** fasst einander ähnliche Produkte zu Gruppen zusammen, die dann gemeinsam von den dafür benötigten Maschinen bearbeitet werden.

Für die **Fließfertigung** ist typisch, dass alle für ein Erzeugnis notwendigen Bearbeitungsschritte der technisch notwendigen Bearbeitungsreihenfolge entsprechend angeordnet sind.

5.2.2 Dienstleistungsproduktion

Die realen Erscheinungsformen der Prozesse betrieblicher Leistungserstellung unterscheiden sich erheblich, je nachdem, ob es sich bei den Produkten um Güter oder Dienstleistungen handelt. Auch terminologisch finden sich Unterschiede: Die Produktion von Gütern wird **Fertigung** genannt, die Erstellung von Dienstleistungen wird **Dienstleistungsproduktion** genannt.

Im Folgenden wird nur das Modell der Dienstleistungsproduktion behandelt. Für diese Auswahl sind drei Gründe entscheidend:

- der überwiegende Teil der Wertschöpfung einer modernen Volkswirtschaft findet im Dienstleistungssektor statt,

- des Weiteren verdienen mehr als zwei Drittel aller Arbeitnehmer ihr Einkommen durch die Erstellung von Dienstleistungen.

- eine „Betriebswirtschaftslehre für die Verwaltung" sollte ohnehin die Besonderheiten von Dienstleistungen behandeln, da sie im Zentrum des Verwaltungshandelns stehen.

Im ersten Schritt sind Güter und Dienstleistungen begrifflich zu trennen:

Güter sind im Kern stofflicher Natur; sie werden produziert, werden ausgeliefert, kommen in Verkaufsräume und können „erfasst" werden. Man kann Probefahrten mit einem Auto unternehmen, ein Stückchen Käse knabbern und Kleidungsstücke an sich erfühlen. Güter sind also **materiell, lager- und transportfähig**.

Dienstleistungen sind im Kern immaterieller Natur; die Beratung eines Rechtsanwalts drückt sich zwar in Schriftsätzen aus, seine Leistung ist aber nicht lagerfähig und nicht „erfassbar". Dienstleistungen kommen dabei nur zustande, wenn der Abnehmer selber oder ein Teil von ihm (z.B. ein Gegenstand von ihm) in den Leistungserstellungsprozess integriert ist. Produktion und Absatz fallen i.d.R. zeitlich zusammen. Die Leistung eines Gastwirtes setzt den Besuch von Kunden voraus, Frisörleistungen werden am Kunden erbracht und auch der PC muss in die Werkstatt gebracht werden, damit eine Reparatur erfolgen kann.

Diese grundsätzliche Abgrenzung berücksichtigt jedoch nicht Situationen in der Praxis, in denen Güter und Dienstleistungen vielfach so eng miteinander verbunden sind, dass eine eindeutige Abgrenzung schwer fällt. Wie das Beispiel des werksinternen Reparatur- und Wartungsdienstes eines Automobilherstellers zeigt, gibt es kaum Sachgüter, in deren Entstehung nicht eine Fülle von Dienstleistungen eingehen.

Abb. 80: Abgrenzung zwischen Gütern und Dienstleistungen

Unterscheidungs-kriterium	Güter	Dienstleistungen
Stofflichkeit	materiell - lagerfähig - transportfähig - vorführbar	immateriell - nicht lagerfähig - nicht transportfähig - nicht vorführbar
Herkunft der Produktionsfaktoren	interne Produktion erfolgt ohne Einbeziehung des Abnehmers	interne und externe Produktion erfolgen unter Einbeziehung des Abnehmers
Leistungsfähigkeit	in der Phase des Absatzes ist die Leistung i.d.R. erbracht	in der Phase des Absatzes steht die Leistungsfähigkeit im Mittelpunkt

Das Modell der Leistungserstellung von Dienstleistungen unterscheidet sich grundlegend von dem der Fertigung von Gütern: Werden bei der **Güterproduktion** die Produktionsfaktoren beschafft und je nach Eigenschaften verbunden und kombiniert und in Güter umgesetzt, die meist über Phasen der Einlagerung an den Abnehmer gebracht werden, muss bei der **Dienstleistungsproduktion** der Anbieter Produktionsfaktoren beschaffen und kombinieren, ohne dass die Leistung selber schon entsteht. Ein Dienstleistungsunternehmen baut eine **Leistungsbereitschaft** auf. Diese wird als **Vorkombination** bezeichnet. Erst durch Einbeziehung von weiteren internen Produktionsfaktoren sowie von Faktoren, die zum Verfügungsbereich des Nachfragers gehören (externe Produktionsfaktoren) wird die eigentliche Dienstleistung erzeugt (Endkombination). Man spricht von der **Integration des externen Faktors**, die erst die Erstellung von Dienstleistungen ermöglicht.

Ein Hotel kann errichtet werden, das Personal eingestellt werden usw.; eine Dienstleistung entsteht aber erst, wenn ein Kunde kommt und Leistungen nachfragt. Daher fallen bei der Dienstleistungsproduktion im Allgemeinen die Produktion und der Absatz zusammen.

Abb. 81: Das Grundmodell der Dienstleistungsproduktion

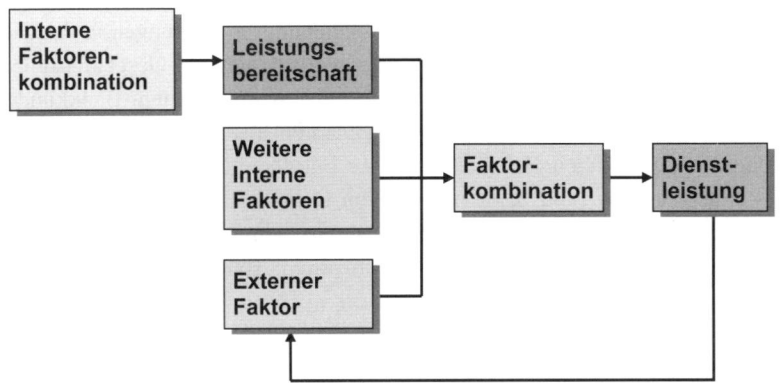

Der externe Faktor kann in verschiedenster Form auftreten. Es kann sich um Menschen, aber auch um Tiere (Beispiel: Tierarzt) handeln. Aber auch materielle Objekte sind möglich (Beispiel: Autoreparatur).

Weiterhin kann der Dienstleistungsnachfrager sich an der Leistungserstellung passiv beteiligen (Beispiel: Frisör) oder seine aktive Mitwirkung ist unerlässlich (Beispiel: Sprachkurs)

Bezüglich der Intensität der Einbeziehung des externen Faktors sind auch bei der Befriedigung gleicher Bedürfniskategorien der Abnehmer unterschiedliche Integrationsstrategien denkbar. *(vgl. Meffert/Bruhn 2008, S. 34 ff)*

So gibt es Fast Food Restaurants mit Selbstbedienung auf der einen Seite und es finden sich Restaurants, die für ihre Serviceintensität berühmt sind. Betriebe haben in der Regel verschiedene Optionen, wie intensiv der externe Faktor in die Dienstleistungsproduktion einzubeziehen ist.

Die **Integrationsintensität** hängt von einer Reihe von Faktoren ab:

- der angestrebten Kundengruppe mit ihrer erwarteten Zahlungsbereitschaft,
- den Wettbewerbern,
- den technischen Möglichkeiten einer Integration des externen Faktors und
- den mit den Strategien verbunden fixen und variablen Kosten.

Gerade die Einführung moderner Elektronik hat dabei in den letzten Jahren das Verhältnis Kunden-Dienstleistungsanbieter erheblich verändert. Im Bankwesen wurden zunächst erste Selbstbedienungseinrichtungen in den Geschäftsräumen eingeführt. Dann entstanden vollständige SB-Geschäftsstellen, die ohne Personal auskommen. Heute wickeln zunehmend mehr Bankkunden ihre finanziellen Angelegenheiten vom eigenen PC aus ab.

Grundsätzlich verfügen Betriebe also über Entscheidungsspielräume bei der Leistungserstellung (und beim Absatz) von Dienstleistungen, die strategisch genutzt werden. Auch Verwaltungen nutzen zunehmend die Möglichkeiten, die ihnen die moderne Technik bietet, um ihren Abnehmern gegenüber ihr Angebot zu verändern und zu verbessern.

5.2.3 Dienstleistungsproduktion in der öffentlichen Verwaltung

Die Dienstleistungsproduktion staatlicher Stellen weist gegenüber derjenigen in der Privatwirtschaft verschiedene Besonderheiten auf.

Sie bestehen insbesondere in

- den Grundlagen der Leistungserstellung,
- dem Spektrum der Leistungserstellung,
- den Orten der Leistungserstellung,
- der Struktur der Leistungserstellung.

(1) **Grundlage** für alles Verwaltungshandeln ist die Bindung an das Gesetz. Die Verwaltung ist in ihrem Wirken nicht autonom, sondern an die konkreten Aufträge des Gesetzgebers gebunden. Sie kann ihre Dienstleistungsproduktion nicht nach eigenem Ermessen gestalten. Verwaltungshandeln ist Auftragshandeln und daher fremdbestimmt. Dies bedeutet auch, dass sie auf die Schwankungen der Nachfrage nach ihren Dienstleistungen nur innerhalb vorgegebener Grenzen reagieren kann. Sie kann auch nicht eigenständig ihre Ressourcen in den Bereichen konzentrieren, in denen der größte Bedarf der Nachfrager besteht.

(2) Das **Spektrum** der Dienstleistungen, welche die öffentliche Verwaltung produziert, ist außerordentlich vielfältig. Ein großer Teil hiervon besteht in der Verarbeitung von Informationen. Ausgangsinformationen z.B. in Form eines Antrages werden registriert, ggf. an verschiedene Stellen weitergeleitet, mit anderen Informationen abgeglichen oder verknüpft und führen schließlich

zur Produktion einer speziellen Entscheidung z.B. in Form eines Verwaltungsaktes oder einer persönlichen Beratung. Andere Produktionsformen sind spezielle Dienstleistungsangebote (z.b. Schulunterricht, öffentliche Sicherheit, Ausbau des Straßennetzes, Betreiben von Theatern und Sportstätten).

(3) Öffentliche Dienstleistungen werden an **festen Orten** erbracht oder aber an **wechselnden Plätzen**. Neben den ortsfesten Produktionsstätten beispielsweise in den einzelnen Ämtern, öffentlichen Bildungs- oder Freizeitstätten existieren ständig wechselnde Produktionsstandorte (z.b. der Streifendienst der Polizei oder die Straßenreinigung). Auch eine Kombination beider Formen existiert, wie etwa bei der Sperrgutabfuhr vor Ort oder dem Abliefern bei einer zentralen Mülldeponie. Zukünftig wird fraglos der Anteil von **Online-Dienstleistungen** weiter zunehmen, womit Standortdiskussionen an Bedeutung verlieren.

(4) Auch in der **Struktur** der Leistungserstellung unterscheidet sich die öffentliche Verwaltung von der Privatwirtschaft. Die Leistungsprozesse können von der Verwaltung nicht eigenverantwortlich variiert werden. In vielen Fällen sind ihr die entsprechenden Handlungsabläufe aufgrund von Rechts- und Verfahrensvorschriften bis in die Einzelheiten vorgegeben. Dieses begrenzt deutlich ihre Flexibilität bei der Gestaltung der Produktionsprozesse sowie die Möglichkeiten einer Optimierung im Sinne der Nachfrager *(vgl. Schmidt 2008, S. 69 ff.)*.

Die Besonderheiten der Dienstleistungsproduktion erklären auch bestimmte Beobachtungen, wie sie in der Öffentlichkeit immer wieder kolportiert werden. So wird unter anderem häufig bemängelt, dass bei Behördenbesuchen lange Wartezeiten in Kauf zu nehmen seien und/oder das Personal untätig sei. Dienstleistungsbetriebe haben es tatsächlich schwer, auf Nachfrageschwankungen adäquat reagieren zu können. Die Kombination der internen Faktoren erzeugt eine Leistungsbereitschaft, die allein aus Gründen der finanziellen Knappheit nicht zu reichlich bemessen sein darf. Dem Besucherstrom ist sie meist nicht ohne Friktionen (sprich Wartezeiten) gewachsen. Schwillt die Nachfrage ab, tritt scheinbare Leere ein; die Kapazitäten erscheinen als überdimensioniert und unausgelastet; ein Problem das allerdings nicht nur die Verwaltung betrifft, sondern in gleicher Weise auch bei Ärzten, im Handel, der Gastronomie etc. beobachtet werden kann.

5.3 Absatz

5.3.1 Grundlagen

Der **Absatz** beinhaltet die Verwertung der betrieblichen Leistung. Er gehört - neben der Beschaffung und der Produktion - zu den Grundfunktionen im Leistungsbereich des Betriebes. Im Zuge des Absatzes schließt sich der betriebliche Wertekreislauf: der Güter- und Leistungsstrom, der von den Beschaffungsmärkten über den Betrieb den Absatzmärkten zufließt und umgekehrt der Geldstrom, der von den Absatzmärkten dem Betrieb zugeht und zur neuerlichen Beschaffung der Produktionsfaktoren verwandt werden kann. Der Absatz bildet somit das Bindeglied zwischen dem Leistungs- und dem Finanzbereich des Betriebes.

Das Handlungsfeld des Absatzes lässt sich zunächst grob umreißen anhand der bestimmenden Elemente des Absatzmarktes. Dies sind die Bedürfnisse der Nachfrager, das eigene Angebot und das Angebot der Konkurrenten am Markt.

Das Marktgeschehen wird durch die beteiligten **Akteure** bestimmt. Dies sind:

- Nachfrager,
- Anbieter,
- Vertriebspartner,
- staatliche Einrichtungen und
- Interessenvertretungen.

(vgl. Homburg/Krohmer 2009, S. 3)

Die **Ziele des Absatzes** sind aus den obersten Unternehmenszielen abgeleitet. Sie richten sich zum einen auf die Erfüllung der darüber bestimmten Leistungen (Sachziel) und zum anderen auf die kostenminimale Erbringung dieser Leistungen (Formalziel).

Der Absatz hat in den letzten Jahrzehnten einen grundlegenden Bedeutungswandel erfahren. Für die Bundesrepublik Deutschland kann diese Entwicklung grob in vier Phasen nachgezeichnet werden.

Abb. 82: Historische Entwicklung und Bedeutungswandel des Marketingbegriffs

Phase 1: Produktionsorientierung	Verkäufermarkt; Engpassfaktor Produktion; Absatz als Distribution
Phase 2: Verkaufsorientierung	Marktsättigung; Preiswettbewerb, Werbung, Verkaufsförderung
Phase 3: Marketingorientierung	Käufermarkt; Engpassfaktor Absatz; Marketing als Unternehmensphilosohpie
Phase 4: Soziale Orientierung	Sozialer Wandel (Werte, Strukturen); Marketing im nicht-kommerziellen Bereich

(vgl. Weeser-Krell 1994, S. 17-19; s. auch Pepels 2009, S. 11-16)

5.3.2 Absatzpolitische Instrumente (Marketing-Mix)

Die Marketingpolitik der Unternehmungen und Verwaltungen wird mit Hilfe der verschiedenen **Marketing-Instrumente** realisiert, die in fünf Politikbereichen zusammengefasst werden.

Abb. 83: Absatzpolitische Instrumente

Produktpolitik		Kontrahierungspolitik
	Internes Marketing	
Distributionspolitik		Kommunikationspolitik

5.3.2.1 Produktpolitik

Die Produktpolitik steht am Ausgangspunkt der marketingpolitischen Entscheidungen, auf der die übrigen Politikbereiche aufbauen, denn die Gestaltung marktfähiger Produkte ist eine Grundvoraussetzung eines erfolgreichen Absatzes.

Die Produktpolitik beinhaltet zunächst in ihrem Kernbereich (Produktpolitik im engeren Sinne) die marktgerechte Gestaltung des Produktes selbst sowie in ihrem Randbereich (Produktpolitik im weiteren Sinne) Aspekte, die im unmittelbaren Zusammenhang mit dem Produkt stehen.

Abb. 84: Teilbereiche der Produktpolitik

Kernbereich
Optimierung der
Produkteigenschaften

- Produktinnovation
- Produktvariation
- Produkteliminierung

Randbereich
Optimierung der
weiteren Produktpolitik

- Programm- und Sortimentspolitik
- Verpackungs- und Markenpolitik
- Kundendienstpolitik

Produktinnovation bedeutet, dass Produkte mit völlig neuen technischen oder Gebrauchseigenschaften entwickelt und auf den Markt gebracht werden. Sie werden zusätzlich oder als Ersatz für veraltete Produkte in das Programm aufgenommen.

Unter **Produktvariation** versteht man die Veränderung und Weiterentwicklung der Produkteigenschaften. Oft handelt es sich um eine Anpassung an die technische Entwicklung, die durch den technischen Fortschritt erforderlich wird oder auch um Veränderungen im Design, die aufgrund modischer Trends notwendig werden.

Es kommt auch vor, dass Produkte veralten und durch Maßnahmen der Variation nicht mehr marktgängig gehalten werden können. Sie sind aus dem Programm zu **eliminieren**.

Im Randbereich der Produktpolitik ist zunächst über die Zusammensetzung des **Sortimentes** (Handel) bzw. des **Programms** (Hersteller) zu entscheiden. Es kann hier eine mehr in die Breite oder mehr in die Tiefe gehende Programm-/Sortimentspolitik unterschieden werden.

Die **Verpackung** und **Markierung** der Waren ist vor allem bei Konsumgütern ein wichtiges Thema.

Und schließlich ist auch der **Kundendienst** ein Element der Produktpolitik, da Kaufentscheidungen nicht nur nach den Produkteigenschaften im engeren Sinne, dem Preis etc. getroffen werden, sondern oft auch - vor allem bei hochpreisigen technischen Produkten - der Kundendienst eine entscheidende Rolle spielt.

5.3.2.2 Kontrahierungspolitik

Die Kontrahierungspolitik, **die Preispolitik** insbesondere, bildet einen Kernbereich vor allem der klassischen Absatzlehre. Mit dem Vordringen des Marketing-Gedankens hat sie allerdings an Bedeutung eingebüßt. Der Kontrahierungspolitik können zwei Politikbereiche zugerechnet werden: die Preispolitik und die Konditionenpolitik.

Abb. 85: Elemente der Kontrahierungspolitik

Kontrahierungspolitik	
Preispolitik	**Konditionenpolitik**
◆ klassische Preistheorie ◆ praktische Preispolitik	◆ Rabatte ◆ Liefer- und Zahlungsbedingungen ◆ Kreditpolitik

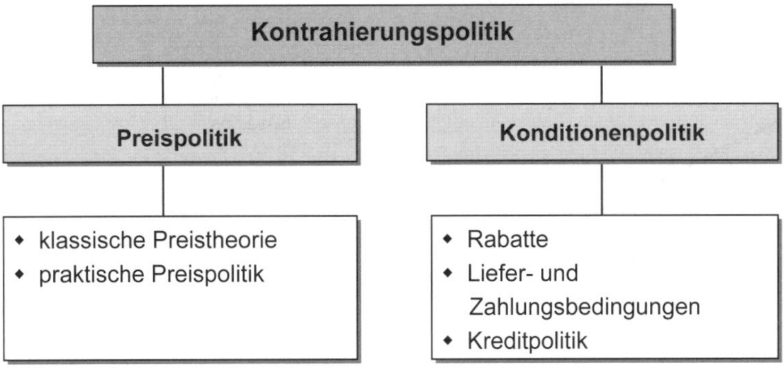

Die Preispolitik kann differenziert werden in Überlegungen zur Bildung des Preises bei Kenntnis der Marktsituation im Rahmen der **klassischen Preistheorie** und der Preissetzung durch Aufschlagskalkulation, die als **praktische Preispolitik** bezeichnet wird.

Ausgangspunkt der Überlegungen der klassischen Preistheorie[1] ist die **Preis-Absatz-Funktion** (Nachfragefunktion). Es wird angenommen, dass die abgesetzte Menge eines Gutes eine Funktion des Preises ist. Ein normales Verhalten der Nachfrager am Markt - im Sinne der Annahmen eines vollkommenen Marktes - unterstellt, ist dann zu erwarten, dass die nachgefragte Menge nach einem Gut mit steigendem Preis abnimmt und umgekehrt. Geht man vereinfachend von einem linearen Zusammenhang zwischen den beiden Größen aus, dann ergibt sich folgende Preis-Absatz-Funktion:

$$p = p_a - bm \, ,$$

---

[1] Vgl. hierzu ausführlich bei Dincher/Müller-Godeffroy/Wengert 2004, S. 84ff.

wobei p_a den Achsenabschnitt auf der Preisachse (Prohibitivpreis) bei $m = 0$ und b das Steigungsmaß der Geraden angeben. Der Schnittpunkt mit der Mengenachse ergibt sich nach

$$m = \frac{p_a - p}{b} \quad \text{, also für } p = 0: \quad m_{(p=0)} = \frac{p_a}{b}.$$

Abb. 86: Preis-Absatz-Funktion

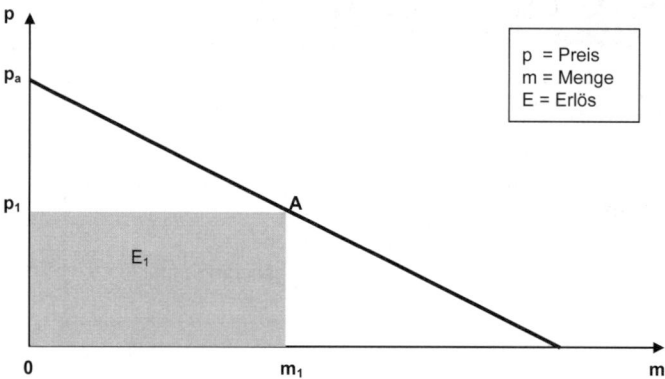

Der Erlös E_l, der bei bei dem Preis p_l erzielt wird, entspricht der Fläche $0m_1Ap_1$ und wird berechnet nach

$$E_l = m_l \cdot p_l.$$

Der wirkliche Verlauf der Preis-Absatz-Funktion ist in der Realität nur unter größten Schwierigkeiten zu ermitteln, zumal er für jedes Gut und auf jedem (Teil-)Markt eine andere Gestalt annehmen kann. Selbst die grundlegende Annahme abnehmender Mengen bei steigenden Preisen kann aufgrund psychologischer Faktoren im Einzelfall unzutreffend sein, z.B. bei prestigeträchtigen Gütern ('Snob-Effekt') oder wenn der Preis als Indikator für die Qualität eines Produktes herangezogen wird. In solchen Fällen kann eine Preiserhöhung zu einem Anstieg der abgesetzten Menge und damit zu einem überproportionalen Umsatzwachstum führen; eine für die betroffenen Anbieter äußerst vorteilhafte Situation.

Das Beispiel zeigt die Schwierigkeit der klassischen Preistheorie: Ihre Modelle und Annahmen sind mit den tatsächlichen Gegebenheiten der Märkte schwer in Einklang zu bringen und es sind je nach angenommener Marktsituation z.T. sehr komplizierte mathematische Modelle notwendig.

Die Preispolitik in der betrieblichen Praxis kann daher im Allgemeinen nicht nach derartigen Modellen der Preistheorie gestaltet werden. In der Praxis haben sich vor allem drei Prinzipien herausgebildet, an denen sich die tatsächliche **praktische Preispolitik** der Betriebe orientiert und zwar:

- die kostenorientierte Preisbildung,
- die nachfrageorientierte Preisbildung,
- die konkurrenzorientierte Preisbildung.

Kostenerwägungen bilden vor allem die Grundlage für die Bestimmung der **Preisuntergrenze**, zu der ein Anbieter bereit ist, seine Leistung am Markt anzubieten. Hier muss zwischen einer kurzfristigen und einer langfristigen Betrachtung unterschieden werden. Als langfristige Preisuntergrenze sind die Stückkosten k anzusehen, denn der Betrieb kann auf Dauer nur existieren, wenn der Erlös je Mengeneinheit deren Kosten übersteigt. Es ist hier auch nicht erforderlich, zwischen den variablen und den fixen Kosten zu unterscheiden, denn langfristig sind alle Kosten variabel.

In der kurzfristigen Perspektive ist diese Trennung allerdings angezeigt, da ein Teil der Kosten hier als Fixkosten erscheinen. Die Preisuntergrenze wird dann nicht durch die gesamten Stückkosten, sondern nur durch ihren variablen Teil k_v bestimmt. Solange der Preis die variablen Stückkosten übersteigt, entsteht ein positiver Deckungsbeitrag zu den Fixkosten. Auch wenn in diesem Falle mit Verlust produziert würde, so wäre der Verlust bei Einstellung der Produktion größer.

Entsprechend dieser Überlegungen zur Preisuntergrenze ergibt sich der Angebotspreis eines Gutes aus den Stückkosten und einem Gewinnaufschlag, der als Kalkulationsfaktor Ka_f ausgedrückt werden kann. Der Angebotspreis errechnet sich dann nach

$$p = k\,Ka_f$$

Die **nachfrageorientierte Preisbildung** geht von dem Verhalten der Abnehmer und ihrer Einschätzung und Bewertung des Produktes aus. Nicht die Kosten sondern der Nutzen, den das Produkt den Abnehmern stiftet und daraus abgeleitet ihre Bereitschaft, einen bestimmten Preis zu zahlen, stehen im Mittelpunkt der Betrachtung. Im Kern geht es hierbei um die Bestimmung der tatsächlichen Preis-Absatz-Funktion eines Gutes mit den Mitteln der Marktforschung und der Marktbeobachtung. Das ist in der Praxis eine schwierige und sehr aufwendige Aufgabe. Die Kenntnis des Käuferverhaltens ist aber eine notwendige Voraussetzung der nachfrageorientierten Preisbildung.

Die **konkurrenzorientierte Preisbildung** verzichtet weitgehend auf eine eigene aktive Preispolitik, indem der Angebotspreis für das eigene Produkt an einem Leitpreis ausgerichtet wird. Der Leitpreis kann der Preis eines konkurrierenden Großanbieters für das Gut sein, oder, bei atomistischer Konkurrenz, der Durchschnittspreis am Markt.

Die Orientierung an einem Leitpreis hat den praktischen Vorteil, von dem Aufwand einer aktiven Preispolitik entbunden zu sein. Sie ist auch eine Strategie der Risikominimierung, da der einzelne Anbieter in jedem Falle kein höheres Absatzrisiko eingeht, als die Branche insgesamt. Für die Mehrzahl der Anbieter dürfte die konkurrenzorientierte Preisbildung auch zu einem befriedigenden Ergebnis führen, da der Leitpreis auf Dauer der Branche ein Auskommen gewährleisten muss. Das mögliche Gewinnmaximum wird auf diese Weise aber nicht unbedingt erreicht. Immerhin wird aber das Streben nach Kostenminimierung durch diese preispolitische Orientierung gefördert, da der tatsächliche Gewinn dann letztlich von den Kosten bestimmt wird.

5.3.2.3 Distributionspolitik

Der Begriff **Distribution** bezieht sich auf alle betrieblichen Entscheidungen, die im Zusammenhang mit dem Weg eines Produktes zum Endkäufer stehen. Die Notwendigkeit der Distribution folgert aus der arbeitsteiligen Produktionsweise moderner Volkswirtschaften, bei der Produktion und Konsumtion örtlich, zeitlich und personell auseinanderfallen. Die Leistung zum Endverbraucher zu bringen, wird damit eine eigenständige Aufgabe des betrieblichen Absatzes.

Hierbei kann zwischen dem Problem der physischen **Verteilung** der Güter als einem vorwiegend logistischen Problem[1] und dem Problem des **Verkaufs** der Güter primär als einem Problem der Gestaltung der Absatzkanäle unterschieden werden.

---

[1] Vgl. hierzu auch die Kap.5.1 Materialwirtschaft und 2.2 Standort.

Abb. 87: Elemente der Distributionspolitik

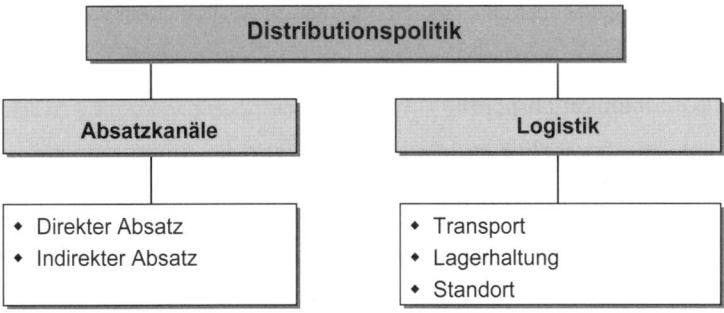

Bei der Gestaltung der **Absatzkanäle** geht es zunächst um die Entscheidung über die einzusetzenden Distributionsorgane.

Zu unterscheiden sind:

- **Betriebszugehörige Vertriebsorgane:**
  Vertriebsabteilung, Verkaufniederlassung, Reisende, Vertragshändler, Franchisenehmer u.a.;

- **Absatzhelfer:**
  Handelsvertreter, Handelsmakler, Kommissionäre und Marktveranstaltungen;

- **Absatzmittler:**
  Großhandel, Einzelhandel.

Bei dem **direkten Absatz** gelangt das Produkt auf direktem Wege vom Hersteller zum Endabnehmer. Der Absatz erfolgt also ausschließlich durch betriebszugehörige Distributionsorgane. Diese Organisationsform des Absatzes ist beispielsweise im Investitionsgüterbereich üblich. Immer öfter werden aber in jüngerer Zeit auch Konsumgüter von den Herstellern direkt vertrieben; zum einen unter Nutzung des Internets als Vertriebsmedium, zum anderen auch als sog. Fabrikverkauf, z.T. in sog. Factory-outlet-centers (FOC).

Der **indirekte Absatz** ist durch die Zwischenschaltung des Handels gekennzeichnet. Der Vertriebsweg geht im klassischen Vertriebsmodell vom Hersteller über den Großhandel und den Einzelhandel an die Endabnehmer. Die Konzentration im Einzelhandel führt heute allerdings immer häufiger zur Ausschaltung des Großhandels. Der Einzelhandel wird dann direkt vom Hersteller beliefert. Zusätzlich oder alternativ zum Handel können Absatzhelfer in den indirekten Absatz einbezogen werden, beispielsweise Handelsvertreter, die ein Produkt gegenüber dem Handel oder bei Endverbrauchern vertreiben.

5.3.2.4 Kommunikationspolitik

Die Kommunikationspolitik bezieht sich auf die gezielte Informationslenkung vom Betrieb zum Abnehmer. Sie wird oft als das Sprachrohr der Unternehmung bezeichnet. Sie muss von den zuvor im Rahmen der Produkt-, Kontrahierungs- und Distributionspolitik getroffenen Entscheidungen ausgehen und diese als gegebene Daten begreifen.

Die Zielrichtung dieser Kommunikation ist die Beeinflussung potentieller Abnehmer der betrieblichen Leistungen und anderer, für den Erfolg der Unternehmung bedeutsamer Personen im Interesse der Erreichung der gesteckten Unternehmensziele. Zur Kommunikationspolitik gehören folglich sämtliche Maßnahmen, die darauf abzielen, durch Kommunikation auf Kenntnisse, Einstellungen und Verhaltensweisen von Marktteilnehmern einzuwirken.

Die Kommunikationspolitik der Unternehmung erstreckt sich auf verschiedene Handlungsfelder, die ihr Instrumentarium bilden. Die klassischen Instrumente der Kommunikationspolitik sind: die Werbung, die Öffentlichkeitsarbeit (Public relations), der persönliche Verkauf und die Verkaufsförderung (Entwicklung von Verkaufshilfen).

Abb. 88: Kommunikationspolitik

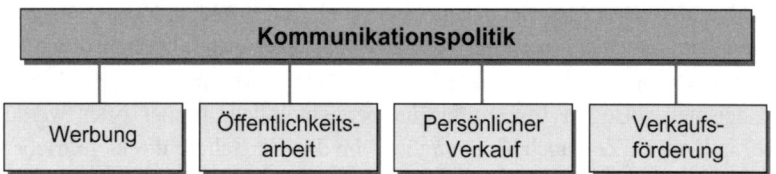

(1) **Werbung** ist eine Form der Massenkommunikation, bei der ein Werbetreibender versucht, durch den Einsatz von Werbemitteln Einfluss auf die Adressaten der Werbung auszuüben. Die Absatzwerbung ist diejenige Form der Werbung, welche bei (auch: potentiellen) Kunden einen Einfluss auf die Kaufentscheidung für die Leistungen des eigenen Unternehmens ausüben will.

Es kann zwischen vielfältigen **Formen** der Absatzwerbung unterschieden werden:

- nach den **Zielen** der Werbung:
  - -Einführungswerbung
  - - Expansionswerbung
  - - Erinnerungswerbung
  - - Reduktionswerbung (zeitliche Verlagerung)
- nach der **Zahl der Werbenden:**
  - - Einzelwerbung
  - - Kollektivwerbung
- nach der **Zahl der Umworbenen:**
  - - Direktwerbung
  - - Mediawerbung
- nach der **Stellung der Werbetreibenden:**
  - - Herstellerwerbung
  - - Handelswerbung
- nach **beabsichtigter Wirkung:**
  - - Informationswerbung
  - - Suggestivwerbung
- nach der psychologischen **Ausgestaltung:**
  - - überschwellige Werbung
  - - unterschwellige Werbung
- nach **Werbeobjekten:**
  - - Produktwerbung
  - - Dienstleistungswerbung
  - - Firmenwerbung
- nach der **inhaltlichen Gestaltung:**
  - - auf das eigenen Produkt bezogen
  - - vergleichende Werbung.

(vgl. Weis 2007, S. 431 - 433)

(2) Die Bedeutung des **persönlichen Verkaufs** wie auch seine marketingpolitische Ausgestaltung sind in der Praxis sehr unterschiedlich. Während er bei technischen Produkten, im Investitionsgütersektor und bei vielen Dienstleistungen eine zentrale Rolle spielt, ist er im Konsumgüterbereich, vor allem bei Artikeln des täglichen Bedarfs, von eher untergeordneter Bedeutung.

Gerade in der Verwaltung aber, die ihre Dienstleistungen häufig unter Einbeziehung des sog. „Externen Faktors", also unter Mitwirkung der Abnehmer, erbringt, ist der persönliche Kontakt ein wesentlicher Gesichtspunkt der Imagebildung.

Dabei betreffen die verkaufspolitischen Entscheidungen der Unternehmung sowohl die Distributions- als auch Kommunikationspolitik. Zur Distributionspolitik gehören die Entscheidungen über die einzusetzenden Verkaufsorgane und vor allem auch die Organisation des Außendienstes. Zur Kommunikationspolitik im engeren Sinne gehört die Gestaltung der Kommunikationsaufgabe im Zuge des persönlichen Verkaufs, insbesondere im Rahmen des unmittelbaren Kundenkontaktes.

Je nach der Art der Verkaufsaufgabe lässt sich ein breites Spektrum verschiedener „Verkäufer-Typen" mit unterschiedlichen Anforderungen an die Aufgabenträger unterscheiden. So beschränkt sich z.b. die Verkauftätigkeit bei einfachen Konsumgütern (z.b. Nahrungsmittel) zumeist auf den Verkaufsvorgang im engeren Sinne (Herausgabe der Waren und ggf. Abrechnung) während etwa bei komplizierten technischen Produkten (z.B. Computer, Fertigungsanlagen) oder bei Dienstleistungen (z.B. Unternehmensberatung, Berufsberatung) der Kundenkontakt sehr stark durch Informations- und Beratungsaufgaben geprägt ist, die entsprechend hohe Anforderungen an die Stelleninhaber beinhalten.

(3) Von großer Bedeutung für den Erfolg des persönlichen Verkaufs ist eine Unterstützung durch Maßnahmen der **Verkaufsförderung**. Diese hat gegenüber der Werbung in jüngerer Zeit an Bedeutung gewonnen, kann aber keineswegs als ein Ersatz hierfür angesehen werden. Während die Werbung eher unter einer mittelfristigen Perspektive betrieben wird, ist die Verkaufsförderung vornehmlich dem kurzfristigen, taktischen Bereich zuzurechen. Eine Ausnahme bilden dabei allerdings die Schulungs- und Trainingsmaßnahmen, die stärker auf langfristige Effekte angelegt sind. Werbung und Verkaufsförderung sind also nicht als alternative, sondern als sich ergänzende Elemente der Kommunikationspolitik zu sehen.

Die Verkaufsförderung kann sich im Wesentlichen an drei Gruppen von Adressaten richten. Die eigene Verkaufsorganisation, die Absatzmittler und die Verbraucher bzw. die Abnehmer der Produkte. Entsprechend dieser Gliederung nach Zielgruppen spricht man von Verkaufspromotions, Händlerpromotions und Verbraucherpromotions:

- **Verkaufspromotions** dienen der Leistungssteigerung der eigenen Verkaufsorganisation z.b. durch Schulung und Training des Personals.

- **Händlerpromotions** sollen die Fähigkeit und die Motivation des Handels fördern, die Produkte des jeweiligen Herstellers mit Erfolg zu vertreiben durch Information und Schulung (Informationsdienste, Händlerzeitschriften, Tagungen, Seminare etc.), durch die Beratung bei der Ausgestaltung der Verkaufsräume (Aufstellen von Displays, Warenplatzierung), durch die preisliche Beratung und Förderung (Kalkulationshilfen, Verkaufsaktionen etc.) und durch Motivationsmaßnahmen (Händlerwettbewerbe, Schaufensterwettbewerbe etc.).

- **Verbraucherpromotions** zielen auf eine unmittelbare Beeinflussung der Kaufentscheidung der Verbraucher zugunsten des jeweiligen Produktes ab. Ihre Erscheinungsformen sind sehr vielfältig. Sie reichen von der persönlichen Präsentation der Waren ggf. mit Ausgabe von Warenproben oder Werbegeschenken bis hin etwa zur Teilnahme an Verlosungen oder zur Gestaltung einer Verpackung mit Zweitnutzen.

(4) Die **Öffentlichkeitsarbeit** (Public Relations/PR) ist strenggenommen kein Instrument der Marketing-Politik, sondern der übergeordneten Unternehmenspolitik zuzurechnen. Sie ist auch institutionell normalerweise nicht der Marketingabteilung sondern der Unternehmungsleitung zugeordnet. Dennoch kann die Öffentlichkeitsarbeit in einer Darstellung des Marketing nicht ausgespart bleiben, weil ihr in Bezug auf die Absatzfunktion des Betriebes eine wichtige, vorwiegend strategische Funktion zufällt, die seine langfristigen Absatzchancen entscheidend mitbestimmt.

Die Öffentlichkeitsarbeit kann definiert werden als „... die planmäßig zu gestaltende Beziehung zwischen dem Unternehmen und den verschiedenen Anspruchsgruppen (z.B. Kunden, Aktionäre, Lieferanten, Arbeitnehmer, Institutionen, Staat) mit dem Ziel, bei diesen Anspruchsgruppen Vertrauen zu gewinnen bzw. zu erhalten." *(Meffert/Burmann/Kirchgeorg 2008, S. 673)*

Zur Erreichung dieses Zieles kann sich die Öffentlichkeitsarbeit verschiedener kommunikativer Instrumente bedienen, die je nach den Erfordernissen der anvisierten Zielgruppe und der konkreten Zielsetzung ausgestaltet werden. Als die wichtigsten Instrumente und Methoden sind zu nennen:

- **Pressearbeit:**
  Pressekonferenzen, -mitteilungen; Prospekte, Fotos, Schaubilder etc.

- **Persönlicher Dialog:**
  Mitwirkung in Verbänden, Parteien, Kirchen etc.; Teilnahme an Veranstaltungen; öffentliche Auftritte; Betriebsbesichtigungen und Firmenveranstaltungen

- **Zielgruppenbezogene Aktivitäten:**
  Tag der offenen Tür, Sponsoring, Spenden, Preise, Stiftungen

- **Mediawerbung:**
  Anzeigen ohne Produktbezug

5.3.2.5 Politik des internen Marketings

Insbesondere Dienstleistungsanbieter sind darauf angewiesen, dass ihr wichtigster Produktionsfaktor - die eigenen Mitarbeiter - Kundenorientierung zur selbstverständlichen Handlungsmaxime machen. Entsprechend werden die Instrumente des Marketings im Sinne einer ‚Mitarbeiterorientierung' auf das eigene Personal bezogen, um die internen Beziehungen als Ausgangspunkt für absatzpolitische Handlungen zu machen. „Wie man in den Wald hineinruft, so schallt es heraus", lautet hier die Devise.

Die Instrumente des internen Marketings lassen sich in Personalpolitik und Kommunikationspolitik einteilen.

Abb. 89: Politik des internen Marketings

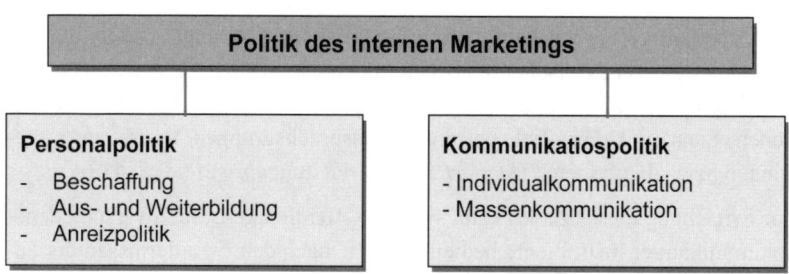

5.3.3 Marketing in der öffentlichen Verwaltung

Der Marketinggedanke war lange Zeit öffentlichen Verwaltungen fremd. In ihrer Orientierung an den gesetzlichen Vorgaben ihres Handelns, welche die Art, den Umfang und die Prinzipien der Leistungserstellung regeln, kann sie auch heute noch als überwiegend produktionsorientiert gelten. Auch die zumeist unentgeltliche Abgabe der Leistungen, die besondere Form ihrer Finanzierung, die Besonderheiten der Rechnungslegung, der Mangel an quantifizierbaren Erfolgsgrößen etc. haben das Vordringen der Marketingphilosophie in den öffentlichen Sektor erschwert und lange Zeit verhindert.

Erst in jüngerer Zeit setzt sich auch in den Verwaltungen die Erkenntnis immer mehr durch, dass der **Erfolg** des Verwaltungshandelns durch den Einsatz der marketingpolitischen Instrumente verbessert werden kann. Marketing ist demnach auch für die Verwaltung eine Methode, ihren Beitrag zum Gemeinwohl – das ihre spezifischen Erfolgsgröße darstellt – zu maximieren.

5.4 Wiederholungsfragen

**Lösungshinweise
siehe Seite**

6 Finanzbereich des Betriebes

6.1 Einführung, Abgrenzung und Begriffe

Dem Kreislauf der Geldströme in einem Betrieb sind die Funktionen Investition und Finanzierung zugeordnet. Diese beiden Hauptaufgaben eines Betriebes betreffen die Finanzmittelbeschaffung (Finanzierung) für profitable Kapitalanlagen (Investitionen).

Die beiden Bereiche gehören eng zusammen und werden doch getrennt behandelt. Genauer wird dem Bereich **Finanzierung** die Steuerung der Zahlungsmittel und die Versorgung mit mittel- und langfristigem Kapital zugewiesen. Es geht hierbei um die Beeinflussung der in den Betrieb hinein- und aus dem Betrieb hinausfließenden Finanzierungsmittel unter zweierlei Zielsetzung, nämlich:

- dem Erhalt der jederzeitigen Zahlungsfähigkeit **(Liquiditätsziel)**
- der Minimierung der Finanzierungskosten **(Rentabilitätsziel)**.

Für den Bereich **Investition** ergibt sich eine Bestimmung über den Beschaffungsmarkt, da in diesem Bereich des Betriebes der Erwerb, die Beschaffung von Vermögensgegenständen (i.d.R. gegen die Hergabe von Zahlungsmitteln) erfolgt mit dem Ziel

- der Erhöhung der Rentabilität des Unternehmens.

Die **Zahlungsmittelströme** bieten eine erste Möglichkeit, die in der Betriebswirtschaftslehre verbundenen Begriffe Investition und Finanzierung weitergehend zu erläutern. Die Zahlungsmittelströme bestehen aus Einzahlungen und Auszahlungen (Veränderungen des Zahlungsmittelbestandes einer Unternehmung), die zu unterschiedlichen Zeitpunkten anfallen. Bestimmte Ein- und Auszahlungen gehören inhaltlich zusammen und lassen sich gedanklich zu Zahlungsreihen zusammenfassen, die für bestimmte betriebliche Prozesse eine typische Struktur aufweisen. Kauft eine Unternehmung z.B. eine Maschine, so wird sie diese zunächst bezahlen müssen (Auszahlung), wird mit dieser Maschine produzieren und die erstellten Güter später verkaufen (Einzahlungen). Nimmt andererseits die Unternehmung einen Kredit auf, dann wird ihr eine bestimmte Geldsumme zur Verfügung gestellt (Einzahlung), die zur betrieblichen Leistungserstellung verwendet wird. Dieser Kredit wird im Folgenden verzinst und zurückgezahlt (Auszahlungen).

Auf der Ebene der Zahlungsströme kann man definieren:

- Eine **Investition** ist gekennzeichnet durch eine Zahlungsreihe, die mit einer Auszahlung beginnt und in der Regel in späteren Perioden Einnahmeüberschüsse aufweist.

- Eine **Finanzierung** ist gekennzeichnet durch eine Zahlungsreihe, die mit einer Einzahlung beginnt und die in der Regel in späteren Perioden Auszahlungsüberschüsse aufweist.

Der **Zweck solcher Zahlungsströme** ist ein zweites Charakteristikum der Begriffe Investition und Finanzierung. Eine Auszahlung bedeutet in diesem Zusammenhang die Überlassung von Zahlungsmitteln an Dritte mit dem Ziel, Vermögensgegenstände zu erwerben (bzw. verwenden zu können), deren Nutzung der betrieblichen Leistungserstellung und den betrieblichen Zielen (z.B. Gewinn) dient. Eine Einzahlung bedeutet die Überlassung von Zahlungsmitteln von Dritten an den Betrieb. Dadurch soll die Zahlungsfähigkeit des Betriebes gewährleistet und eine kostenminimale Beschaffung von Kapital erzielt werden.

Dem **Zweck** nach geht es daher bei

- der **Investition** um eine zielorientierte Strukturierung der Vermögensgegenstände eines Betriebes (und damit um eine zielorientierte Strukturierung der Aktivseite der Bilanz) und bei

- der **Finanzierung** um eine zielorientierte Strukturierung der Geld- und Kapitalbestände eines Betriebes (und damit um eine zielorientierte Strukturierung der Passivseite der Bilanz) unter Wahrung des Prinzips des finanziellen Gleichgewichts, d.h. unter Wahrung der jederzeitigen Zahlungsfähigkeit.

Zusammenfassend ist festzustellen: **Finanzierung** ist die an den Unternehmenszielen ausgerichtete Beschaffung von Eigen- und Fremdkapital und **Investition** ist der Erwerb und die Strukturierung des Anlage- und Umlaufvermögens.

Investitions- und Finanzierungsentscheidungen sind gegenseitig voneinander abhängig. Die eine ist ohne die andere nicht sinnvoll planbar. Investitionsalternativen werden nicht ohne die gleichzeitige Prüfung von Finanzierungsmöglichkeiten erwogen, während die Aufnahme neuer Finanzierungsmöglichkeiten nicht ohne profitable Investitionen denkbar sind. Man spricht daher von der Interdependenz von Investition und Finanzierung.

6.2 Investition

6.2.1 Investitionsformen und -entscheidungen

Nach der einleitenden Definition kann Investition als zielorientierte Strukturierung der Vermögensgegenstände verstanden werden. Investitionsentscheidungen lassen sich nach verschiedenen **Kriterien** unterscheiden:

Eine Investition ist die Überführung von Zahlungsmitteln in einen Vermögenswert, der entweder realer oder nominaler Natur sein kann. Sie können nach der Materialität, nach den Investitionsmotiven oder nach der Art der Erfassung des Werteverzehrs unterschieden werden.

Nach Art der Erfassung des Werteverzehrs unterscheidet man Bruttoinvestitionen (als Summe aller getätigten Investitionsausgaben eines Betriebes) von Nettoinvestitionen (als Differenz der Bruttoinvestitionen und den Abschreibungen (erfasster Werteverzehr des Gebrauchs von Anlagen)): Nur letztere geben die Höhe der durch Investitionen geschaffenen zusätzlichen Werte eines Betriebes wieder.

Investitionsentscheidungen müssen zielgerichtet geplant, realisiert und gesteuert werden. D.h. im Rahmen einer solchen Entscheidung wird darüber befunden, ob überhaupt und wenn ja, welche Vermögensgegenstände durch Zahlungsmittel erworben werden sollen. Wie alle betrieblichen Entscheidungen müssen sich auch Entscheidungen über Investitionen an den Zielen der Unternehmungen orientieren. Für Betriebe in marktwirtschaftlichen Wirtschaftsordnungen muss daher jede dieser Entscheidungen die möglichen Gewinne, aber auch die damit verbundenen Risiken, umfassen und abwägen. Eine rational handelnde Unternehmung wird versuchen, ihre Investitionen so zu tätigen, dass ihr Gewinn langfristig maximiert wird.

Darüber hinaus werden stets Investitionsalternativen betrachtet: Es besteht die Möglichkeit, die zur Verfügung stehenden Zahlungsmittel in verschiedenen Vermögenswerten anzulegen. Bietet z.B. eine ‚straffe Geldpolitik' die Möglichkeit, auf dem Geldmarkt hohe Zinsen zu erhalten, wird eine Unternehmung tendenziell eher geneigt sein, ihre Mittel in Finanzinvestitionen zu binden als in Sachinvestitionen. Die Investitionsalternative Finanzinvestition wird gegenüber der Sachinvestition relativ günstiger, je restriktiver die Geldpolitik operiert.

Abb. 90: Investitionsformen

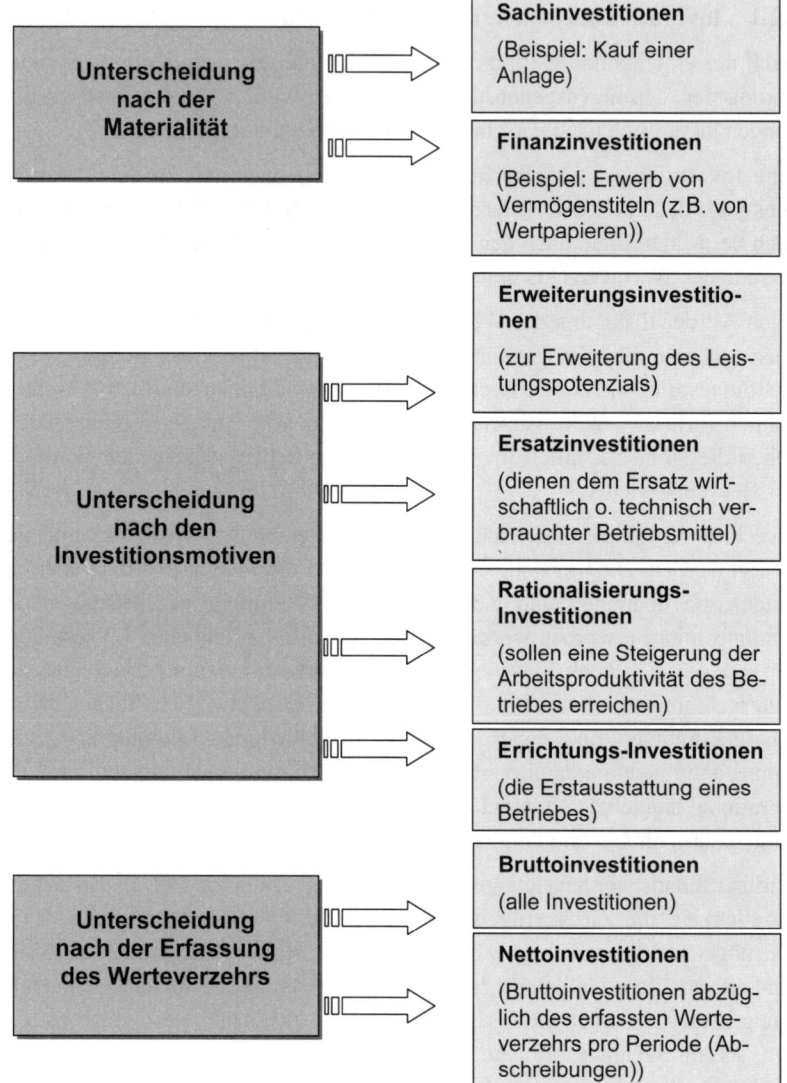

Die Vielzahl der erwerbbaren Vermögensgegenstände, die Streuung der mit ihrem Erwerb verbundenen Risiken und ständige Betrachtung von Alternativen machen Investitionsentscheidungen für die Unternehmen äußerst komplex. Gleichzeitig sind sie für den Ertrag unternehmerischer Tätigkeiten entscheidend. Entsprechend lässt sich ihre prominente **Bedeutung** im Rahmen des betrieblichen Geschehens erklären: Investition ist eine der Hauptfunktionen des Betriebes.

Eine Vielzahl von Techniken hilft dabei, Investitionsentscheidungen rational treffen zu können. Soweit nur monetäre, quantifizierbare Größen (z.B. Zahlungsströme) berücksichtigt werden, bieten sich **Investitionsrechnungen** als Entscheidungshilfen an, mit denen die wirtschaftliche Vorteilhaftigkeit einer Investition beurteilt werden kann. Der Begriff Investitionsrechnung wird also nur für Entscheidungstechniken verwendet, bei denen monetäre, quantitative Informationen (z.B. Zahlungsströme) die Grundlage bilden. Bei Entscheidungen auf der Grundlage auch von qualitativen Informationen wird als Entscheidungstechnik die Nutzwertrechnung bzw. -analyse[1] angewandt.

6.2.2 Investitionsrechnung

6.2.2.1 Arten der Investitionsrechnung

Investitionsrechnungen sollen dem Betrieb Informationen über die Vorteilhaftigkeit von Investitionen geben. Grundsätzlich können alle Investitionsrechnungen auf ‚negativen' Wertebewegungen (z.B. Auszahlungen, Ausgaben, Aufwendungen, Kosten) und/oder auf ‚positiven' Wertebewegungen (z.B. Einzahlungen, Einnahmen, Erträge, Leistungen) beruhen.

Die **Formen der Investitionsrechnung** lassen sich hinsichtlich der Berücksichtigung des Faktors ‚Zeit' in zwei Gruppen einteilen. In diesem Zusammenhang spricht man von **‚statischen'** und **‚dynamischen'** Investitionsrechnungen.

(1) Bei den **statischen** Verfahren der Investitionsrechnungen wird mit Durchschnittsgrößen operiert und die Zeitpunkte, an denen die entsprechenden Vorfälle (z.B. Kosten, Erträge, Zahlungsvorgänge) anfallen, haben keinen Einfluß auf das Ergebnis der Rechnungen, d.h. das Kriterium Zeit spielt keine eigenständige Rolle. Damit ist einerseits die Rechenmethodik meist einfach, die Aussagekraft andererseits aber insbesondere dann gering, wenn bei dem Vergleich verschiedener Investitionsalternativen die Laufzeiten unterschiedlich sind und die jeweiligen Zahlungsströme stark schwanken.

---

[1] Vgl. Kap. 3.3.6 über die Nutzwertanalyse.

(2) Die **dynamischen** Verfahren der Investitionsrechnungen arbeiten nicht mit Durchschnittsgrößen und berücksichtigen systematisch die unterschiedlichen Zeitpunkte der einzelnen Zahlungen der Zahlungsströme, indem die Gesamtinvestitionsdauer in mehrere Zeitabschnitte zerlegt wird. Damit wird die Rechenmethodik zwar meist komplizierter, die Ergebnisse sind jedoch aussagekräftiger.

Statische Investitionsrechnungen folgen somit einer **Zeitpunkt-**, dynamische Investitionsrechnungen einer **Zeitraumbetrachtung**.

Abb. 91: Arten von Investitionsrechnungen

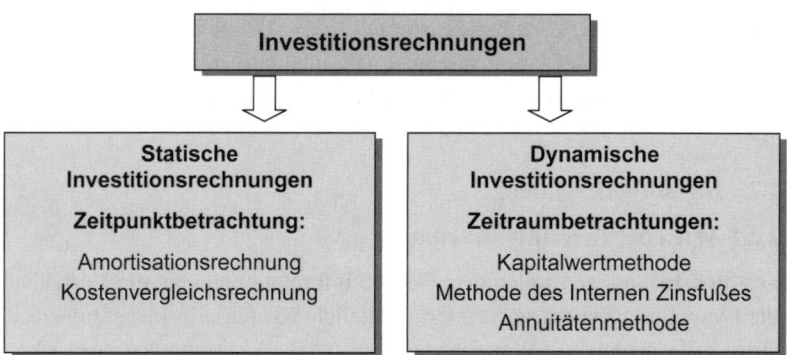

6.2.2.2 Statische Verfahren der Investitionsrechnung

Zwei Formen statischer Investitionsrechnungen werden im Folgenden kurz dargestellt: die statische Amortisationsrechnung und die Kostenvergleichsrechnung.

(1) Die **Amortisationsrechnung** will den Zeitraum ermitteln, der benötigt wird, um das durch die Investition gebundene Kapital zurückzugewinnen (Amortisationsdauer AD). Kennzeichnet man eine Investition – wie oben beschrieben – durch eine Zahlungsreihe, die mit einer Auszahlung (Kapitaleinsatz A_o) beginnt und die in späteren Perioden Einzahlungsüberschüsse E_i aufweist, dann lässt sich die Amortisationsdauer mit dem Quotienten beider Größen berechnen:

$$AD = \frac{A_o}{E_i}$$

Abb. 92: Amortisationsrechnung

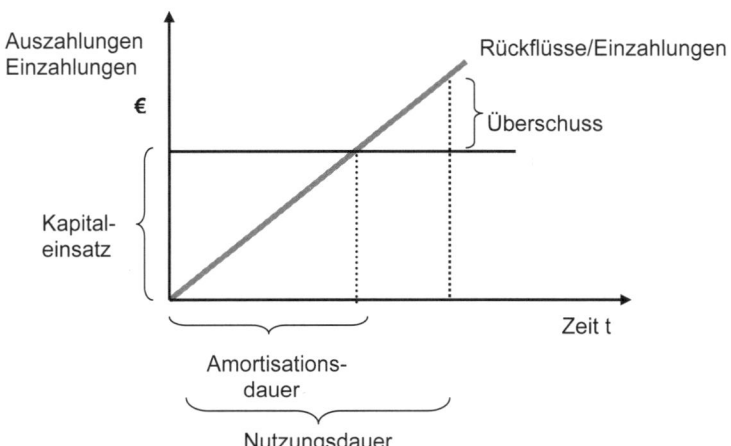

Beispiel:

Es sei A_0 = 100.000 € und E_i = 30.000 €, dann ist die Amortisationsdauer

$$AD = \frac{100.000}{30.000} = 3,333 \text{ Jahre}$$

E_i ist dabei als eine Durchschnittsgröße zu verstehen. Sie ist der durchschnittliche Rückfluss einer Investition.

Die berechnete **Amortisationsdauer AD** kann als Kriterium zur Beurteilung des Risikos von Investitionen dienen. Ohne weitere Informationen über die Vorteilhaftigkeit der Investition liefern zu können, sagt das Ergebnis einer solchen Rechnung aus, dass das investierte und damit gebundene Kapital nach AD-Perioden der Unternehmung wieder zugeflossen ist. Unter Risiko- und meist auch Renditeaspekten gilt dann bei der Auswahl von Investitionsalternativen: Je schneller, desto besser.

Im obigen Fall fließt das für die Investition eingesetzte Kapital innerhalb von 3 1/3 Jahren wieder in die Unternehmung zurück. Zur endgültigen Beurteilung der Vorteilhaftigkeit dieser Investition wird man dann sicher weitere Kennziffern und Kriterien heranziehen müssen, aber auf die Frage „Wann haben wir unseren Einsatz wieder heraus?" kann man eine Antwort geben: nach

3 1/3 Jahren! Die Amortisationsrechnung versteht sich so als Ergänzung zu anderen Formen der Investitionsrechnung und -beurteilung.

(2) Bei **Kostenvergleichsrechnungen** werden die Kosten von zwei oder mehr Investitionsalternativen gegenübergestellt. Die Alternative mit den niedrigsten Kosten gilt als vorteilhaft. Damit beschränkt sich die Kostenvergleichrechnung auf die Kostenseite und vernachlässigt die Erlösseite. Die Erlöse müssen also bei den Investitionsalternativen gleich hoch sein. Diese Rechnungen werden daher im Allgemeinen für Ersatz- und Rationalisierungsinvestitionen verwendet, da hier die Erträge als unveränderlich angesehen werden und deshalb außer Acht bleiben können.

Wenn die Mengenleistungen der Alternativen gleich sind, genügt der Vergleich der Kosten je Zeitabschnitt (z.B. Gesamtkosten pro Jahr), wenn die Mengen unterschiedlich sind, muss der Vergleich auf der Basis der Kosten je Mengeneinheit (z.B. Stückkosten) vorgenommen werden.

Abb. 93: Beispiel zur Kostenvergleichsrechnung

	Position	Betriebs-mittel A	Betriebs-mittel B
1	Kapitaleinsatz in €	100.000,-	60.000,-
2	Nutzungsdauer in Jahren	8	8
3	Auslastung in Fertigungsstunden/Jahr	1.560	1.400
4	Abschreibungen in €/Jahr	12.500,-	7.500,-
5	Zinsen in €/Jahr	5.000,-	3.000,-
6	sonstige fixe Kosten in €/Jahr	1.000,-	600,-
7	Σ fixer Kosten in €/Jahr	18.500,-	11.100,-
8	fixe Kosten je Fertigungsstunde	11,86	7,92
9	Lohn- und Lohnnebenkosten in €/h	8,-	9,50
10	Energie- und sonstige variable Kosten in €/h	1,70	2,10
11	Σ variable Kosten in €/h	9,70	11,60
12	Kosten in €/Fertigungsstunde	21,56	19,52
13	Gesamtkosten in € pro Jahr	33.633,60	27.328,-

Zur Vereinfachung können bei einem Alternativenvergleich die Kostenarten, die bei beiden Alternativen gleich sind, unberücksichtigt bleiben. Andererseits können nur Alternativen verglichen werden, deren Nutzungsdauer gleich ist, da sonst die Verwendung von Durchschnittsgrößen wenig sinnvolle Ergebnisse produzieren würde.

Unter den gegebenen Umständen wird man sich für Maschine B entscheiden. Wären die Mengenleistungen jedoch unterschiedlich, müsste auf Stückkostenbasis gerechnet werden. Erzielt A eine Leistung von 6.000 Stück und B eine von 5.000, dann betrügen die Stückkosten bei A € 5,6 und bei B € 5,47. Man würde immer noch B wählen, der Abstand ist aber deutlich kleiner geworden.

6.2.2.3 Dynamische Investitionsrechnungen

Bei den **dynamischen** Verfahren wird im Gegensatz zu den statischen Verfahren berücksichtigt, dass von einer Investition jahrelang Auszahlungen und Einzahlungen ausgehen. Der zeitliche Unterschied der Zahlungsströme über die Nutzungsdauer hinweg wird erfasst und mit Hilfe der **Zinseszinsrechnung** bewertet. Deren Ziel ist es, Zahlungen, die zu Beginn der Nutzungsdauer anfallen, höher zu bewerten als Zahlungen, die erst am Ende der Nutzungsdauer anfallen. Das entspricht der persönlichen Erfahrung und der Realität des betrieblichen Geschehens: Je früher Einzahlungen aus einer Investition anfallen, desto früher können sie wieder verwendet werden (**reinvestiert** werden), d.h. man kann sie nutzbringend anlegen und z.B. Zinserträge erzielen. Je länger man andererseits Auszahlungen hinausschieben kann, desto mehr Zinsaufwendungen kann man sich ersparen, so dass zu Beginn der Nutzungsdauer anfallende Auszahlungen "schwerer wiegen" als jene Auszahlungen, die erst am Ende der Nutzungsdauer getätigt werden.

Grundgedanke der dynamischen Investitionsrechnung ist es, alle durch eine Investition ausgelösten Zahlungsströme auf den Investitionszeitpunkt (i.d.R. Zeitpunkt der Inbetriebnahme des Investitionsobjekts bzw. Zeitpunkt der ersten Zahlung) **abzuzinsen** (zu diskontieren)[1]. Dabei hat man anders als bei der mit Durchschnittsgrößen arbeitenden statischen Investitionsrechnung bei der dynamischen die Möglichkeit, die unterschiedliche Höhe der Zahlungsströme über die Nutzungsdauer des Investitionsobjektes zu berücksichtigen.

Bei der dynamischen Investitionsrechnung werden insbesondere drei Rechenverfahren unterschieden:

---

[1] Grundsätzlich sind auch andere Zeitpunkte (z.B. der Endzeitpunkt der Investition) als Diskontierungspunkt denkbar; sie sind aber weniger üblich und werden im Folgenden nicht berücksichtigt.

Abb. 94: Die drei dynamischen Investitionsrechnungsverfahren

Dynamische Investitionsrechnungen

Kapitalwertmethode	Methode des Internen Zinsfußes	Annuitätenmethode
Der Kapitalwert ist die Differenz zwischen den auf den Investitionszeitpunkt abgezinsten Gegenwartswerten aller Aus- und Einzahl-ungen, die während ihrer Nutzungsdauer anfallen.	Der interne Zinsfuß ist die tatsächliche Verzinsung (Ist-Verzinsung) des für ein Investitionsobjekt eingesetzten Kapitals.	Die Annuität ist der im Mittel anfallende und auf den Investitionszeitpunkt abgezinste Jahreseinnahme-überschuss.

Im Folgenden wird als praktisch bedeutungsvollstes Verfahren nur die Kapitalwertmethode ausführlicher erläutert[1]. Damit soll ein auf der Funktionsweise der Zinseszinsrechnung beruhendes Verfahren dargestellt werden, um deutlich zu machen, dass es sich um ein differenziertes Entscheidungskalkül handelt, das den Betrieben Informationen liefert, wie in strategisch bedeutungsvollen Zeitpunkten gehandelt werden sollte.

6.2.2.4 Kapitalwertmethode

Der **Kapitalwert KW** ist ein Maßstab für die Verzinsung des eingesetzten Kapitals. Er wird aus der Summe aller während der Nutzungsdauer des Investitionsobjektes anfallenden und auf den Gegenwartszeitpunkt mit gegebenem Kalkulationszinsfuß abgezinsten Ein- und Auszahlungen (bzw. Einzahlungs- oder Auszahlungsüberschüsse) gebildet. Je höher der Kapitalwert einer Zahlungsreihe ist, desto höher ist die Verzinsung und desto rentabler die Investition:

- Ein Kapitalwert von null (KW = 0) drückt aus, dass sich die Investition gerade zum Kalkulationszinssatz verzinst[2];

---

[1] Vgl. zu den anderen Verfahren: Schierenbeck 2008, S. 407ff.

[2] Entsprechend ist der Interne Zinsfuß genau der Zinssatz, bei dem der Kapitalwert einer Investition gerade null wird.

- ein Kapitalwert von größer als null (KW > 0) bedeutet, dass sich die Investition mit einem höheren Satz als dem Kalkulationszinsfuß verzinst und

- ein Kapitalwert von kleiner als null (KW < 0) drückt aus, dass die Verzinsung der Investition geringer als der Kalkulationszinssatz ist.

Bei Alternativrechnungen wird die Investition mit dem höchsten Kapitalwert gewählt. Sie ist am vorteilhaftesten, da sie die höchste Verzinsung des eingesetzten Kapitals bietet.

Die Kapitalwertmethode und ihre Anwendung werden im folgenden in vier Schritten erläutert.

(1) Zinseszinsrechung und Abzinsung

Mit Hilfe der Abzinsung möchte man den **Gegenwartswert (Barwert)** zukünftiger Ein- und Auszahlungen ermitteln. Der Barwert gibt also den heutigen Wert einer künftigen Zahlung unter Zugrundelegen eines bestimmten Zinssatzes an.

Dieser Gegenwartswert (Barwert) wird wie folgt errechnet:

$$C_o = C_n \cdot \frac{1}{(1+i)^n}$$

Dabei sind:

$C_0 =$	Barwert
$C_n =$	Zeitwert, Wert der Zahlung in n Jahren
$i =$	Kalkulationszinssatz (als Zinsfaktor)
$n =$	Zeit (in Jahren)

Der Grundgedanke dieser Formel erschließt sich, wenn man eine Geldanlage C_0 zum Zeitpunkt 0 unterstellt, die n Jahre zum Zinssatz i angelegt werden soll. Der zukünftige Wert C_n dieser Anlage beträgt nach der Zinseszinsrechnung:

$$C_n = C_0 \cdot (1+i)^n$$

Ein Beispiel: Will man € 1.000,- drei Jahre lang (n = 3) zu 4 % (i = 0,04) anlegen, so ergibt sich:

$$C_n = 1000 \cdot (1+0,04)^3 = 1.124,86 \text{ €}$$

Wenn aber der zukünftige Wert von € 1.000,- in drei Jahren bei vier Prozent Zinsen € 1.124,86 beträgt, dann liegt umgekehrt der heutige Wert einer in drei Jahren anfallenden Zahlung in Höhe von € 1.124,86 abgezinst zu 4 % bei genau € 1.000,-:

$$C_0 = 1.124,86 \cdot \frac{1}{(1+0,04)^3} = 1.000,- €$$

Man nennt $(1+i)^n$ einen Aufzinsfaktor und $\frac{1}{(1+i)^n}$ einen Abzinsfaktor[1].

(2) Die Kapitalwertformel

Aufbauend auf dem Grundgedanken der Zinseszinsrechnung lässt sich die Berechnungsformel für den Kapitalwert KW einer Zahlungsreihe bestimmen. Sie besteht aus den abgezinsten Auszahlungen und Einzahlungen der entsprechenden Zahlungsreihe.

$$KW = \sum\nolimits_{j=1}^{n} (e_j + e_r - a_j) \cdot \frac{1}{(1+i)^j}$$

Dabei sind:

KW	= der Kapitalwert der Zahlungsreihe
e_j	= die laufenden Einzahlungen
a_j	= die laufenden Auszahlungen einschließlich der Anfangsauszahlung (d.h. a_0 als Anfangsausgabe/Investition)
e_r	= der Restwert des Vermögensgegenstandes (von dem unterstellt wird, dass er am Ende der Nutzungsdauer als Einzahlung zufließt)
i	= der Kalkulationszinsfuß
n	= die Nutzungsdauer in Jahren

In anderen Worten lässt sich sagen, dass der Kapitalwert die Summe ($\sum$) der zu einem festen Kalkulationszinsfuß (i) abgezinsten Einzahlungs- bzw. Auszahlungsüberschüsse ($e_j - a_j$) einschließlich eines möglichen Restwertes e_r während der Nutzungsdauer (n) des Investitionsobjektes ist.

(3) Die Zahlungsreihe und der Zeitstrahl

Eine **Zahlungsreihe** besteht aus Veränderungen des Geldvermögens der Unternehmung, d.h. sie besteht aus Auszahlungen (im Folgenden bei den optischen Darstellungen mit einem Minuszeichen versehen) und aus Einzahlun-

---

[1] Eine Tabelle mit Abzinsfaktoren findet sich im Anhang.

gen (im Folgenden mit einem Pluszeichen versehen). Bei manuellen Rechnungen wählt man als Rechenperiode in der Regel den Zeitraum von einem Jahr. Die unterschiedlichen Zeitpunkte dieser Zahlungen können an einem **Zeitstrahl** abgebildet werden:

Der Zeitstrahl kann wie folgt gelesen werden:

- 0 bedeutet den Anfangszeitpunkt, d.h. den Beginn der ersten Periode.
- 1 bedeutet den Endzeitpunkt der 1. Periode (des ersten Jahres) und damit gleichzeitig den Anfangszeitpunkt der 2. Periode (des zweiten Jahres).
- ....
- 6 bedeutet den Endzeitpunkt der 6. Periode und den Anfangszeitpunkt der 7. Periode usw.

Auch für die Zuordnung der Zahlungen zu den Zahlungszeitpunkten gibt es genaue Regeln:

- alle Auszahlungen (auch die, welche im Laufe des Jahres erfolgen, sog. 'unterjährige' Zahlungen) werden am Anfang eines Jahres (einer Periode) erfasst. Man spricht von vorschüssiger Verzinsung,

- alle Einzahlungen (auch die unterjährigen) werden stets am Ende des Jahres erfasst (nachschüssige Verzinsung).

Beispiel:

a_0 (Anfangsauszahlung) = 1.000,- €

e_1 bis e_6 (laufende Einzahlungen der Perioden 1 bis 6) = 400,- €

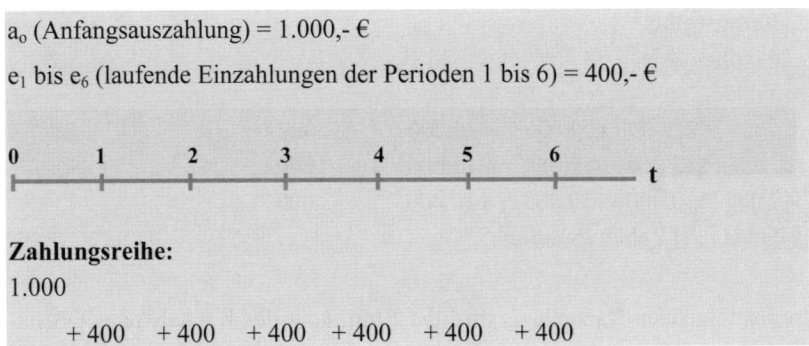

Zahlungsreihe:

1.000

+ 400   + 400   + 400   + 400   + 400   + 400

Soll in diesem Beispiel die Vorteilhaftigkeit der Investition – ausgedrückt durch den Kapitalwert der Zahlungsreihe – berechnet werden, muss die obige Formel verwendet werden. Zur Erleichterung der Rechenoperationen hilft die Tabellentechnik.

(4) Die Tabellentechnik

Die Errechnung des Kapitalwertes soll an einem einfachen Beispiel gezeigt werden. Dabei wird angenommen, dass gleichbleibende laufende Ausgaben und Einnahmen vorliegen:

Beispiel:

Kapitaleinsatz (= Anfangsauszahlung a_0)	30.000 €
laufende Ausgaben a_j	12.000 €/Jahr
laufende Einnahmen e_j	22.000 €/Jahr
erlösbarer Restwert am Ende der Nutzungsdauer e_r	10.000 €
Nutzungsdauer n	4 Jahre
Kalkulationszinsfuß i	10 %

Zunächst sind die einzelnen Zahlungen mit Hilfe des Zeitstrahls zu erfassen, so dass man eine Zahlungsreihe erhält:

Zeitstrahl:

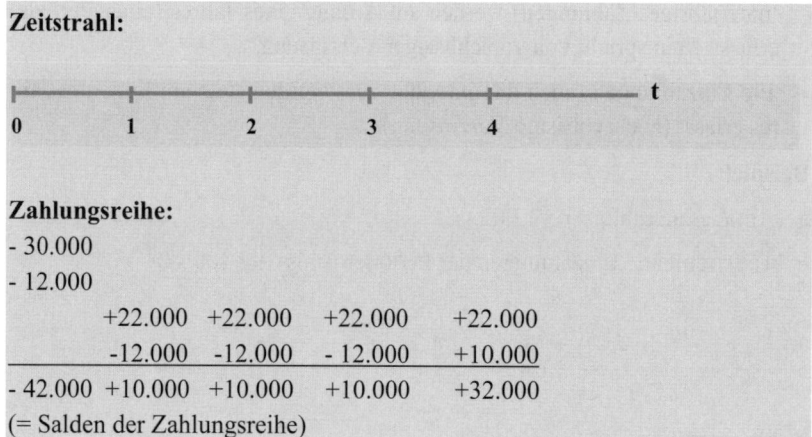

Zahlungsreihe:

```
- 30.000
- 12.000
          +22.000  +22.000  +22.000  +22.000
          -12.000  -12.000  - 12.000 +10.000
- 42.000 +10.000  +10.000  +10.000  +32.000
```
(= Salden der Zahlungsreihe)

In der folgenden Darstellung wird die Ermittlung des Kapitalwertes tabellarisch dargestellt.

Abb. 95: Tabelle zur Berechnung des Kapitalwertes

Zeit-punkt	Abzins-fakor[1]	Auszahl-ungsüber-schuss (nominal)	Barwert (abgezinst)	Einzahl-ungsüber-schuss (nominal)	Barwert (abgezinst)
0	1	42.000	42.000	-	-
1	0,9091	-	-	10.000	9.091
2	0,8264	-	-	10.000	8.264
3	0,7513	-	-	10.000	7.513
4	0,6830	-	-	32.000	21.856
		Summen	42.000		46.724
					- 42.000
			Saldo = Kapitalwert		**4.724**

Der Kapitalwert als Saldo der abgezinsten Einzahlungs- und Auszahlungs-überschüsse beträgt hier 4.724 €.

Das Ergebnis dieses Beispiels ist wie folgt zu interpretieren:

Neben seiner Verzinsung von 10 % führt der Kapitaleinsatz von 30.000 € zu einem auf den Investitionszeitpunkt bezogenen (abgezinsten) Einzahlungs-überschuss von 4.724 €. Die wirkliche Verzinsung (interner Zinsfuß) liegt also über der geforderten Mindestverzinsung von 10 %. Danach ist die Investition im Vergleich zu einer 10 prozentigen Geldanlage rentabel.

6.2.2.5 Weiterführende Überlegungen

Beim Kapitalwertverfahren und den anderen dynamischen Verfahren der Investitionsrechnung geht man von einigen – nicht unproblematischen - **Annahmen** (Prämissen) aus:

- Alle Ausgaben und Einnahmen sind über die geplante Nutzungsdauer sicher prognostizier- und dem Investitionsobjekt zurechenbar.

- Die Nutzungsdauer ist prognostizierbar (was auch für die statischen Rechenverfahren gilt).

---

[1] Die Abzinsfaktoren finden sich im Anhang.

- Es wird angenommen, dass alle über die Nutzungsdauer des Investitionsobjektes zurückfließenden Einnahmen sofort in Höhe des Kalkulationszinsfußes reinvestiert werden.

Vernachlässigt man die Hypothese der Wiederanlage, dann beziehen sich die beiden anderen auf die Frage der Vernachlässigung unvollkommener Information in der Investitionsrechnung. Einige Lösungswege sollen kurz angedeutet werden.

Bei Entscheidungssituationen, bei denen möglichen Ergebnissen von Investitionsalternativen Wahrscheinlichkeitswerte zugewiesen werden können (Entscheidungen unter Risiko vgl. Kap. 3.3.5), werden entsprechende **Erwartungswerte** μ verschiedener Kapitalwerte berechnet, um die Alternative mit dem höchsten Wert zu wählen. Die Regel lautet dann: maximiere μ!

Diese Regel erscheint dann problematisch, wenn die möglichen Ergebnisse von Investitionsalternativen sehr unterschiedlich streuen und die bei der Erwartungswertmaximierung angenommene Risikoneutralität kaum unterstellt werden kann. Ein Beispiel soll das Problem zeigen:

Beispiel:
Ein Unternehmen erwarte für unterschiedliche zukünftige Umweltzustände z_1 bis z_4 verschiedene Kapitalwerte für zwei Investitionsalternativen A_1 und A_2. Die Umweltzustände weisen die gleiche Wahrscheinlichkeit (25 %) auf. Daraus ergibt sich die folgende Ergebnis- bzw. Nutzwertmatrix.

Abb. 96: Ergebnismatrix mit Kapitalwerten zweier Investitionsalternativen

	z_1	z_2	z_3	z_4	
p_i	0,25	0,25	0,25	0,25	μ
A_1	100	100	100	100	100
A_2	1.000	100	- 100	-500	125

Entscheidet sich das Unternehmen jetzt für die Alternative A_2, dann handelt es nach dem Erwartungswertprinzip (μ-Prinzip) durchaus rational, obwohl mit einer Wahrscheinlichkeit von 50 % negative Kapitalwerte zu erwarten sind. Das Unternehmen verhält sich **risikoneutral**.

Offensichtlich spielt die Streuung von möglichen Kapitalwerten aber dann eine erhebliche Rolle, wenn das Management sich **risikoscheu** verhält – wenn ihm eben nicht egal ist, wie stark die Ergebnisse der Alternativen streuen. Zunächst einmal braucht es eine Messgröße zur Erfassung der Streuung. Üblicherweise nimmt man die Standardabweichung[1] σ, um dann nach der (μ,σ)-Regel zu entscheiden:

- Bei gleicher Standardabweichung σ, d.h. bei gleichem Risiko, wählt man die Alternative mit dem höheren Erwartungswert μ.

- Bei gleichem Erwartungswert μ wählt man die Alternative mit dem geringeren Risiko, d.h. mit der kleineren Standardabweichung σ.

Für den Fall des obigen Beispiels lässt sich die Situation noch nicht theoretisch lösen. Die Alternative A_1 hat einen geringeren Erwartungswert, aber auch ein geringeres Risiko, während die Alternative A_2 einen höheren Erwartungswert, aber auch ein höheres Risiko aufweist. Das Management der Unternehmung muss nun zwischen Ertragsaussichten und Risiko bewusst entscheiden. Die betriebswirtschaftliche Theorie behilft sich hier mit Risikopräferenzfunktionen, die ein Abwägen zwischen Ertragaussichten und Risiken beschreiben. Das ist aber ein Weg, der in dieser Einführung in die BWL nicht weiter verfolgt werden soll[2].

6.2.2.6 Kosten-Nutzen-Untersuchungen

Kosten-Nutzen-Untersuchungen haben sich als Methode der Wirtschaftlichkeitsrechnung speziell im öffentlichen Bereich entwickelt.

Bereits seit 1969 sind sie in Deutschland in allen Bereichen und auf allen Ebenen der öffentlichen Verwaltung aufgrund gesetzlicher Regelungen vorgeschrieben, und zwar nach:

- § 7 Abs. 2 Bundeshaushaltsordnung (BHO) für den Bund
- § 6 Abs. 2 Haushaltsgrundsätzegesetz für die Länder
- § 10 Abs. 2 Gemeindehaushaltsverordnung für die Gemeinden.

---

[1] Die Formel hierfür lautet: $\sigma = \sqrt{\dfrac{1}{n}\sum (e_{ij} - e_{iM})^2}$; sie ist die Wurzel aus der durchschnittlichen Summe der quadrierten Abweichungen der einzelnen Kapitalwerte von ihrem Mittelwert.

[2] Vgl. weiterführende Ansätze dazu in: Wöhe/Döring 2008, S. 557ff.

Ziel von Kosten-Nutzen-Untersuchungen ist es, die Wirtschaftlichkeit einer komplexen öffentlichen Maßnahme im Voraus zu prüfen und zu beurteilen. Sie haben die Aufgabe, die aggregierten positiven und negativen Effekte unterschiedlicher öffentlicher Projekte (z.B. Investitionen) miteinander zu vergleichen.

In der Praxis sind die wichtigsten Anwendungsbereiche beispielsweise die Wasserwirtschaft, das Verkehrswesen, die Stadt- und Regionalplanung, das Bildungs- und Forschungswesen und der Umweltschutz.

Nutzen-Kosten-Untersuchungen betrachten die gesellschaftliche Wohlfahrt unter dem Aspekt einer optimalen **Allokation von Ressourcen** nach dem Kriterium der Effizienz.

Der übliche Ablauf von Nutzen-Kosten-Untersuchungen kann in einzelnen Phasen bzw. Stufen (vgl. nachfolgende Abbildung) dargestellt werden.

Der im Haushaltsrecht verwendete Begriff „Nutzen-Kosten-Untersuchungen" dient als Oberbegriff sowohl für die **„Kosten-Nutzen-Analyse"** als auch für die **„Kosten-Wirksamkeits-Analyse"**.

Die Kosten-Nutzen-Analyse ist die am häufigsten angewandte Form von Nutzen-Kosten-Untersuchungen. Sie bewertet die Kosten und den Nutzen einer Maßnahme in Geldeinheiten, wobei tatsächliche oder angenommene Marktpreise zugrunde gelegt werden. Im Unterschied zur Kostenvergleichsrechnung werden als „Kosten" auch Neben- und Folgewirkungen erfasst, wie z.B. der höhere Verkehrslärm einer ausgebauten Straße und als Nutzen auch Zeitvorteile z.B. beim Bau einer Umgehungsstraße.

In der Praxis ist es häufig schwierig, die jeweiligen Auswirkungen gerade über einen längeren Zeitraum zu prognostizieren. Um aber die zeitlich unterschiedlich anfallenden Kosten und Nutzen nach einem einheitlichen Maßstab beurteilen zu können, ist die Umrechnung in Gegenwartswerte unumgänglich (dynamische Investitionsrechnungen). Hier ist die Annahme der geeigneten sozialen Diskontierungsrate das Problem. Nach der Kosten-Nutzen-Analyse ist eine Maßnahme dann wirtschaftlich, wenn ihr Beitrag zum Bruttosozialprodukt positiv ist.

Abb. 97: Ablauf von Kosten-Nutzen-Untersuchungen

Stufe	Beispiel Umgehungsstraße
1. Problemdefinition	Was ist zu betrachten beim Bau der Umgehungsstraße (Anlass, Entscheider, Ort, Zeitraum)?
2. Konkretisierung eines Zielsystems	Sammeln und Operationalisieren von Zielen, Festlegung von Zielkriterien, Zielgewichtung
3. Bestimmen des Entscheidungsfeldes	Analyse gesetzlicher und vertraglicher Rahmenbedingungen sowie der finanziellen und personellen Möglichkeiten
4. Auswahl und Darstellung der Alternativen	Welche Trassenalternativen gibt es einschließlich der Null-Alternative (wird nicht gebaut)?
5. Erfassen und Beschreiben der Vor- und Nachteile sowie Prognose der Auswirkungen der Alternativen	Erfassung möglichst aller Vor- und Nachteile wie: Entlastung anderer Straßen, Anliegen der Bürger, Unterhaltskosten, Umweltschutzgesichtspunkte
6. Bestimmen der Messskala	Bei Kosten-Nutzen-Analysen sind dies monetäre Größen (€), bei Kosten-Wirksamkeitsanalysen auch nicht-monetäre Einheiten
7. Bewertung der Wirkungen	Nutzen und Kosten der Alternativen werden monetär und nicht-monetär bewertet
8. Empfindlichkeitsprüfung	Wie wirken sich Änderungen von Planungsdaten auf das Analyseergebnis aus?
9. Gegenüberstellung von Nutzen und Kosten	Nutzen und Kosten der Alternativen müssen zeitgleich vergleichbar gemacht werden (bei monetär bewertbaren Vor- und Nachteilen können dynamische Investitionsrechnungen angewendet werden)
10. Verbales Beschreiben der intangiblen Wirkungen	Aufstellung über erwartete Senkung von Verkehrsunfällen, Beeinträchtigung des Landschaftsbildes
11. Gesamtbeurteilung der Maßnahme	Entscheidung für diejenige Alternative (Trassenführung) mit dem besten Kosten-Nutzen-Verhältnis unter Einbeziehung der intangiblen Wirkungen

(bearbeitet nach: Erläuterungen des Bundesministeriums der Finanzen zur Durchführung von Nutzen-Kosten-Untersuchungen, 1973, in: Schmidt 2006, S. 345ff)

Kosten-Nutzen-Analysen sind in der Verwaltungspraxis zwar allgemein anerkannt. Dennoch werden sie auch kontrovers diskutiert.

Als **positiv** lässt sich hier anführen:

- Vergleichbarkeit von Maßnahmen aufgrund eines einheitlichen monetären Maßstabes

- Einbeziehung von gesellschaftlich relevanten Kosten bzw. Nutzen sowie monetär nicht bewertbarer Wirkungen

- Bewusstes Berücksichtigen der Zukunft

- Zwang zum Treffen differenzierter Entscheidungen aufgrund der Komplexität dieser Methode

- Eindeutigere Begründbarkeit von Entscheidungen durch die Offenlegung aller relevanten Kriterien

Negativ fällt ins Gewicht:

- Bewertungen können u.U. nicht allen Betroffenen gerecht werden

- Gefahr der Vernachlässigung nicht monetär bewertbarer Wirkungen

- Neigung zur Quantifizierung aller Wirkungen

- Anspruchsvolle Methodik, kann größtenteils nur von Experten verwendet werden

- Gefahr der Abhängigkeit der Ergebnisse von der subjektiven Bewertung der Wirkungen

Die Kosten-Wirksamkeits-Analyse wird überwiegend in den Fällen angewandt, wo eine Quantifizierung in monetären Einheiten nicht möglich oder nicht sinnvoll ist. Sie bewertet die positiven Effekte einer Maßnahme über nicht-monetäre Wirksamkeitsmaße (z.B. die Zeitersparnis bei einem Verkehrsprojekt). In einer Kosten-Wirksamkeits-Matrix werden sie den nicht monetär gemessenen Kosten gegenübergestellt. Der Versuch, die einzelnen Wirksamkeiten zu einer Gesamtwirksamkeit zu verdichten, erfolgt hier nicht. Dieses wird als Aufgabe des politischen Entscheidungsträgers angesehen.

In der Verwaltungspraxis hat sich die Kosten-Wirksamkeits-Analyse nicht in dem erwarteten Maße durchgesetzt. Sie gilt nicht als eine ausgereifte und gefestigte Methode. An ihre Stelle tritt häufig die Nutzwertanalyse *(vgl. Schmidt 2006, S. 197)*.

6.3   Finanzierung

Unter **Finanzierung** versteht man die zielorientierte Beschaffung und Strukturierung der Geld- und Kapitalbestände eines Betriebes unter Wahrung des Prinzips des finanziellen Gleichgewichts, d.h. unter Wahrung der jederzeitigen Zahlungsfähigkeit. Diese Bestände an Finanzierungsmitteln müssen dem Betrieb stets in ausreichendem Maße zur Verfügung stehen. Die Beschaffung von Zahlungsmitteln und Kapital ist eine Teilaufgabe des Funktionsbereichs der Finanzierung.

Allgemein formuliert betrifft die Finanzierung also Vorgänge der Zu- und Abnahme sowie der Strukturierung der Passiva.

6.3.1   Ziele und Zielkonflikte

Das **finanzielle Gleichgewicht** einer Unternehmung ist erreicht, wenn bei den Zahlungsmitteln die Summe aus Anfangsbestand (AB) und Einzahlungen (E) stets größer oder gleich der Summe der zwingend notwendigen Auszahlungen (A) ist:

$$AB + \sum E \;\geq\; \sum A$$

Ist diese Bedingung jederzeit erfüllt, dann wird die Unternehmung als liquide bezeichnet. Der Erhalt der Zahlungsfähigkeit oder **Liquidität** ist ein für alle Betriebe erforderlicher Sachverhalt, denn Zahlungsunfähigkeit oder Illiquidität ist in der Wirtschaft der häufigste Insolvenzgrund. Der Erhalt einer Unternehmung ist also vom Erhalt des finanziellen Gleichgewichts abhängig; es ist insoweit ein **Formal- und Sicherheitsziel**. Andererseits ist die **Beschaffung von Finanzierungsmitteln** das **Sachziel** der betrieblichen Funktion der Finanzierung.

Von der generellen Zahlungsunfähigkeit, der Illiquidität, muss allerdings die kurzzeitige **Zahlungsstockung** unterschieden werden. Sie ist zwar kein Insolvenzgrund, wohl aber für Kreditgeber und Lieferanten ein möglicher Hinweis auf finanzielle Schwierigkeiten. I.d.R versuchen Betriebe daher auch solche Zahlungsstockungen zu vermeiden.

Zweites Hauptziel des Finanzierungsbereiches ist die **Kostenminimierung**. Aus dem Prinzip der Wirtschaftlichkeit (Formalziel) folgt, dass ein Betrieb bestrebt sein sollte, genau so viele und genau die Struktur der Finanzierungsmittel zu beschaffen, bei denen die Kosten dieser Überlassung von Geld- oder Kapitalbeständen minimiert werden. Für Betriebe in marktwirtschaftlichen Ordnungen bedeutet dieses Zielstreben gleichzeitig den Versuch, sich gewinnorientiert zu verhalten. Durch Kostenminimierung wird die Rentabilität gefördert.

Die Erreichung beider Ziele ist für den (Investitions- und) Finanzierungsbereich nicht leicht, da häufig **Zielkonflikte** zwischen Liquidität (Sicherheit) und Rentabilität bestehen:

- Je größer die Liquiditätsreserve bemessen wird, desto sicherer wird das finanzielle Gleichgewicht der Unternehmung bei unvorhergesehenen Auszahlungsverpflichtungen erreicht. Das Halten von Bargeld oder kurzfristigen Bankguthaben ist aber insofern ungünstig für die Rentabilität, als andere Vermögensgegenstände häufig einen höheren Ertrag bieten. Hier gilt: Größere Liquiditätssicherheit verringert die Rentabilität.

- Oft sind Zinsen für kurzfristige Finanzierungsmittel niedriger als für längerfristige (normale Zinsstruktur). Will das Finanzmanagement ertragsorientiert handeln, bietet es sich an, längerfristige Investitionen durch kurzfristige Kredite zu finanzieren. Im Konjunkturverlauf ändert sich gelegentlich das Verhältnis: Die kurzfristigen Zinssätze übersteigen die langfristigen (inverse Zinsstruktur). Gerade im Bereich der Baufinanzierung können Unternehmen durch ein derartiges Verhalten erhebliche Verluste erleiden.

- Viele unternehmerische Risiken können durch Versicherungen verschiedenster Art abgedeckt werden. Aus Ertragsgesichtspunkten verzichten Unternehmen häufig auf solche Versicherungen und laufen Gefahr, im Schadensfalle in Zahlungsschwierigkeiten zu kommen.

- Spekulationen sind häufig der Erwerb von ertragsstarken Vermögenswerten mit hohen Risiken. Entwickelt sich das spekulative Geschäft in eine ungünstige Richtung, treten Ertragseinbußen und Zahlungsschwierigkeiten auf.

6.3.2 Finanzierungsmittel

Herkömmlich unterscheidet man die **Finanzierungsmittel** nach ihrer **Herkunft** und zwar: die **Außenfinanzierung**, bei der Mittel dem Betrieb von außen zugeführt (z.B. Einlagen) werden, die **Innenfinanzierung** bei der die Mittel im Betriebsprozess erwirtschaftet (z.B. Gewinn) werden sowie des Weiteren **realwirtschaftliche Maßnahmen mit Finanzierungscharakter.**

Abb. 98: Finanzierungsarten nach der Herkunft der Mittel

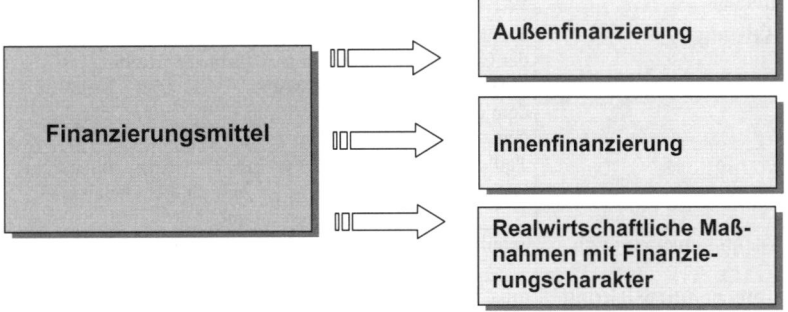

6.3.2.1 Außenfinanzierung

Diese Finanzierung erfolgt durch die Aufnahme neuer Finanzierungsmittel. Der Unternehmung fließen Gelder oder dazu äquivalente Güter oder Leistungen von außen – zusätzlich zu den Umsatzerlösen – zu.

Nach dem Inhalt der **Rechte der Kapitalgeber** unterscheidet man des Weiteren (und erhält ein weiteres Klassifizierungsmerkmal von Finanzierungsmitteln, das auch bei der Innenfinanzierung zu beachten ist):

- **Eigen-/Beteiligungsfinanzierung**: das Geld wird dem Unternehmen von den bisherigen und/oder von neu hinzutretenden Eigenkapitalgebern zugeführt,

- **Fremdfinanzierung**: das Geld oder die geldäquivalenten Güter werden dem Unternehmen von Dritten (Fremdkapitalgebern) überlassen, sowie

- **Zwischenformen** zwischen Eigen- und Fremdfinanzierung (z.B. Beteiligung als stiller Gesellschafter, durch Wandelobligationen).

Unterschiede zwischen Eigen- und Fremdfinanzierung zeigen sich an verschiedenen Kriterien. Diese Unterschiede verweisen auch auf die Probleme, die mit der Entscheidung über die Wahl der Finanzierungsmittel verbunden sein können.

Abb. 99: Unterscheidung zwischen Eigen- und Fremdfinanzierung

Kriterien	Eigenkapital	Fremdkapital
1. Haftung	abhängig von der Rechtsform der Gesellschaft; mindestens in Höhe der Einlage, ggf. mit dem gesamten Privatvermögen	Gläubigerstellung, keine (primäre) Haftung
2. Ertrag	Teilhabe an Gewinn und Verlust (GuV)	fixierter Anspruch auf Nutzungsentgelt, kein GuV-Anteil
3. Vermögensanspruch	anteiliger Anspruch	Anspruch auf Rückzahlung der Forderung
4. Unternehmensleitung	grds. berechtigt, de facto häufig nicht	grds. ausgeschlossen, teilweise aber faktische Möglichkeit
5. zeitliche Verfügbarkeit des Kapitals	i.d.R. unbegrenzt, z.T. kurzfristig kündbar	i.d.R. zeitlich begrenzt
6. steuerliche Belastung	der Gewinn wird steuerlich voll belastet je nach Rechtsform mit ESt, KSt, GewSt	Zinsen sind als Aufwand steuerlich als Betriebsausgabe absetzbar (mit Einschränkung bei der GewSt)
7. Beispiele	Aktienemission, Aufnahme Stiller Gesellschafter	Bankkredit, Lieferantenkredit

6.3.2.2 Innenfinanzierung

Nachdem die Unternehmung Leistungen erstellt hat, kann sie diese über die Märkte anbieten. Die Zuführung von Finanzierungsmitteln aus Teilen der Umsatzerlöse wird dabei Innenfinanzierung genannt. Bei entsprechender Umsatztätigkeit wird das in den Produktionsmitteln und in den Lagerbeständen gebundene Kapital freigesetzt (z.B. getätigte Abschreibungen, Aufwand für Lagerentnahmen). Auch dabei entstehende Gewinne können einen Zufluss an Finanzierungsmitteln bedeuten. Wenn sie nicht ausgezahlt werden, überlassen die Kapitalgeber die Verwendung von Finanzierungsmitteln – z.T. nicht nur kurzfristig – der Unternehmung.

Abb. 100: Formen der Innenfinanzierung

Finanzierung aus Abschreibungen	Finanzierung aus Umschichtungen	Finanzierung aus Rückstellungen	Finanzierung aus Gewinnen

(1) Finanzierung aus Abschreibungen

Diese Finanzierungsart beruht auf dem Prinzip, dass das Kapital, mit dem Güter des Anlage- und Umlaufvermögens finanziert wurden, ganz oder teilweise durch Abschreibungen dauerhaft oder befristet freigesetzt wird und dem Betrieb in der Zeit bis zur Wiederbeschaffung abgenutzter Wirtschaftsgüter zur Verfügung steht (Kapitalfreisetzung im Anlage- und Umlaufvermögen).

Abschreibungen haben (soweit sie planmäßig erfolgen) die Aufgabe, Anschaffungs- oder Herstellungskosten von Wirtschaftsgütern mit mehrperiodischem Gebrauch auf den Zeitraum der Nutzung zu verteilen, indem jährliche Abschreibungsbeträge ermittelt werden.

Werden über die Absatzpreise von Wirtschaftsgütern, in welche die Abschreibungen eingerechnet wurden, entsprechende Erlöse erzielt, dann werden die im Vermögen gebundenen Finanzierungsmittel anteilmäßig freigesetzt (**Kapitalfreisetzungseffekt**). Im Grunde findet aber lediglich eine Vermögensumschichtung (Aktivtausch) statt: Der Wert des Gegenstandes verringert sich um die Abschreibung, während die liquiden Mittel sich erhöhen.

Da die freigesetzten Mittel nicht sofort in ein gleiches Anlagegut reinvestiert werden müssen bzw. können, stehen sie dem Unternehmen i.d.R. zeitlich begrenzt bis zum jeweiligen Reinvestitionszeitpunkt zur Verfügung.

Beispiel:

Anschaffungskosten einer Anlage 100.000,- €,
Nutzungsdauer 5 Jahre, lineare Abschreibung

Investitionsausgabe	t = 0	100.000,-
verdiente Abschreibungen	t = 1	20.000,-
dito	t = 2	20.000,-
dito	t = 3	20.000,-
dito	t = 4	20.000,-
dito	t = 5	20.000,-
Reinvestitionsausgabe	t = 5	100.000,-
usw.		

In den Perioden t = 1 bis t = 4 stehen die freigewordenen Finanzmittel kumulativ zur Verfügung (falls es sich nicht um entsprechend rückzahlbares Fremdkapital handelt).

Bei mehreren zeitlich gestaffelten, aber dennoch überschneidenden Investitionen kann sich ein **dauerhafter Kapitalfreisetzungseffekt** ergeben. Werden diese Mittel für Erweiterungsinvestitionen genutzt, tritt ein Kapazitätserweiterungseffekt (sog. Lohmann-Ruchti-Effekt)[1] ein.

(2) Finanzierung aus Umschichtungen

Neben den Finanzierungen aus Abschreibungsgegenwerten, können weitere Umschichtungsprozesse Finanzierungscharakter haben, und zwar:

- **Umschichtung von Vermögensgegenständen**
  Werden z.B. Grundstücke gegen Zahlungsmittel verkauft, dann findet ein Aktivtausch statt, der die Liquidität (i.S. von Verfügbarkeit über jederzeit fällige Zahlungsmittel) erhöht.

- **Umschichtung von Finanzierungsmitteln**
  Werden z.B. kurzfristige Kredite durch langfristige abgelöst, dann verändert sich die Kapitalstruktur der Unternehmung. Es findet ein Passivtausch statt. Damit kann z.B. die Finanzierung langfristiger Vermögensgegenstände auf eine sichere Basis gestellt werden.

(3) Finanzierung durch Rückstellungen

Werden Finanzierungsmittel für in der laufenden Periode entstehende, aber erst zukünftig fällige Zahlungsansprüche zurückgestellt, indem sie in der Bilanz als Rückstellungen erfasst werden, dann stehen sie der Unternehmung bis zum Auszahlungszeitpunkt zur Disposition. So sind z.B. Pensionsrückstellungen Fremdkapitalanteile, die dem Betrieb i.d.R. langfristig zur Verfügung stehen.

(4) Finanzierung aus einbehaltenen Gewinnen (Selbstfinanzierung)

Bei der **offenen Selbstfinanzierung** erfolgt die Finanzierung aus versteuerten, nicht ausgeschütteten Gewinnen. Sie werden bei Personengesellschaften dem Kapitalkonto des/der Inhaber(s) gutgeschrieben und bei Kapitalgesellschaften in die Rücklagen eingestellt.

Die **stille Selbstfinanzierung** erfolgt durch legale Ausnutzung der handels- und steuerrechtlichen Bewertungsmöglichkeiten, um unversteuerte Gewinnanteile nicht auszuweisen (Bildung stiller Reserven).

Möglichkeiten der stillen Selbstfinanzierung sind:

---

[1] Vgl. kurz Jung 2009, S. 751 f.

- **Unterbewertung von Aktiva**
  Anlage- und/oder Umlaufvermögen wird niedriger ausgewiesen als es dem Verkehrswert entspricht (z.b. werden Abschreibungen getätigt, die höher sind, als es dem Werteverzehr entspricht)

- **Überbewertung von Passiva**
  Verbindlichkeiten aus Lieferungen- und Leistungen enthalten zum Bilanzstichtag noch Skontomöglichkeiten, werden aber voll ausgewiesen.

Die stille Selbstfinanzierung hat gegenüber der offenen Selbstfinanzierung eine Reihe von **Vorteilen**, und zwar:

- Steuerstundung[1],

- Liquiditätsvorteil,

- Zinsgewinn,

- Bildung von (unsichtbaren) Sicherheitspuffern gegenüber möglichen (späteren) Verlusten.

6.3.2.3 Realwirtschaftliche Maßnahmen mit Finanzierungscharakter

Fast alle betrieblichen Maßnahmen haben einen Einfluss auf die Höhe und die zeitliche Verteilung der Ein- und Auszahlungen. Ob z.B. eine Unternehmung ihre Lieferantenrechnungen (ggf. unter Abzug von Skonto) umgehend zahlt, oder eine vom Lieferanten eingeräumte Zahlungsfrist ausnutzt (Lieferantenkredit) hat einen Einfluss auf den Ertrag und auf die Höhe und Struktur der Finanzierungsmittel. Insofern haben solche Maßnahmen Finanzierungscharakter.

Darüber hinaus gibt es Instrumente der realwirtschaftlichen Leistungserstellung und -verwertung, bei denen der Finanzierungscharakter in den Mittelpunkt der Überlegungen gestellt ist. Beim **Leasing** mietet die Unternehmung Gegenstände des Anlage- oder Umlaufvermögens für einige Jahre mit dem Ziel, die Finanzierungsmittel, die im Falle des eigenen Erwerbs abgeflossen wären, verfügbar zu halten. Ausgabenwirksam wird während der Laufzeit des Leasingvertrages die Mietzahlung (Leasingrate). Trotz der nicht unerheblichen laufenden Kosten des Leasings kann für Unternehmungen das Leasing aus steuerlichen und finanztechnischen Gründen eine attraktive Finanzie-

---

[1] Jedoch handelt es sich nicht um eine Steuerersparnis, da bei Auflösung der stillen Reserve der damit entstehende Gewinn der Besteuerung unterliegt.

rungsalternative darstellen.

Abb. 101: System der Finanzierungsquellen

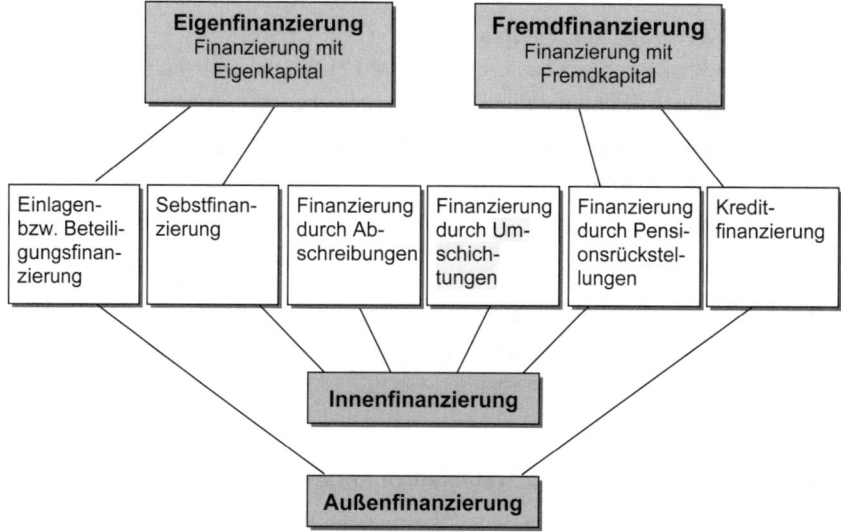

6.3.3 Kapitalstruktur und Rentabilität

Neben der Sicherung der Liquidität ist das zweite Ziel des Finanzierungsbereiches die Minimierung der Kapitalkosten. Unternehmerische Entscheidungen sind im Kern **Optimierungsentscheidungen**: Nach dem Prinzip der Wirtschaftlichkeit wird die Alternative gewählt, bei der mit gegebenem Input ein möglichst großer Ertrag oder bei dem ein bestimmter Ertrag mit dem geringsten Mitteleinsatz erreicht werden kann.

Bei der Finanzierung geht es um die Frage, welcher Umfang und welche Struktur an Finanzierungsmitteln zu wählen ist, um die Kapitalkosten zu minimieren. Für die weiteren Überlegungen soll vereinfachend unterstellt werden, dass

- der Umfang der erforderlichen Finanzierungsmittel durch andere betriebliche Bereiche festgelegt worden ist, und dass

- die Finanzierungsmittel nur nach Eigen- und Fremdkapital zu differenzieren sind.

Das Finanzierungsproblem besteht nun darin, die **kostenminimale Kapital-struktur** zu finden.

Die Bestimmung des Optimums erfolgt in drei Schritten:

(1) Bestimmung der Eigenkapitalkosten

Die Eigenkapitalkosten bestimmen sich nach dem Alternativvertragssatz, d.h. der Ertragsatz (der Rendite) der dem oder den Anlegern in anderen Verwendungen ihrer Finanzierungsmittel zufließen würde. Erhält ein Kapitalgeber für die Hergabe von Mitteln an andere Unternehmen eine höhere Rendite, dann handelt er rational, wenn er auch genau dort seine Mittel ‚investiert'. Die Unternehmung braucht aber Eigenkapital zur Existenzsicherung; sie wird daher danach streben, den Ertragsatz des Eigenkapitalgebers zu maximieren – was im einfachsten Falle ohnehin mit gewinnmaximierendem Verhalten identisch ist. Neben dem Ertrag wird ein Eigenkapitalgeber auch das Risiko seiner Anlage bedenken. In einer Modellwelt mit sicheren Erwartungen kann davon zunächst abgesehen werden.

(2) Bestimmung der Fremdkapitalkosten

Im einfachsten Fall kann der Fremdkapitalzinssatz als Marktzinssatz für Fremdkapital genommen werden. Weiter unten wird auch die Bedeutung des Risikos aus der Sicht der Fremdkapitalgeber berücksichtigt – zunächst wird davon abstrahiert.

(3) Optimierung der Kapitalstruktur

Die Fragen lauten: Gibt es eine optimale Zusammensetzung der Finanzierungsmittel und wenn ja, wie sieht sie aus und von welchen Faktoren hängt sie ab? Zu suchen ist also die Kapitalstruktur, welche die Kosten der Finanzierung minimiert und das heißt, die Kapitalstruktur bei der die Rendite (das Verhältnis von Gewinn zu Eigenkapital) des Eigenkapitals (die Eigenkapitalrendite R_e) maximiert wird.

Modellhaft stellt sich das Problem wie folgt dar. Es sei:

EK	das Eigenkapital
FK	das Fremdkapital
GK	das Gesamtkapital = Eigenkapital + Fremdkapital
t	der Verschuldungsgrad = FK/EK (also FK = t · EK)
R	die Rendite des gesamten eingesetzten Kapitals (der gesamten Finanzierungsmittel)
i	der Fremdfinanzierungssatz
R_e	die Rendite des eingesetzten Eigenkapitals (Eigenkapitalrendite)

Die Eigenkapitalrendite R_e ergibt sich als Verhältnis von Gewinn und Eigenkapital; der Gewinn bildet sich aus der Differenz des mit dem gesamten Kapital erwirtschafteten Überschusses (Bruttogewinn, Gesamtkapitalertrag) und der Fremdkapitalzinsen, d.h. aus dem Gesamtkapitalertrag abzüglich der Zinsen für das Fremdkapital:

$$G = R \cdot GK - i \cdot FK$$

$$= R \cdot (EK + FK) - i \cdot FK$$

Die Eigenkapitalrendite R_e berechnet sich dann nach der Formel:

$$R_e = \frac{Gewinn}{Eigenkapital} = \frac{G}{EK}$$

Eingesetzt:

$$R_e = \frac{R \cdot (EK + FK) - i \cdot FK}{EK} = R + R \cdot \frac{FK}{EK} - \frac{FK}{EK} \cdot i$$

$$R_e = R + t \cdot (R - i)$$

Die Eigenkapitalrendite ist demnach gleich der Gesamtkapitalrendite plus des Verschuldungsgrads multipliziert mit der Differenz aus Gesamtkapitalrendite und Zinssatz für Fremdkapital. Die Eigenkapitalrendite ist also vom **Verschuldungsgrad** abhängig.

Liegt die Gesamtkapitalrendite über dem Zinssatz für Fremdkapital (R > i), dann folgt, dass die Eigenkapitalrendite mit wachsendem Verschuldungsgrad proportional zunimmt. Man spricht von der Hebelwirkung des Fremdkapitals für die Rendite des Eigenkapitals – dem **Leverage-Effekt** *(vgl. z.B. Schierenbeck 2008, S. 94 ff.)*

Abb. 102: Leverage-Effekt

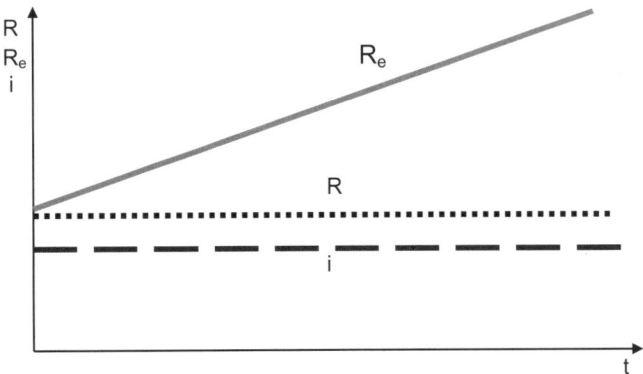

Immer dann, wenn die zur Verfügung stehenden Finanzierungsmittel so im Unternehmen eingesetzt werden können (investiert werden können!), dass die Verzinsung des gesamten Kapitals (Eigenkapital + Fremdkapital) höher ist als der Fremdkapitalzinssatz, lohnt es, mehr Fremdkapital zu verwenden. Mit dem Fremdkapital wird eine Rendite erwirtschaftet, die höher als die Kosten für diese Finanzierungsmittel sind. Man denke daran, dass die Möglichkeit bestehe, Geld zu einem Zinssatz zu leihen, der niedriger ist als der Zinssatz, den man für eine Anlage erhält!

In einer Welt, die Risiken kennt, wirkt der Leverageeffekt allerdings nicht so ungebremst. Man kann nicht davon ausgehen, dass den Kreditgebern die Kapitalstruktur in der Form unwichtig ist, dass sie bei jedem Verhältnis von Fremd- und Eigenkapital den gleichen Zinssatz verlangen. Da ein Unternehmensexterner niemals die finanzielle Situation eines Betriebes ganz überschauen kann, wird er auch dann nicht bereit sein, einer Unternehmung Kredit in beliebiger Höhe zu gewähren, wenn sie Erträge erwirtschaftet, deren Rendite höher ist als der Fremdkapitalzinssatz. Wenn es zu Verlusten kommt, dann dient zunächst das Eigenkapital der Sicherung der Gläubiger, erst später können, z.B. im Insolvenzfalle, die Fremdkapitalgeber betroffen sein (Pufferfunktion des Eigenkapitals). Daraus folgt, dass die Fremdkapitalgeber ab einem als risikoreich empfundenen Verschuldungsgrad einen immer höheren Zinssatz für weiteres Fremdkapital verlangen werden. Ab dem Verschuldungsgrad, an dem der Fremdkapitalzinssatz die Gesamtkapitalrendite übersteigt, fällt die Rendite des Eigenkapitals wieder; der **optimale Verschuldungsgrad t*** wurde überschritten.

Abb. 103: Optimaler Finanzierungsgrad

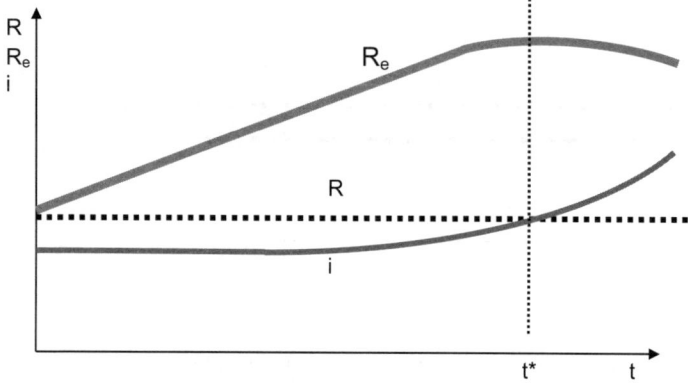

Das Beispiel macht erneut deutlich, dass Investition und Finanzierung zusammen gehören: Die Investitionen bestimmen die Höhe der Gesamtkapitalrendite und der Finanzierungsbereich muss für die dazu passende optimale Kapitalstruktur sorgen.

6.4   Wiederholungsfragen

7 Rechnungswesen des Betriebes

7.1 Grundlagen

7.1.1 Aufgaben und Teilbereiche des Rechnungswesens

In allen Teilbereichen des Betriebes sind ständig Entscheidungen zu treffen und zwar unter jeweils wirtschaftlichen Gesichtspunkten. Diese Entscheidungen bedürfen einer Informationsgrundlage, die durch das **Rechnungswesen** des Betriebes bereitgestellt wird. Das betriebliche Rechnungswesen erfasst sämtliche wirtschaftlich relevanten Tatbestände und Vorgänge im Betrieb, unterzieht sie einer monetären Bewertung, verdichtet diese Daten und bereitet sie auf. Das Rechnungswesen ist daher eine unverzichtbare Voraussetzung erfolgreicher betrieblicher Tätigkeit.

Die wesentlichen **Teilbereiche** des Rechnungswesens sind:

- Buchhaltung,
- Inventur,
- Jahresabschluss,
- Kosten- und Leistungsrechnung.

Diese werden ergänzt durch die Betriebsstatistik und verschiedene Planungsrechnungen.

Basis aller Teilbereiche des Rechnungswesens ist:

- zum einen die **Finanzbuchhaltung** (externes Rechnungswesen), die der Erfassung der Geschäftsvorfälle mit Externen und der Information externer Adressaten dient, und

- zum anderen die **Betriebsbuchhaltung** (internes Rechnungswesen), die den internen Entscheidungsträgern eine Informations- und Entscheidungsgrundlage bietet.

Die Finanzbuchhaltung ist in hohem Maße durch gesetzliche Vorschriften, die dem Schutz von Außenstehenden dienen, reglementiert. Die Betriebsbuchhaltung dagegen ist eine weitgehend freiwillige Maßnahme der Unternehmen, auf deren Grundlage die wirtschaftliche Betriebsführung, insbesondere das Controlling, aufbaut.

Abb. 104: Teilaspekte des betrieblichen Rechnungswesens

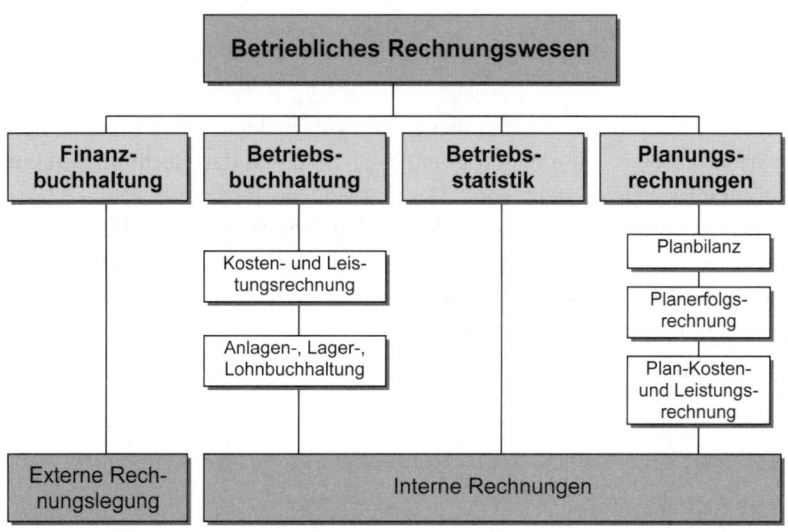

(nach Eilenberger 1995, S. 6)

Für die Zwecke der externen Analyse eines Betriebes sind vor allem die Finanzbuchhaltung und der hierauf basierende Jahresabschluss (Bilanz, Gewinn- und Verlustrechnung) von entscheidendem Erkenntniswert. Es sind überdies für den außenstehenden Betrachter nicht selten die einzigen Informationsquellen, die zur Verfügung stehen. Entsprechend hat sich eine Technik der Analyse entwickelt, die sog. Bilanzanalyse, die eine systematische Aufbereitung der veröffentlichten Daten ermöglicht.

Das betriebliche Rechnungswesen verfügt über eine **Terminologie**, die teilweise Begriffe beinhaltet, die auch in der Alltagssprache gebräuchlich sind. Im Gegensatz zum alltagssprachlichen Gebrauch finanz- und betriebswirtschaftlicher Begriffe, der häufig unscharf, mehrdeutig und damit missverständlich ist, verwendet die betriebswirtschaftliche Terminologie klar definierte und gegeneinander abgegrenzte Begriffe. Grundbegriffe im Rahmen des betrieblichen Rechnungswesens sind:

Einzahlungen, Einnahmen, Ertrag und **Leistung** einerseits sowie **Auszahlungen, Ausgaben, Aufwand** und **Kosten** andererseits.

Abb. 105: Grundbegriffe der Finanz- und Betriebsbuchhaltung

Finanzbuchhaltung

Bilanz plus Gewinn- und Verlustrechnung;
Erfassung der wertmäßigen Außenbeziehungen des Betriebes

	Strömungsgrößen	
Bestandsgröße	Positive Bestands- veränderung	Negative Bestands- veränderung
Zahlungsmittelbestand = Kasse + jederzeit verfüg- bare Bankguthaben	**Einzahlung**	**Auszahlung**
Geldvermögen = Zahlungsmittelbestand + übrige Forderungen ./. Verbindlichkeiten	**Einnahme**	**Ausgabe**
Reinvermögen = Geldvermögen + Sach- vermögen	**Ertrag**	**Aufwand**

Leistungen	**Kosten**

Betriebsbuchhaltung

Kosten- und Leistungsrechnung;
Erfassung des betriebsbedingten Wertezugangs bzw. Werteverzehrs

---

7.1.2 Buchführung

In der Buchführung werden alle Geschäftsvorfälle eines Betriebes chronologisch erfasst und systematisch aufgezeichnet. Zusammen mit dem Inventar bildet sie die Grundlage für die Erstellung des Jahresabschlusses (Bilanz, Gewinn- und Verlustrechnung).

Grundsätzlich ist hierbei zwischen der kameralistischen Buchhaltung der öffentlichen Betriebe (Verwaltungen) und der kaufmännischen Buchhaltung der Unternehmen zu unterscheiden.

(1) Die **kameralistische Buchhaltung** (kurz: Kameralistik) ist das traditionelle staatliche Rechnungswesen, auf dem die Haushaltspläne (1 oder 2 Jahre),

die mittelfristige Finanzplanung (5 Jahre) sowie die Haushaltsrechnungen basieren. Sie berücksichtigt die kassenwirksamen Einnahmen und Ausgaben und ist somit rein pagatorischer Natur. Die Kameralistik wird auch als inputorientiertes Rechnungswesen bezeichnet. Die Gliederung der Einnahmen und Ausgaben erfolgt nach **Titeln** und **Kapiteln**. Grundsätzlich sind die Haushaltsansätze bei jedem Titel einzuhalten. Maßgeblich für die Kameralistik sind die Haushaltsgrundsätze, die im Grundgesetz (GG), im Gesetz über die Grundsätze des Haushaltsrechts des Bundes und der Länder (HGrG) sowie in der Bundeshaushaltsordnung (BHO) bzw. den Landeshaushaltsordnungen (LHO) verankert sind.

Die Kameralistik wird häufig im öffentlichen Sektor als Innovationshindernis kritisiert, da sie die effiziente Erstellung von Verwaltungsleistungen behindert: „Die kameralistische Buchführung betrachtet das wirtschaftliche Handeln der öffentlichen Hand als Vollzug des Haushaltsplans. Im Vordergrund steht die Nachprüfbarkeit der Ordnungsmäßigkeit, nicht des Erfolges" *(Beyer/Kinzel 2005, S. 352)*.

Als weitere **Kritik** ist zu nennen *(vgl. z.B. Budäus 2009, S. 26 ff.)*:

- In der Kameralistik wird „nur" der Geldverbrauch abgebildet. Hingegen wird in der doppelten Buchführung (Doppik) der Werteverzehr von Gütern und Dienstleistungen erfasst. Kosten, denen keine Geldzahlungen zugrunde liegen, werden in der Kameralistik folglich nicht berücksichtigt. Dazu zählen zum Beispiel die kalkulatorischen Abschreibungen, die kalkulatorischen Zinsen sowie die kalkulatorischen Mieten.

- In der kameralistischen Buchführung besteht zwischen den Einnahmen und Ausgaben in der Regel kein systematischer Zusammenhang.

- Die Kameralistik unterstützt vorrangig die Haushaltsplanung, den Haushaltsvollzug bzw. die Umsetzung finanzwirtschaftlicher Ziele. Die Leistungs- und Wirkungsorientierung des Verwaltungshandelns kann mit diesem Rechnungswesen nicht überprüft werden.

- Die Haushaltspläne werden prinzipiell auf der Basis von Vorjahresausgaben fortgeschrieben. Da eingesparte Mittel am Ende eines Haushaltsjahres grundsätzlich verfallen, besteht kaum ein Anreiz zum Sparen. Nicht ausgeschöpfte Mittel führen dazu, dass die Haushaltsansätze des folgenden Jahres gekürzt werden. In diesem Kontext wird oftmals vom „Dezemberfieber" gesprochen, d.h. am Ende eines Haushaltsjahres ist häufig ein Ausgabenzuwachs zu verzeichnen, da die verfügbaren Mittel noch vollständig verausgabt werden.

Die Kameralistik wird heute nur noch in der öffentlichen Verwaltung verwendet. Vielfach ist sie als **erweiterte Kameralistik** vorzufinden. Hier ist der Haushalt kameralistisch geprägt, allerdings ist die Titelstruktur stark reduziert und die Haushaltsrechnung wird um betriebswirtschaftliche Elemente (z.B. Daten der Kosten- und Leistungsrechnung, kennzahlenbasierte Produktinformationen) ergänzt. Aufgrund der genannten Kritik ersetzen vor allem die Länder- und Kommunalverwaltungen die kameralistische Buchführung zunehmend durch die doppelte kaufmännische Buchführung.

(2) Die **einfache kaufmännische Buchhaltung** besteht im Wesentlichen aus einer chronologischen Aufschreibung der Geschäftsvorfälle auf Bestandskonten, mit deren Hilfe sich durch Vermögensvergleich zum Periodenende der Betriebserfolg ermitteln lässt. Die Entstehung des Erfolges, die Entwicklung des Aufwandes und Ertrages sowie ihrer Struktur werden von der einfachen Buchführung jedoch nicht erfasst. Ebenso fehlt die immanente Kontrolle der Buchungen, da jeder Vorfall nur einfach gebucht wird. Eine systematische Aufspaltung in bestands- und erfolgswirksame Geschäftsvorfälle findet nicht statt. Die einfache kaufmännische Buchführung ist deswegen nur für Kleinstbetriebe geeignet, deren Geschäftstätigkeit auch ohne umfangreiches Rechnungswesen überschaubar bleibt. Als Kontroll- und Steuerungsinstrument größerer Unternehmen ist sie ungeeignet.

(3) Die **doppelte kaufmännische Buchhaltung** (Doppik) ist der einfachen kaufmännischen Buchhaltung überlegen und dominiert in der Praxis. Die doppelte Buchführung basiert auf dem Prinzip von Buchung und Gegenbuchung, d.h. jeder Geschäftsvorfall wird doppelt erfasst. Dadurch ist zum einen eine immanente Kontrolle der Buchhaltung gewährleistet, zum anderen kennt sie neben den Bestandskonten eigenständige Erfolgs- und Finanzkonten und ermöglicht somit eine differenzierte Erfassung und Analyse sämtlicher Finanz- und Leistungsprozesse innerhalb der Unternehmung. Die doppelte kaufmännische Buchführung ist deshalb ein unentbehrliches Instrument der Unternehmensführung.

In ihrer heutigen Form ist die Doppik das Ergebnis eines Entwicklungsprozesses, der bis ins Mittelalter zurückreicht. Sie hat ihren Ursprung in den Geschäftspraktiken von Kaufleuten aus den Handelszentren des mittelalterlichen Italien. Sie lässt sich vor allem in Venedig, aber auch in Genua und Florenz bis in das 14. Jahrhundert zurück verfolgen. Von hier aus fand das Prinzip der doppelten Buchführung rasche Verbreitung in ganz Europa. In Deutschland führte bereits im 15. Jahrhundert Jacob Fugger (1459 - 1525) seine Bücher nach venezianischem Vorbild. Noch heute verweisen viele Begriffe aus der Terminologie der Buchführung (z.B. Bilanz, Agio) auf ihren geschichtlichen Ursprung.

7.1.3 Inventur

Neben der laufenden Buchführung ist die **Inventur,** also die Erstellung eines **Inventars,** eine notwendige Vorarbeit für den Jahresabschluss. Die Inventur soll zum Bilanzstichtag vorgenommen werden; dies bedeutet nicht, dass sie immer am Bilanzstichtag selbst durchgeführt wird. Die Bestandsaufnahme muss jedoch zeitnah zum Bilanzstichtag erfolgen.

Die **Inventur** ist eine körperliche Bestandsaufnahme sämtlicher Vermögens- und Schuldenbestände eines Unternehmens. Im einzelnen sind in das Inventar aufzunehmen und mit Werten zu versehen:

- Gegenstände des Anlagevermögens (materielle und immaterielle Vermögensgegenstände),
- Forderungen und Verbindlichkeiten,
- der Betrag baren Geldes,
- sonstige Vermögensgegenstände.

Das **Inventar** ist also ein Bestandsverzeichnis dieser betrieblichen Vermögens- und Schuldenbestände. Es stellt die Bestände nach Art, Menge und Wert zum Bilanzstichtag fest.

7.2 Jahresabschluss

Zum Ende jedes Geschäftsjahres ist von allen Unternehmen ein Jahresabschluss zu erstellen. Bei Einzelfirmen und Personengesellschaften genügt ein einfacher Jahresabschluss, der aus der Bilanz und der Gewinn- und Verlustrechnung besteht. Kapitalgesellschaften benötigen einen erweiterten Jahresabschluss, der zusätzlich noch einen Anhang und einen Lagebericht umfasst.

Abb. 106: Bestandteile des Jahresabschlusses

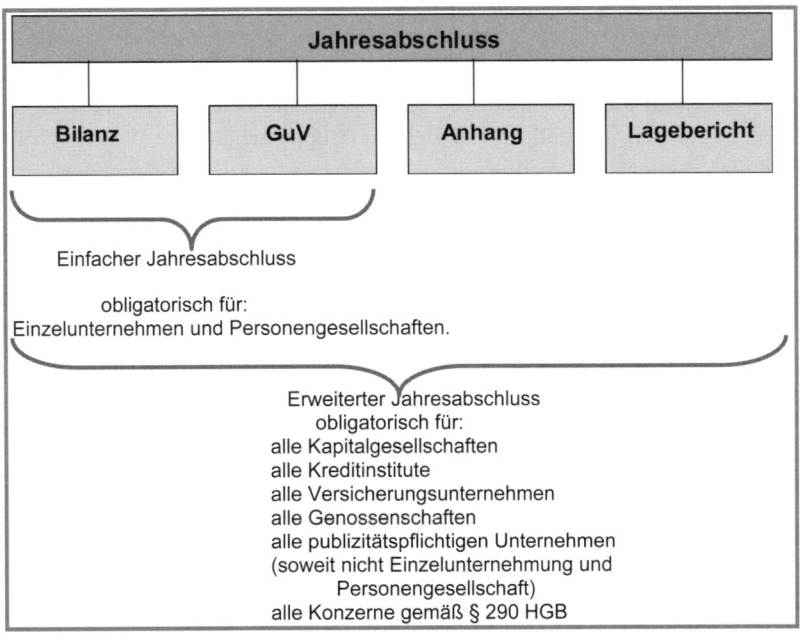

(vgl. Heinold 1995, S. 55; Wöhe/Döring 2008, S. 710)

7.2.1 Funktionen des Jahresabschlusses

Der Jahresabschluss hat mehrere Aufgaben zu erfüllen. Zum einen dient er der Information verschiedener Adressaten und der Dokumentation der Geschäftsdaten. Die eigentlichen Hauptzwecke sind aber die Feststellung des Gewinnes und - darauf aufbauend - die Regelung der Ausschüttung an die Eigentümer.

Abb. 107: Aufgaben des Jahresabschlusses

Die Informationsaufgabe des Jahresabschlusses besteht darin, den Informationsinteressen bestimmter Personengruppen gerecht zu werden. Hierbei wird unterschieden zwischen den internen Adressaten und den externen Adressaten.

Die erste Gruppe besteht aus dem Management der Unternehmung, das aus den Daten elementare Informationen über die geschäftliche Situation im abgelaufenen Geschäftsjahr enthält. Zur zweiten Gruppe gehören im Wesentlichen Gläubiger, Aktionäre, Arbeitnehmer, Finanzverwaltung sowie die interessierte Öffentlichkeit. Zum Schutz der Interessen dieser Personenkreise hat der Jahresabschluss insbesondere die Aufgabe, die wirtschaftlichen Vorgänge des letzten Geschäftsjahres festzuhalten und analysierbar zu machen. Daneben sollen diese Personenkreise im Rahmen des Jahresabschlusses auch Informationen erhalten, an denen sie ein berechtigtes Interesse haben können (Beispiel: Wie sicher ist die Rückzahlung eines Kredites für den Gläubiger?). Außerdem interessiert externe Stellen die genaue Höhe ihrer an den Gewinn gekoppelten Zahlungsansprüche. Auch hier bildet der Jahresabschluss die entsprechende Grundlage.

Art und Umfang dessen, was im Jahresabschluss offengelegt werden muss, hängt von der Größe des Betriebes ab. Je größer dieser ist, um so detaillierter muss der Jahresabschluss erfolgen. Auch die Frage der Prüfpflicht vor der Veröffentlichung durch einen unabhängigen Abschlussprüfer hängt von der Größe ab.

7.2.2 Elemente des Jahresabschlusses

7.2.2.1 Bilanz

Die Bilanz stellt die jeweiligen Bestände der Unternehmung an **Vermögen** und **Kapital** zu einem bestimmten Stichtag gegenüber. Die Werte resultieren aus dem am Ende des Geschäftsjahres vorgenommenen Abschluss der einzelnen Konten. Das Wort Bilanz bedeutet soviel wie gleichgewichtige zweischalige Waage. Nach betriebswirtschaftlichem Verständnis ist hiermit die Gleichgewichtigkeit von unterschiedlichen aufgeführten Positionen gemeint, insbesondere die Wertgleichheit der beiden Seiten der Bilanz, also der Aktiva und der Passiva.

Abb. 108: Grundstruktur der Handelsbilanz nach dem HGB

Aktivseite	Passivseite
A. Anlagevermögen I Immaterielle Vermögensgegenstände II Sachanlagen III Finanzanlagen **B. Umlaufvermögen** I Vorräte II Forderungen und sonstige Vermögensgegenstände III Wertpapiere IV Flüssige Mittel **C. Rechnungsabgrenzungsposten**	**A. Eigenkapital** I Gezeichnetes Kapital II Kapitalrücklagen III Gewinnrücklagen IV Gewinnvortrag/ Verlustvortrag V Jahresüberschuss/ Jahresfehlbetrag **B. Rückstellungen** **C. Verbindlichkeiten** **D. Rechnungsabgrenzungsposten**

(vgl. Schierenbeck/Wöhle 2008, S. 651)

Die **Aktivseite** weist aus, in welchen unterschiedlichen Formen das Kapital des Betriebes gebunden ist, bzw. investiert wurde.

Zum **Anlagevermögen** gehören diejenigen Gegenstände, die dem Betrieb über eine längere Zeit hinweg dienen sollen. Das **Umlaufvermögen** dagegen umfasst die Vermögenswerte, welche im Rahmen der Betriebstätigkeit beständig in den Betrieb hinein – und wieder aus ihm herausfließen. Es ist nach dem Kriterium der Liquiditätsnähe gegliedert.

Die **Passivseite** gibt Auskunft darüber, aus welchen unterschiedlichen Quellen das Kapital des Betriebes stammt. Hier werden die beiden grundsätzlich unterschiedlichen Gruppen, die Eigentümer und die Gläubiger des Betriebes unterschieden. Die Passiva gliedern sich in das **Eigen- und das Fremdkapital**. Das Fremdkapital wiederum besteht aus den Rückstellungen und den Verbindlichkeiten. Zum Eigenkapital eines Betriebes zählen auch die „stillen Reserven", welche sowohl durch Unterbewertung von Vermögenswerten (z.B. Beibehalten der Anschaffungskosten eines Grundstücks auch bei sehr hoher Wertsteigerung im Zeitablauf) als auch durch Überbewertung von Verpflichtungen gegenüber Gläubigern gebildet werden.

Abb. 109: Beispiel für eine Bilanz

Bilanz zum 31.12. ...			
Aktiva			**Passiva**
Anlagevermögen		**Eigenkapital**	**700**
Sachanlagen	750		
Finanzanlagen	200	**Fremdkapital**	
		Hypothek	480
		Verbindlichkeiten	320
Umlaufvermögen			
Vorräte	180		
Forderungen	220		
Zahlungsmittel	150		
Bilanzsumme	**1.500**		**1.500**

Stets werden beide Seiten der Bilanz zum Ausgleich gebracht, d.h. beide Bilanzseiten sind wertmäßig immer gleich. Die sich ergebende Differenz des Eigenkapitals gegenüber der Vorjahresbilanz stellt den Periodenerfolg dar.

Die sog. Bilanzgleichung lautet:

Gesamtwert des Vermögens = Gesamtwert des Kapitals.

Dieser Ausgleich ergibt sich dadurch, dass der Wert des Betriebes unter zwei verschiedenen Aspekten betrachtet wird: der Herkunft (Kapital) und der Verwendung (Vermögen) der Mittel.

In der Bilanz lassen sich bestimmte Strukturen erkennen, beispielsweise auf der Aktivseite das Verhältnis von Anlage- zu Umlaufvermögen oder auf der Passivseite das Verhältnis von Eigen- zu Fremdkapital. Diese Relationen können z.B. etwas über das längerfristig im Betrieb gebundene Kapital aussagen oder über die Abhängigkeit von Gläubigern.

Bei dem Erstellen der Bilanz ergibt sich das Problem, wie die einzelnen Positionen zu **bewerten** sind. Hier gilt das grundlegende Prinzip der **kaufmännischen Vorsicht**, welches besagt, dass die wirtschaftliche Situation eines Betriebes keineswegs günstiger geschildert werden darf, als sie tatsächlich ist. Im Zweifelsfalle sind die Vermögenswerte niedriger zu bewerten (**Niederstwertprinzip**) und die Schulden höher (**Höchstwertprinzip**) als sie der tatsächlichen Situation entsprechen. Das HGB enthält eine Reihe von hierbei zu beachtenden Bewertungsprinzipien.

Zur Bewertung von Bilanzpositionen ist es weiterhin erforderlich, die Wertminderungen, welche sich z.b. durch Verschleiß oder Alterung ergeben, im richtigen Maße zu erfassen. Dieses ist die Aufgabe der **Abschreibungen**. Je nach der Vorhersehbarkeit werden planmäßige und außerplanmäßige Abschreibungen unterschieden.

Während für die außerplanmäßigen Abschreibungen keine allgemeinen Verfahren gelten, sind bei den planmäßigen Abschreibungen (Absetzungen für Abnutzung/AfA) drei Methoden möglich und zulässig

Abb. 110: Planmäßige Abschreibungen für Abnutzung (AfA)

Lineare Abschreibung	Degressive Abschreibung	Leistungsabhängige Abschreibung

(1) Lineare Abschreibung

Bei der linearen Abschreibung wird der Basiswert des Vermögensgegenstandes (Anschaffungs-/Herstellungskosten) in gleichbleibenden Jahresbeträgen über die voraussichtliche Nutzungsdauer abgeschrieben. Die jährlichen Abschreibungsbeträge ergeben sich aus der Division des Basiswertes durch die voraussichtliche Nutzungsdauer in Jahren.

Wird also z.B. ein Wirtschaftsgut, das für 1.000,- € angeschafft wurde und voraussichtlich vier Jahre genutzt werden kann, linear abgeschrieben, so kann im Jahr der Anschaffung und in den darauffolgenden drei Wirtschaftsjahren eine Abschreibung für Abnutzung (AfA) von je 250,- € angesetzt werden.

Behält das abzuschreibende Wirtschaftsgut auch nach vollständiger Abnutzung einen Restwert (Schrottwert), so sind die jährlichen Abschreibungsraten entsprechend zu kürzen. Vor der Division durch die Jahre der voraussichtlichen Nutzungsdauer sind die Anschaffungs-/Herstellungskosten dann um den Betrag des Restwertes zu verringern. Behält in dem obigen Beispiel das angeschaffte Wirtschaftsgut auch nach völliger Abnutzung einen Restwert von 200,- €, so kann es folglich mit nur 200,- € jährlich abgeschrieben werden.

(2) Degressive Abschreibung

Die lineare Abschreibung entspricht nicht immer dem tatsächlichen Werteverzehr eines Gutes durch Abnutzung. Häufig verlieren Wirtschaftsgüter gerade in den ersten Jahren der Nutzung sehr schnell an Wert (z.B. PKW), während der jährliche Wertverlust mit zunehmendem Alter des Gutes abnimmt.

Bei der **geometrisch-degressiven Abschreibung** wird mit festen Prozentsätzen abgeschrieben, aber nicht, wie bei der linearen Methode, auf der Grundlage des Basiswertes, sondern vom jeweiligen Restbuchwert. Da sich der Restbuchwert von Periode zu Periode verringert, nehmen auch die Abschreibungsbeträge - bei gleichbleibenden Abschreibungsprozentsätzen - ab.

Allgemein gilt, dass die Abschreibungsprozentsätze auf den Restbuchwert erheblich höher sein müssen als die Abschreibungsprozentsätze auf den Basiswert (lineare Abschreibung), wenn eine gleiche wirtschaftliche Nutzungsdauer unterstellt und damit ein gleichlanger Abschreibungszeitraum angestrebt wird. Im Gegensatz zur linearen Abschreibung ist nach dieser degressiven Methode eine völlige Abschreibung bis zum Restwert 0 nicht möglich. Ein Restwert muss deswegen immer berücksichtigt werden.

(3) Leistungsabhängige Abschreibung

Der leistungsabhängigen Abschreibung liegt nicht die Schätzung der voraussichtlichen Nutzungsdauer sondern eine Annahme über die bis zum endgültigen Verschleiß abgegebene Gesamtleistung zugrunde. Die Dauer der Abschreibung ist bei diesem Verfahren nicht von vornherein festgelegt, sie hängt vielmehr davon ab, wie sehr das Anlagegut beansprucht wird.

Zur Ermittlung der jährlichen Abschreibungsbeträge werden die Anschaffungs-/Herstellungskosten durch die erwartete Gesamtleistungsmenge des Wirtschaftsgutes dividiert und mit der im Geschäftsjahr tatsächlich abgegebenen Leistungsmenge multipliziert.

Dieses Verfahren ist besonders dann geeignet, wenn die Abnutzung des Wirtschaftsgutes durch seine tatsächliche Inanspruchnahme verursacht wird und nicht ein leistungsunabhängiger Alterungsprozeß darstellt. Sie kann also beispielsweise für Maschinen und Anlagen in Betracht kommen, die keinen nennenswerten Alterungsverschleiß aufweisen, sondern sich vor allem durch den Gebrauch abnutzen.

7.2.2.2 Gewinn- und Verlustrechnung

Die Gewinn- und Verlustrechnung ist im Gegensatz zur Bilanz eine Zeitraumrechnung. Der Erfolg wird bei ihr durch das Saldieren der gesamten Aufwendungen und Erträge ermittelt. Dabei werden diese den Abrechnungsperioden zugerechnet, in denen sie verursacht worden sind. Weiterhin wird hier eine Trennung zwischen den betrieblich und den nicht betrieblich verursachten Aufwendungen und Erträgen vollzogen. Aus diesem Grunde kann diese Rechnung das Zustandekommen des betrieblichen Erfolges einer Abrechnungsperiode analytisch erklären.

Die Gewinn- und Verlustrechnung kann in Kontoform oder, wie bei Aktiengesellschaften ohnehin im Aktiengesetz vorgeschrieben, in Staffelform dargestellt werden. Die Staffelform hat den Vorteil größerer Übersichtlichkeit, außerdem erlaubt sie die Bildung von Zwischensummen.

7.2.2.3 Anhang und Lagebericht

(1) Der **Anhang** erfüllt die Aufgabe, die Angaben in der Bilanz und der Gewinn- und Verlustrechnung näher zu erläutern. So enthält er u.a. Angaben über die zugrundegelegten Bilanzierungs- und Bewertungsmethoden bzw. deren Änderung, da ohne deren Kenntnis nicht ersichtlich ist, in welcher Weise eine Gesellschaft den erheblichen gesetzlich gegebenen bilanzpolitischen Spielraum genutzt hat. Durch Angaben im Anhang ist es den externen Adressaten leichter möglich, Erkenntnisse über die betriebliche Situation und die Ertragslage zu gewinnen, die aus dem bloßen vorgelegten Zahlenwerk nicht hervorgeben.

(2) Zusätzlich zu dem Anhang hat jede Kapitalgesellschaft einen **Lagebericht** aufzustellen. Die hierin enthaltenen Angaben dienen dazu, die sonstigen Informationen des Jahresabschlusses weiter zu ergänzen und so ein deutlicheres Bild der augenblicklichen Lage zu ermöglichen. Er enthält Informationen zum Geschäftsverlauf in der Berichtsperiode einschließlich Aussagen zur Markt-, Kosten- und Liquiditätssituation der Gesellschaft. Weiterhin werden hier wesentliche Vorgänge, welche nach dem Ende des Geschäftsjahres eingetreten sind, beschrieben.

Immer mehr Betriebe nutzen die mit dem Lagebericht gegebenen Möglichkeiten zu einer umfassenden den eigenen Zielen dienenden Informationspolitik.

7.3 Kostenrechnung

7.3.1 Aufgaben der Kostenrechnung

Die Kostenrechnung hat die Aufgabe, der Führung aktuelle Informationen über die Leistungsfähigkeit des Betriebes zur Verfügung zu stellen.

Hierbei lassen sich verschiedene Aufgabenstellungen unterscheiden, die mit der Kostenrechnung verfolgt werden, insbesondere:

- die Kontrolle der Wirtschaftlichkeit,
- Informationen bezüglich der Preiskalkulation,
- die Ermittlung des betrieblichen Erfolges als Gegenüberstellung von Leistungen und Kosten,
- Informationen für andere Bereiche des Rechnungswesens, wie z.B. zur Bewertung fertiger und unfertiger Erzeugnisse anlässlich des Jahresabschlusses in der Geschäftsbuchführung.

Grundsätzlich dient die Kostenrechnung der Dokumentation der betrieblichen Ergebnisse der Vergangenheit, gleichzeitig aber auch der Steuerung des aktuellen Geschäftsgeschehens sowie der Planung zukünftiger Aktivitäten.

Die Kostenrechnung kann in folgende Teilbereiche gegliedert werden:

Abb. 111: Teilbereiche der Kostenrechnung

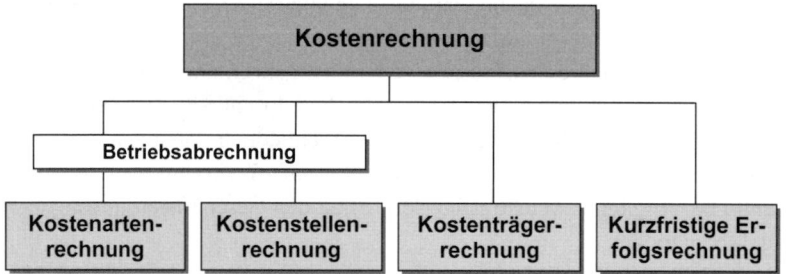

Die Ausgangsdaten der Kostenrechnung entstammen der **Kostenartenrechnung**. Diese bezieht sich auf die Frage, **welche** Kosten angefallen sind.

Die **Kostenstellenrechnung** zielt auf die Frage ab, **wo** die Kosten angefallen sind. Sie verrechnet die Kosten auf den jeweiligen Ort ihrer Entstehung. Diese beiden Bereiche werden der Betriebsbuchhaltung zugerechnet, die auch als

Betriebsabrechnung bezeichnet wird.

Die **Kostenträgerrechnung** schließlich beantwortet die Frage, **wofür** die Kosten entstanden sind, d.h. für welches Produkt oder für welche Dienstleistung sie aufgewendet wurden *(vgl. Dincher/Ehreiser/Müller-Godeffroy 2008, S. 113 ff.)*.

7.3.2 Die Kostenartenrechnung

Die Aufgabe der Kostenartenrechnung besteht darin, die im Betrieb anfallenden Kosten zu erfassen und anzugeben, auf welche Weise die jeweiligen Kosten in der Kostenrechnung weiterzuverrechnen sind. Die Kostenartenrechnung kann daher als die Grundlage der gesamten Kostenrechnung bezeichnet werden.

Für eine richtige Erfassung der Kosten ist deren zweckentsprechende Gliederung erforderlich. Die Gliederung kann nach verschiedenen Kriterien vorgenommen werden:

* nach der Zurechenbarkeit,
* nach der Abhängigkeit von der Beschäftigung,
* nach der betrieblichen Funktion,
* nach dem Verbrauchscharakter.

(1) Nach der Zurechenbarkeit wird zwischen **Einzelkosten** und **Gemeinkosten** unterschieden. Die Einzelkosten können den einzelnen Leistungseinheiten bzw. den Kostenträgern direkt zugerechnet werden, während die Gemeinkosten nur mit Hilfe von Schlüsseln oder Zuschlagsätzen auf einen Kostenträger (Kostenträgergemeinkosten) oder eine Kostenstelle (Kostenstellengemeinkosten) verteilt werden können.

(2) Das Maß, in dem Kosten auf Beschäftigungsschwankungen reagieren, wird als Reagibilitätsgrad bezeichnet. Aufgrund des unterschiedlichen Reagibilitätsgrades ist eine Einteilung in **fixe** und **variable** Kosten möglich. Fixe Kosten sind über einen bestimmten Zeitraum in der Höhe gleich, unabhängig davon, wieviel produziert wird. Bei den variablen Kosten besteht ein direkter Zusammenhang zwischen den entstehenden Kosten und dem Beschäftigungsgrad.

Nach dem jeweiligen Grad der Kostenveränderung im Verhältnis zur Änderung des Beschäftigungsgrades lassen sich drei Arten variabler Kosten unterscheiden:

- **Proportionale Kosten** entwickeln sich im gleichen Verhältnis zur Änderung der Beschäftigung,

- **Progressive Kosten** steigen im Verhältnis zum Beschäftigungsanstieg überproportional,

- **Degressive Kosten** entwickeln sich unterproportional gegenüber dem Steigen der Beschäftigung.

Kostenarten, welche sowohl aus fixen als auch aus variablen Elementen bestehen, werden als **Mischkosten** bezeichnet, wie z.B. Telefongebühren, die sich aus einer fixen Grundgebühr und variablen Kosten pro Gesprächseinheit zusammensetzen.

(3)   Werden die Kosten nach den betrieblichen Funktionen gegliedert, so lassen sie sich u.a. einteilen in:

- Kosten der Beschaffung,

- Kosten der Lagerhaltung,

- Kosten der Fertigung,

- Kosten des Vertriebes.

(4) Der verbrauchsbedingten Kostengliederung liegt die Einteilung der Kontenklasse 4 des Gemeinschaftskontenrahmens der Industrie (GKRI) zugrunde. Hiernach lassen sich unterscheiden:

- Personalkosten,

- Sachkosten,

- Kapitalkost,en

- Kosten für Drittleistungen (z.B. Versicherungskosten),.

- Gebühren, Steuern und Beiträge.

7.3.3   Die Kostenstellenrechnung

Die Kostenartenrechnung liefert Erkenntnisse über Art und Höhe der Kosten. Der Aussagewert dieser Daten wird allerdings durch die Zurechnung der Kosten auf **Kostenstellen** wesentlich verbessert.

Es ist die Aufgabe der Kostenstellenrechnung, als Bindeglied zwischen der Kostenartenrechnung und der Kostenträgerrechnung Informationen für die betriebliche Entscheidungsfindung sowie für Wirtschaftlichkeitsberechnungen bereitzustellen. Darüberhinaus dient sie dazu, alle Gemeinkosten aus der Kostenartenrechnung, welche nicht unmittelbar auf die Kostenträger verteilt werden können, über die Kostenstellen weiterzuverrechnen *(vgl. Dincher/ Ehreiser/Müller-Godeffroy 2008, S. 133 ff.)*.

Zur Durchführung der Kostenstellenrechnung ist es erforderlich, im gesamten Betrieb ein Organisationssystem einzführen, dessen Elemente die Kostenstellen als rechnungsmäßig abgegrenzte und kostenrechnerisch eigenständig abzurechnende betriebliche Teilbereiche sind *(vgl. Eisele 2002, S. 675)*. Bei deren Bildung ist es notwendig, dass sich für jede Kostenstelle genaue Bezugsgrößen für die Kostenverursachung finden lassen. Außerdem sollte für jede Kostenstelle ein Kostenstellenverantwortlicher benannt werden.

7.3.3.1 Arten von Kostenstellen

(1) Allgemeine Kostenstellen

Allgemeine Kostenstellen dienen der Funktion des gesamten Betriebes. Sie stehen nicht unmittelbar mit der Erstellung einer bestimmten betrieblichen Leistung in Verbindung. Beispiele hierfür sind u.a. die Verwaltungsstellen, die Kantine oder die Energie- und Wasserversorgung.

(2) Hauptkostenstellen

In den Hauptkostenstellen vollzieht sich der eigentliche Leistungsprozess. Die hier entstehenden Kosten werden nicht auf andere Kostenstellen weiter-, sondern unmittelbar auf die Kostenträger verrechnet. In einem Industriebetrieb werden zumeist Fertigungshauptstellen (z.B. Presswerk, Stanzerei) und Vertriebshauptstellen (wie Inlandsvertrieb, Export etc.) unterschieden.

(3) Hilfskostenstellen

Hilfskostenstellen unterstützen mit zuarbeitenden Leistungen die Hauptkostenstellen. Deren Kosten werden nicht direkt auf die Kostenträger, sondern auf andere Hilfskostenstellen oder Hauptkostenstellen umgelegt. Beispiele dafür sind in der Fertigung die Arbeitsvorbereitung oder das Lohnbüro und im Vertrieb Einheiten wie Verpackung oder Werbung.

7.3.3.2 Durchführung der Kostenstellenrechnung

Die Aufgabe der Kostenstellenrechnung besteht zunächst darin, die Kostenträgerrechnung vorzubereiten. Bei dieser Funktion kann - wie bereits erwähnt - die Verrechnung der Einzelkosten unmittelbar auf die Kostenträger erfolgen. Dagegen sind die Kostenträgergemeinkosten (auch die Kostenstellengemeinkosten) zunächst über die Kostenstellenrechnung zu verrechnen, und zwar entsprechend dem Verursacherprinzip.

Abb. 112: Die Kostenstellenrechnung als Verbindung von Kostenarten- und Kostenträgerrechnung

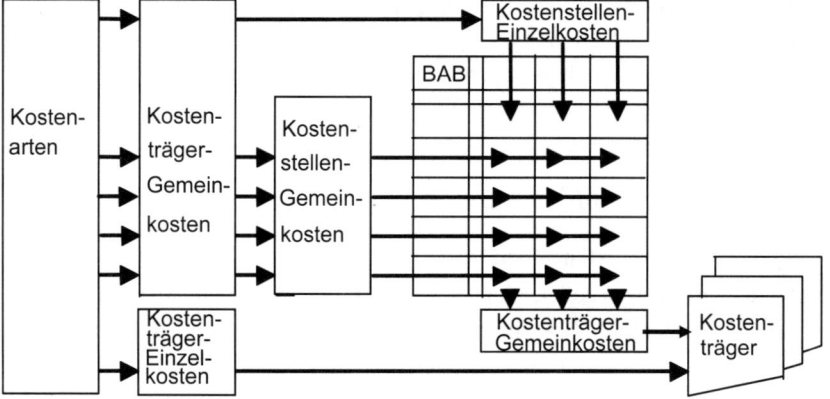

Dient die Kostenstellenrechnung auch der Kostenstellenkontrolle, so sind auch die Kostenträgereinzelkosten über die Kostenstellenrechnung zu führen *(vgl. Dincher/Ehreiser/Müller-Godeffroy 2008, S. 138).*

In der Praxis wird die Kostenstellenrechnung normalerweise mit Hilfe des Betriebsabrechnungsbogens (BAB) durchgeführt, der meist monatlich erstellt wird. Dieses technische Hilfsmittel erfasst die Kosten in tabellarischer Form, wobei normalerweise die Kostenstellen horizontal und die Kostenarten vertikal angeordnet sind.

Abb. 113: Beispiel für den Aufbau des Betriebsabrechnungsbogens (BAB)

Sp-alte	Kostenstellen					Fertigungshauptkostenstellen			Ferti-			
Zei-le	Kostenarten	Erfassungsschlüssel	Verteilungsschlüssel	zu verrechnende Kosten	Allgemeine Kostenstelle	A	B	C	gungshilfskostenstelle	Materialkostenstelle	Verwaltungskostenstelle	Vertriebskostenstelle
1	2	3	4	5	6	7	8	9	10	11	12	13
2	Gemeinkostenmaterial	Materialscheine	direkt	9 380	470	3 120	2 080	1 740	860	490	300	320
3	Energiekosten	Rechnungen	Verbraucher	6 500	890	1 950	1 020	1 510	740	150	120	120
4	Hilfslohnkosten	Lohnscheine	direkt	14 600	3 600	4 100	3 050	1 600	1 820	? 0	--	--
5	Gehaltskosten	Gehaltsliste	Tätigkeitenschlüssel	21 300	2 200	2 900	2 600	2 200	2 500	2 0	3 000	3 900
6	Sozialkosten	Lohn/Ge-...slis...	Proportional ...ohn/	40 8 8	3 480	11 442	8 850	8 9	2 592	8	1 800	2 34?

Die Erstellung des Betriebsabrechnungsbogens geht in mehreren Schritten vor sich:

(1) Aufnahme der Einzelkosten

Sie dienen der Information, um mit ihrer Hilfe spätere Zuschlagssätze zu ermitteln.

(2) Aufnahme der primären Gemeinkosten

Sie stammen aus der Betriebsbuchhaltung. Diese Gemeinkosten sind tatsächlich in den Kostenstellen entstanden.

(3) Verteilung der primären Gemeinkosten

Sie werden auf die Kostenstellen verteilt, z.B. aufgrund von Belegen oder Verteilungsschlüsseln wie z.B. Raumgröße.

(4) Verteilung der sekundären Gemeinkosten

Die Summen der Gemeinkosten, die sich in den Hilfskostenstellen ergeben, werden auf die Hauptkostenstellen verteilt. Dies erfolgt mit Hilfe von Verteilungsschlüsseln.

Abb. 114: Grundprinzip der Stellenverrechnung nach dem BAB-Verfahren

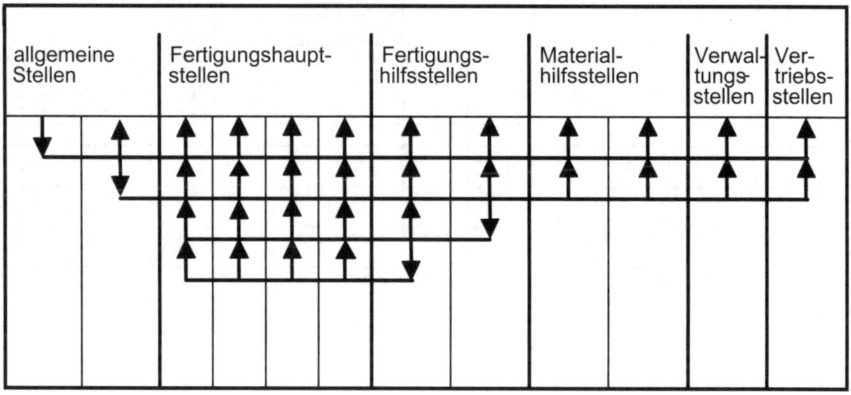

allgemeine Stellen	Fertigungshaupt-stellen	Fertigungs-hilfsstellen	Material-hilfsstellen	Verwal-tungs-stellen	Ver-triebs-stellen

(5) Bildung von Ist-Gemeinkostenzuschlägen

Sie werden ermittelt, indem die Gemeinkosten der einzelnen Hauptkostenstellen zu den in diesen Kostenstellen angefallenen Einzelkosten in Verbindung gesetzt werden.

(6) Ermittlung der Normal-Gemeinkosten

Sie kommen zustande durch die Multiplikation der jeweiligen Ist-Gemeinkosten mit den vorgegebenen Normal-Gemeinkostenzuschlagsätzen.

(7) Vergleich der Ist- und Normal-Gemeinkosten

Dieser Vergleich zeigt, ob eine Unterdeckung (d.h. zu viel verbrauchte Kosten) oder eine Überdeckung (d.h. zu wenig Kosten verbraucht wurden) vorliegt *(vgl. Olfert/Rahn 2005, S. 422)*.

7.3.4 Die Kostenträgerrechnung

Die Kostenträgerrechnung ist die dritte Stufe der Kostenrechnung. In sie gehen die Einzelkosten aus der Kostenartenrechnung und die Gemeinkosten - in Form von Zuschlagssätzen - aus der Kostenstellenrechnung ein.

Die Kostenträgerrechnung dient:

- der Ermittlung und Beurteilung von Angebotspreisen,
- der kurzfristigen Erfolgsermittlung und

- als Hilfsmittel zur Bewertung von Beständen (z.B. unfertiger und fertiger Erzeugnisse).

Die Kostenträgerrechnung kann auf einen bestimmten Zeitraum bezogen werden (Kostenträgerzeitrechnung) oder auf ein einzelnes Erzeugnis (Kostenträgerstückrechnung). Die Kostenträgerstückrechnung ermittelt die Selbstkosten für eine Kostenträgereinheit. Sie wird auch als **Kalkulation** bezeichnet *(vgl. Dincher/Ehreiser/Müller-Godeffroy 2008, S. 150 ff.)*.

Die bekanntesten Formen der Kalkulation sind:

- die Divisionskalkulation

- die Zuschlagskalkulation.

(1) Divisionskalkulation
Bei der Divisionskalkulation handelt es sich um ein prinzipiell einfaches Verfahren, welches insbesondere diejenigen Betriebe anwenden, die einheitliche Produkte oder Leistungen erbringen wie z.B. Wasserwerke, Elektrizitätswerke oder Gaswerke.

Bei diesem Kalkulationsverfahren werden die gesamten Kosten eines Zeitraums dividiert durch die Anzahl der in diesem Zeitraum hergestellten Erzeugnisse.

$$Selbstkosten\ je\ Leistungseinheit = \frac{gesamteKosten}{gesamte\ Leistungsmenge}$$

Wenn in einem Betrieb mehrere Kostenträger existieren, so muss eine mehrstufige Divisionskalkulation angewendet werden.

(2) Zuschlagskalkulation
Die Zuschlagskalkulation wird im Gegensatz zur Divisionskalkulation insbesondere in solchen Betrieben angewendet, welche vielfältige, heterogene Produkte herstellen. Für jede Erzeugniseinheit müssen in diesem Fall die Selbstkosten gesondert ermittelt werden. Hierfür ist eine Trennung in Einzel- und Gemeinkosten und deren - wie bereits beschrieben - unterschiedliche Zurechnung auf die Kostenträger erforderlich.

Nach der Feinheit der Gemeinkostenverrechnung werden zwei bedeutende Varianten der Zuschlagskalkulation unterschieden:

- die summarische Zuschlagskalkulation und

- die differenzierte Zuschlagskalkulation.

Bei der **summarischen Zuschlagskalkulation** werden die gesamten Gemeinkosten mit einem einheitlichen Zuschlagssatz auf die Leistungseinheiten verteilt.

Die **differenzierte Zuschlagskalkulation** dagegen arbeitet mit mehreren separaten Verrechnungssätzen.

7.3.5 Kostenrechnung in der öffentlichen Verwaltung

In der Vergangenheit war in der öffentlichen Verwaltung die kameralistische Buchführung üblich, welche vor allem durch die Rechenschaft gegenüber der Legislative geprägt ist. Die Kameralistik erfasst aber nur Zahlungsvorgänge (Einnahmen und Ausgaben) und keinen Wertevezehr (z.B. Abschreibunngen), daher kann sie die Kosten auch nicht den Leistungen zuordnen.

Mit der Einführung von neuen Steuerungsinstrumenten gewinnt die Effizienz und Effektivität der Verwaltungsleistungen an Bedeutung. Durch den Übergang von der Input-Steuerung zur Output-Steuerung, zur Budgetierung sowie mit der Definition von Produkten gewinnt die Kostenrechnung an Bedeutung. Durch neu gefasste Bestimmungen des öffentlichen Haushaltsrechts ist die Einführung einer Kosten- und Leistungsrechnung in geeigneten Bereichen der öffentlichen Vewaltung nicht nur möglich, sondern teilweise sogar zwingend erforderlich *(vgl. Schmidt 2009, S. 407 ff.).*

Mit dem Einsatz einer Kosten- (und Leistungs-)Rechnung in öffentlichen Verwaltungen sollen im Wesentlichen die folgenden **Ziele** erreicht werden:

- Sie ermöglicht die Erhebung und Kontrolle der Wirtschaftlichkeit von Leistungsprozessen.

- Damit ist sie eine wesentliche Grundlage für die Einführung von Controlling in der öffentlichen Verwaltung.

- Durch sie werden wichtige Entscheidungsgrundlagen für Benchmarking-Prozesse oder Make-or-Buy-Entscheidungen bereitgestellt.

- Sie liefert die Grundlage für eine permanente Prozessoptimierung staatlichen Handelns und damit zur Entbürokratisierung.

- Mit ihrer Hilfe wird die bedarfsgerechte Mittelveranschlagung im Haushaltssystem optimiert.

- Sie liefert die Kalkulationsgrundlage für die Ermittlung kostendeckender Gebührensätze und Entgelte.

7.4   Wiederholungsfragen

226. Geben Sie anhand beliebiger Zahlen ein Beispiel für den
     Aufbau des BAB.   261

227. Beschreiben Sie die Divisions- und die Zuschlagskalkulation.   263/264

228. Welche Ziele verfolgen Verwaltungen mit der Einführung der
     Kosten- und Leistungsrechnung?   264

8 Übungsaufgaben und Aufgabenlösungen

8.1 Übungsaufgaben

Aufgabe 1: Standortwahl

Eine Unternehmung prognostiziert für die folgenden Geschäftsjahre u.a. folgende Daten:

- Jahresüberschuss   1.000.000,- €
- Fremdkapitalzinsen   300.000,- €

Die Unternehmung überlegt, ob sie – zunächst nur auf diese Planwerte gestützt – den Firmensitz im Land A belassen oder nach Land B verlegen sollte. Im Land A gelte ein Unternehmensertragsteuersatz von 40 %, wobei die FK-Zinsen nicht als Betriebsausgaben berücksichtigt werden können, während im Land B ein Steuersatz von 50 % verlangt wird, die FK-Zinsen aber als Betriebsausgaben vor Anwendung des Steuersatzes abgezogen werden können.

(1) Welches Land sollte unter dem Gesichtspunkt der Minimierung der Unternehmensertragsteuerzahlungen als Standort gewählt werden?

(2) Wie hoch sind die effektiven Steuersätze In den Ländern A und B?

Aufgabe 2: Entscheidung unter Risiko und Unsicherheit

Gegeben sei folgende Nutzwertmatrix:

Aktionenraum	Zustandsraum			
	Z_1	Z_2	Z_3	Z_4
a_1	10	15	35	40
a_2	15	20	30	25
a_3	20	30	25	15
a_4	10	15	25	35

(1) Berechnen Sie die Erwartungswerte für a_1 - a_4 bei folgenden Wahrscheinlickeiten: $p(Z_1) = 0{,}2$; $p(Z_2) = 0{,}1$; $p(Z_3) = 0{,}3$; $p(Z_4) = 0{,}4$.

(2) Welche Aktion wählen Sie bei $p(Z_1) = 1$?

(3) Für welche Aktion entscheiden Sie sich nach:
a) der Maximin-Regel,
b) der Maximax-Regel?

(4) Für welche Aktion entscheiden Sie sich nach der Hurwicz-Regel bei einem Optimismusparameter von = 0,4?

Aufgabe 3: Entscheidung unter Risiko

Das Unternehmen Gerd Sauertopf GmbH (Hersteller von Wurst- und Fleischwaren) möchte in der kommenden Periode seinen Umsatz möglichst stark ausweiten. Dazu stehen ihm vier unterschiedliche Marketingstrategien zur Verfügung, die sowohl preispolitisch als auch werbepolitisch verschieden ansetzen.

Die zukünftigen Umsatzergebnisse hängen nun nicht nur von der Wahl der Strategie, sondern auch von der künftigen konjunkturellen Entwicklung (gemessen in den Veränderungsraten des realen Bruttosozialprodukts) ab. Denkbar sind Wachstumsraten von 0, 1, 2 und 3 %.

Die Marketingstrategien sind so ausgedacht, dass sie z.T. relativ erfolgreicher bei geringen Wachstumsraten, z.T. erfolgreicher bei hohen Wachstumsraten sein werden.

Entsprechend der möglichen Wachstumsraten 0, 1, 2 und 3 % ergeben sich mögliche Umsätze von:

Alternative A1: 16, 17, 18 und 19 Mio. €,

Alternative A2: 15, 16, 19 und 20 Mio. €,

Alternative A3: 14, 16, 18 und 22 Mio. €,

Alternative A4: 12, 16, 20 und 24 Mio. €.

Der Alleinunternehmer Fritz G. Sauertopf jr. hat im Herbstgutachten der Forschungsinstitute gelesen, dass sie Szenarien der Wirtschaftsentwicklung vorgestellt haben, die sie für unterschiedlich wahrscheinlich halten. Der Wachstumsrate von 0 % wird eine Wahrscheinlichkeit von 10 %, der Wachstumsrate von 1% eine Wahrscheinlichkeit von 30%, der Wachstumsrate von 2 % eine Wahrscheinlichkeit von 40 % und der Wachstumsrate von 3 % eine Wahrscheinlichkeit von 20 % zugeschrieben.

(1) Für welche Marketingstrategie sollte sich das Unternehmen entscheiden?

(2) Wie sähe die Entscheidung bei:

0 % Wachstum = 20 % Wahrscheinlichkeit,
1 % Wachstum = 30 % Wahrscheinlichkeit,
2 % Wachstum = 40 % Wahrscheinlichkeit und
3 % Wachstum = 10 % Wahrscheinlichkeit aus?

Aufgabe 4: Entscheidung unter Unsicherheit

Ein stark exportorientiertes Unternehmen plant, im kommenden Jahr einen neuen Produktionsbereich aufzunehmen. Drei Sortimentsvarianten sind dabei denkbar (A_1, A_2 und A_3).

Je nach Entwicklung des Yen-Kurses sind jeweils unterschiedliche Umsätze möglich:

- Fällt der Yen-Kurs um durchschnittlich 5 %, betragen die zu erwartenden Umsätze: (A_1 = 5 Mio.; A_2 = 10 Mio.; A_3 = 15 Mio.);

- bleibt der Yen-Kurs gegenüber dem € konstant, dann ist mit folgenden Ergebnissen zu rechnen: (A_1 = 9 Mio.; A_2 = 9 Mio.; A_3 = 9 Mio.);

- steigt der Yen-Kurs um durchschnittlich 5 %, dann ist mit folgender Umsatzentwicklung zu rechnen: (A_1 = 20 Mio.; A_2 = 10 Mio.; A_3 = 6 Mio.).

(1) Für wie viele Wechselkurse außerhalb des EWS erweist sich auch der Yen-Kurs als nicht prognostizierbar?

(2) Welche denkbaren, rationalen Entscheidungsalternativen bieten sich dem Management? (Unterstellen Sie in einem Fall einen Optimismus-Parameter von 0,2!)

Aufgabe 5: Entscheidung nach der Hurwicz-Regel

Der Student Bertal Steinein erhält folgende Prüfungsaufgabe:

„Angenommen Sie können mit 20 € Einsatz

entweder beim neuen **Bingo-Twingo-Spiel**

20 € gewinnen, wenn XA eintritt oder

10 € gewinnen, wenn XB eintritt oder

30 € gewinnen, wenn XC eintritt oder

40 € gewinnen, wenn XD eintritt

oder mit 20 € Einsatz beim neuen **Nix-Nutz-Spiel**

50 € gewinnen, wenn XB eintritt oder

20 € gewinnen, wenn XD eintritt oder

nichts gewinnen, wenn XA und XC eintreten.

Über die Wahrscheinlichkeit des Eintritts der Ereignisse XA, XB, XC und XD ist nichts bekannt. Ihr Optimismus-Parameter sei 0,6. Wie sollen Sie sich entscheiden?"

Steinein weiß keine Antwort. Können Sie ihm helfen?

(Denken Sie daran: Bei solchen Spielen geht es um die Netto-Erträge, alles andere heißt, sich in die Tasche zu lügen!)

Aufgabe 6: Nutzwertanalyse ‚Dienstwagen'

Für die B-Verwaltung soll ein neuer **Dienstwagen** angeschafft werden. Bei der Entscheidung für ein bestimmtes Modell sollen 7 Kriterien berücksichtigt werden. Bei einem paarweisen Vergleich der Kriterien ergeben sich im einzelnen folgende **Präferenzen**:

Die **Anschaffungskosten** sind wichtiger als alle anderen Kriterien mit Ausnahme des Service.

Die **Unterhaltskosten** werden als bedeutsamer angesehen als der Benzinverbrauch, der Komfort und der Service, jedoch als weniger wichtig als die Kofferraumgröße und die Wendigkeit.

Der **Benzinverbrauch** hingegen wird im Vergleich zur Kofferraumgröße und zum Service als bedeutsamer erachtet, jedoch nicht im Vergleich zum Komfort und zur Wendigkeit.

Die **Kofferraumgröße** ist bedeutsamer als Komfort und Wendigkeit aber unwichtiger als der Service.

Wendigkeit und **Service** wiederum sind wichtiger als Komfort, wobei dem Service im Vergleich zur Wendigkeit die größere Bedeutung beigemessen wird.

(1)   Erstellen Sie nach diesen Präferenzen ein **Präferenzdreieck**.

(2)   Ermitteln Sie die **Vorzugshäufigkeiten** und deren Summe, die **Rangplätze** und die **Gewichtung** (in %) der Kriterien.

Aufgabe 7: Akzeptanz und Diskriminanz

Bei einer Nutzwertanalyse wurden für die drei einbezogenen Alternativen folgende Nutzwerte errechnet:

Nutzwert Alternative A: 800

Nutzwert Alternative B: 650

Nutzwert Alternative C: 500

Wie hoch sind die **Diskriminanz** und die **Akzeptanz**, wenn die Bewertung der Alternativen mit einer Zehnerskala und die Gewichtung in % vorgenommen wurde?

Aufgabe 8: Nutzwertanalyse ‚DV-Anlage'

Der Behörde A-Amt liegen für die neu anzuschaffende **EDV-Anlage** 3 Angebote vor.

Hinsichtlich der Kriterien, die bei der Auftragsvergabe berücksichtigt werden sollen, wurden den Angeboten von maximal fünf möglichen Punkten (5 Punkte = "sehr gut") folgende **Punktwerte** zugeordnet:

Kriterium	Bewertung		
	Angebot		
	1	2	3
Anschaffungspreis	5	3	4
Unterhaltskosten	4	1	3
Betriebssicherheit	3	4	4
Kundendienst	2	5	3
Handhabung	3	4	1

Für die **Gewichtung** der Kriterien gilt folgendes:

Die beiden Kostenkriterien sollen zusammen mit 30 % in die Bewertung einfließen, wobei der Anschaffungspreis doppelt so stark gewichtet wird wie die Unterhaltskosten. Betriebssicherheit hat das gleiche Gewicht wie die Unterhaltskosten. Der Kundendienst hat das doppelte Gewicht wie die Handhabung.

(1) Ermitteln Sie mit Hilfe einer Nutzwertanalyse das beste Angebot.

(2) Ist das Ergebnis zufriedenstellend, wenn von der besten Alternative mindestens 75 % der Gesamtpunktzahl erreicht werden sollen (Akzeptanz) und die Differenz zur nächstbesten mindestens 10%-Punkte (Diskriminanz) betragen soll?

Aufgabe 9: Nutzwertanalyse ‚Rechenzentrum'

Soll in einer Behörde ein **zentrales Rechenzentrum** eingerichtet werden, oder sollen die einzelnen Abteilungen mit **dezentralen Rechnereinheiten** ausgerüstet werden?

Folgende Kriterien sollen dabei berücksichtigt werden:

(1) Anschaffungskosten
Die Anschaffungskosten für das zentrale Rechenzentrum liegen bei 75 % der maximal zulässigen Anschaffungskosten. Die Anschaffungskosten bei dezentralen Rechnern belaufen sich auf 50 % der maximal zulässigen Anschaffungskosten. Anschaffungskosten von unter 60 % der maximal zulässigen werden als "sehr gut" (5 Punkte) angesehen.

(2) Unterhaltskosten
Die Unterhaltskosten sind mit maximal 25.000,- € pro Monat vorgegeben. Bei einem zentralen Rechenzentrum liegen sie um 10 % höher als bei dezentralen Computern. Dort betragen die Unterhaltskosten maximal 10.000,- € pro Monat. Dezentrale Rechner haben "sehr gute" Unterhaltskosten.

(3) Störanfälligkeit
Bei Störungen kann bei den dezentralen Rechnern innerhalb von zwei Stunden auf

andere Geräte umgestiegen werden, bei zentralen Rechenzentren fällt der gesamte EDV-Betrieb für acht Stunden aus. Die maximal zulässige Ausfallzeit liegt bei zehn Stunden. Ein sehr günstiger Wert ist eine Ausfallzeit von einer Stunde.

(4) Kommunikation
Dezentrale Rechner erschweren im Gegensatz zu zentralen Rechenzentren die Datenkommunikation im Unternehmen geringfügig. Auf einer Fünferskala ergeben sich für die dezentrale Lösung drei, für das zentrale Rechenzentrum vier Punkte.

(5) Fachwissen
Bei der dezentralen Lösung sind die Anforderungen an das EDV-Wissen der Mitarbeiter beträchtlich höher als bei einem zentralen Rechenzentrum. In einer Fünfpunktenutzwertskala von "sehr gering" bis "sehr hoch" ist das EDV-Wissen der Mitarbeiter hier als "hoch", bei einem zentralen Rechenzentrum hingegen als "gering" zu bezeichnen. Beachten Sie bitte, dass das hohe Fachwissen der Mitarbeiter den Betrieb Geld kostet.

(1) Welche Alternative ist die günstigste, wenn Sie von folgenden Gewichtungen ausgehen: Anschaffungskosten 20 %, Unterhaltskosten 30 %, Störanfälligkeit 20 %, Kommunikation 15 % und Fachwissen 15 % ?

(2) Ist das Ergebnis bei 65 % Akzeptanz- und 15 % Diskriminanzniveau zur Entscheidung hinreichend eindeutig und annehmbar?

Aufgabe 10: Nutzwertanalyse ‚Schreibdienst'

Bereiten Sie mit Hilfe der Nutzwertanalyse eine Entscheidung für folgenden Sachverhalt vor:

Soll in einer Behörde ein zentraler Schreibdienst eingerichtet werden oder sollen die Schreibarbeiten durch Schreibkräfte erledigt werden, die einzelnen Abteilungen direkt zugeordnet werden?

Folgende Kriterien sollen berücksichtigt werden:

(1) Zeitbedarf
Der Zeitbedarf für das Anfertigen von Schriftstücken liegt bei einem zentralen Schreibdienst bei 80 % des maximal zulässigen Zeitbedarfs. Direkt zugeordnete Schreibkräfte haben 45 % des maximal zulässigen Zeitbedarfs. Ein Zeitbedarf von unter 30 % würde als "sehr gut" einzustufen sein.

(2) Selbständigkeit
Von den delegationsfähigen Aufgaben können direkt zugeordnete Schreibkräfte 75 % selbständig erledigen. Bei einem zentralen Schreibdienst ist dies nur für 25 % dieser Aufgaben der Fall. Den Erfordernissen voll gerecht würde eine Quote von mindestens 80 %. Eine Quote von unter 50 % wäre als ungenügend (1 Punkt) zu bewerten.

(3) Verfügbarkeit
Für Urlaubs- und Krankheitsvertretungen fallen bei zentralem Schreibdienst Zusatz-

kosten in Höhe von 35.000,- € an. Bei direkt zugeordneten Schreibkräften sind es 65.000,- €. Maximal zulässig sind 80.000,- €. Als "sehr gut" würde man Zusatzkosten von weniger als 20.000,- € einstufen.

(4) Auslastung
In einer fünfteiligen Skala von "sehr gering" bis "sehr hoch" kann die Auslastung des zentralen Schreibdienstes mit "sehr hoch", die der direkt zugeordneten Schreibkräfte mit "durchschnittlich" bewertet werden.

Rechnen Sie eine Nutzwertmatrix und beantworten Sie folgende Fragen:

(1) Welche Lösung ist bei folgenden Gewichtungen die günstigste: Zeitbedarf 25 %, Selbständigkeit 15 %, Verfügbarkeit 20 % und Auslastung 40 %?

(2) Welche Lösung(en) ist/sind akzeptabel (Akzeptanz), wenn 75 % der erreichbaren Punktzahl das akzeptable Minimum darstellt?

(3) Sind die Nutzwerte hinlänglich vergleichbar (Diskriminanz), wenn eine Differenz von 10 % der max. erreichbaren Punkte zwischen den Lösungen vorausgesetzt wird?

(4) Welche 3 Lösungsansätze für den Entscheidungskonflikt ,Nichtaktzeptierbarkeit' sind sinnvoll?

Aufgabe 11: Nutzwertanalyse ,Stromversorgung'

Eine Forschungsstation auf einer südlichen Karibikinsel benötigt für ihren Betrieb eine Stromversorgung. Zur Wahl stehen ein dieselbetriebenes Stromaggregat und ein Solargenerator.

Das Dieselaggregat kostet 15.000,- € und verursacht laufende Betriebskosten von 580,- € pro Tag. Seine Lebensdauer wird mit fünf Jahren veranschlagt. Kraftstoff kann für acht Monate bevorratet werden. Das Aggregat muss einmal im Monat überprüft und gewartet werden. Die Wahrscheinlichkeit, dass es zu Störungen kommt, die vom Forscherteam selbst nicht behoben werden können, wird mit 20 % angenommen.

Der Solargenerator kostet in der Anschaffung 45.000,- €, verursacht aber lediglich Betriebskosten von 50,- € täglich. Er erreicht eine durchschnittliche Lebensdauer von 30 Jahren. Die Anlage ist autonom, sie arbeitet auch dann, wenn die Station von der Außenwelt abgeschnitten ist. Zweimal im Jahr muss die Anlage überprüft und gewartet werden. Die Wahrscheinlichkeit für nicht selbst behebbare Störungen liegt unter 1 %.

Die beiden Anlagen werden mit Hilfe einer Nutzwertanalyse miteinander verglichen und bewertet.

Die **Anschaffungskosten** gehen mit einem Gewicht von 10 % in die Bewertung ein. Kosten von unter 10.000,- € werden als sehr gut (5 Punkte) bewertet, für je weitere angefangene 10.000,- € wird ein Punkt bei der Bewertung abgezogen bis max. 1 Punkt.

Die **Unterhaltskosten** haben die Hälfte des Gewichtes der Wartungsintensität. Unterhaltskosten von mehr als 800,- € täglich werden als sehr schlecht bewertet (1 Punkt). Kosten von z.B. 401,- € bis 600,- € würden mit drei Punkten bewertet.

Die **Lebensdauer** erhält das fünffache Gewicht der Unterhaltskosten. Für je angefangene sieben Jahre Lebensdauer wird ein Bewertungspunkt vergeben.

Die **Autonomie** der Anlage wird mit fünf Prozentpunkten niedriger gewichtet als ihre Lebensdauer. Ein Punkt wird vergeben, wenn sie weniger als sechs Monate ohne Treibstofflieferung auskommt. Die weitere Punktvergabe erfolgt in Sechs-Monats-Intervallen bis maximal fünf Punkte.

In Bezug auf die **Wartungsintensität** werden bei bis zu einer Wartung pro Jahr fünf Punkte vergeben. Für jede weitere Wartung pro Jahr wird je ein Punkt abgezogen, bis min. 1 Punkt.

Mit dem dreifachen Gewicht der Anschaffungskosten beziehungsweise dem sechsfachen Gewicht der Unterhaltskosten wiegt die **Störanfälligkeit** am stärksten. Bei der Störungswahrscheinlichkeit (p) von: $p > 0{,}08$ wird diese mit einem Punkt bewertet. Der Extremwert der Skala am oberen Ende wird bei $p = 0$ erreicht.

(1) Führen Sie nach diesen Angaben eine Nutzwertanalyse durch.

(2) Berechnen Sie auch Akzeptanz und Diskriminanz der besseren Alternative.

Aufgabe 12: Organisatorische Tiefengliederung

In Abhängigkeit von der Leitungsspanne ist eine Organisation mehr oder weniger tief gegliedert. Bei hoher Leitungsspanne erhält man eine flache Organisation mit nur wenigen Hierarchieebenen.

Stellen Sie die Vor- und Nachteile einer flachen Organisation dar.

Aufgabe 13: Funktionalorganisation

Der Vorstand der Blitzblank Putzwaren AG in Berlin beauftragt Sie als Organisator, für das Unternehmen eine Funktionalorganisation zu gestalten.

Dabei sollen die folgenden Abteilungen vertreten sein:

- Verkauf,

- Personalwesen,

- Werbung,

- Einkauf,

- Finanz- und Rechnungswesen,

- Materiallager.

Weiterhin ist vorgegeben, dass dem Vorstand vier Hauptabteilungsleiter unterstehen, denen die genannten Abteilungen in geeigneter Weise unterstellt sind.
Gestalten Sie einen entsprechenden Organisationsplan.

Aufgabe 14: Funktionen der Führung

Führung kann im Allgemeinen als ein zielgerichteter kommunikativer Prozess verstanden werden. Insbesondere fällt der Führung eine Lokomotions- und Kohäsionsfunktion zu.
Nennen Sie jeweils beispielhaft einzelne Aktivitäten, welche diesen beiden Funktionen dienen.

Aufgabe 15: Führung der Führungskräfte

Die meisten Vorgesetzten sind zugleich Mitarbeiter eines höheren Vorgesetzten.
Welche Probleme können sich daraus ergeben und welche Konsequenzen sind ggf. zu ziehen?

Aufgabe 16: Management by Objectives

Das Photospass-Versandhaus verkauft Fotogeräte aller Art. Der Geschäftsführer, Herr Klug, besuchte kürzlich ein Führungskräfteseminar. Nachdem er sich daraufhin intensiv mit der Führungspraxis im eigenen Unternehmen auseinandergesetzt hatte, kamen ihm Zweifel, ob das dort angewendete Führungskonzept „Management by Objectives" wirklich in optimaler Art und Weise umgesetzt wird. Bedenklich stimmt ihn vor allem auch die hohe Fluktuation in seinem Unternehmen.
Die Abteilungsleiter der Bereiche Beschaffung, Vertrieb und Verwaltung bittet er um eine Stellungnahme, welche Ziele sie aus den übergeordneten Unternehmenszielen für ihren Bereich abgeleitet haben und wie sie dabei vorgegangen sind.
Die übergeordneten Ziele des Photospass-Versandhauses für das nächste Jahr lauten:

* Steigerung des Umsatzes um 8 %,
* Steigerung der Eigenkapitalrentabilität um 4 %,
* Verringerung der Mitarbeiterfluktuation um 20 %.

Abteilungsleiter Beschaffungsbereich:
Dieser erläutert, er habe nach langer und gründlicher Überlegung, wozu er nur an den Wochenenden Zeit habe, folgende Zielsetzungen für seinen Unternehmensbereich erarbeitet:
Senkung der Lagerkosten im kommenden Jahr um 5 %,

Senkung der bestellfixen Kosten um 10 % im neuen Jahr.

Seine Mitarbeiter sollen diese Zielvorgaben umsetzen.

Abteilungsleiter Vertriebsbereich:
Er hat mit seinen Verkäufern in mehreren Sitzungen Zielvorgaben für die künftigen Verkaufsziele erarbeitet, wobei die Verkäufer entsprechende Vorschläge vorlegen. Daraus ergibt sich eine anzustrebende Umsatzsteigerung von 8 %.

Gleichzeitig wird aufgrund der Verkäuferauffassung eine leistungsabhängige Entlohnung vorgeschlagen.

Abteilungsleiter Verwaltungsbereich:
Der Abteilungsleiter traf sich mit seinen Mitarbeitern und erläuterte ihnen die übergeordneten Unternehmensziele für das kommende Jahr. Er unterstrich die besondere Bedeutung, die er diesen Zielen beimesse.

Wie beurteilen Sie das Verhalten der einzelnen Abteilungsleiter?

Aufgabe 17: Kosten der Materialbeschaffung

Bei der Ermittlung der optimalen Bestellmenge sind drei Kostengrößen zu berücksichtigen.

Welche sind dies und aus welchen Kostenarten setzen sie sich jeweils zusammen?

Aufgabe 18: Optimale Bestellmenge I

Anton Übel ist in seinem neuen Job als Einkaufsleiter einer Software-Firma beschäftigt. Nun geht es um eine Bestellung von Schreibpapier.

Egal welche Mengen Anton Übel kauft, die 500 Blatt-Packung kostet stets 2,99 €. Dafür steigen die Lagerkosten pro Packung (KL) mit der Funktion

$$KL = 0,01 \cdot Q$$

(Q ist die Anzahl der Packungen).

Die Lagerkosten (LK) betragen dann

$$LK = 0,01 \cdot Q^2$$

(da KL = LK/Q), während die bestellfixen Kosten (KB) 100,- € betragen und auf die Packungen gleichmäßig zu verteilen sind (BK = 100/Q).

Bei welcher Menge an Paketen kauft Anton Übel zu minimalen Kosten pro Packung ein?

Aufgabe 19: Optimale Bestellmenge II

Eine Weingroßhandlung bezieht seit einigen Jahren von einem italienischen Weingut jährlich 8.000 Flaschen einer bestimmten Sorte Wein, die von den Einzelhändlern immer in der gleichen Menge abgenommen wird. Da der Mietvertrag für einen der Keller gekündigt wurde, können die Flaschen nicht mehr alle eingelagert werden, so dass der Weinhändler die Menge auf mehrere Lieferungen aufteilen muss.

Folgende Kosten sind bei der Bestimmung der optimalen Bestellmenge zu berücksichtigen:

Lagerkosten und Kapitalverzinsung: 20 % des durchschnittlichen Lagerwerts.

Kosten je Bestellung: 100,- €

Stückpreis: 8,- €

(In Anlehnung an: Schierenbeck 2004: Grundzüge der Betriebswirtschaftslehre.Übungsbuch)

Aufgabe 20: Fertigungsmethoden

Die Firma BLECHTOY GmbH stellt historische Spielwaren her. Dabei wurden weitgehend manuell in einzelnen Werkstätten etwa 200 Erzeugnisse im Monat produziert. In der letzten Zeit beobachtet Herr Tüftler, der Inhaber dieser Firma, einen kontinuierlichen Anstieg des Absatzes. Aus diesem Grunde fragt er Sie um Rat, ob er seine Fertigung von der Werkstattfertigung auf eine Fließfertigung umstellen sollte. Dabei sollen Sie die Vor- und Nachteile beider Fertigungsverfahren gegeneinander abwägen. Was erwidern Sie Herrn Tüftler?

Aufgabe 21: Dienstleistungsproduktion

Herr Pfiffig hat von seinen Eltern ein Hotel geerbt, das er nun in eigener Regie betreibt. Bald erkennt er das Problem, während der Saison häufig nicht genügend Zimmer anbieten zu können und außerhalb dieser Zeiten hohe Leerstände zu haben.

Herr Pfiffig überlegt, wie eine gleichmäßigere Produktion seiner Dienstleistungen zu erreichen ist.

Welche Empfehlungen können Sie Herrn Pfiffig geben?

Aufgabe 22: Kostenvergleichsrechnung 'Straßenbauamt'

Das Straßenbauamt plant, ein neues Fahrzeug anzuschaffen. Drei Typen (A, B, C) stehen zur Auswahl, die unterschiedliche fixe und variable Kosten aufweisen. Die Entscheidungsfindung soll durch eine Kostenvergleichsrechnung unterstützt werden.

Dabei sollen als fixe (zeitabhängige) Kosten berücksichtigt werden:

- kalkulatorische Abschreibungen,

- kalkulatorische Zinsen,

- die KFZ-Versicherung und

- die KFZ-Steuer.

Bei den variablen (leistungsabhängigen) Kosten betrachtet man:

- Wartung (Verschleißteile) und
- Benzinverbrauch.

Folgende Informationen trägt das Straßenbauamt zusammen:

Typ	A	B	C
Anschaffungskosten in Euro A_O	80.000,-	60.000,-	40.000,-
Nutzungsdauer in Jahren n	5	5	5
Zinskosten pro Jahr i	10 %	10 %	10 %
Fixe Kosten			
kalkulatorische, lineare Abschreibungen	A_O/n	A_O/n	A_O/n
kalkulatorische Zinsen	$(A_O/2) \cdot i$	$(A_O/2) \cdot i$	$(A_O/2) \cdot i$
KFZ-Versicherung	2.000,-	1.800,-	1.900,-
KFZ-Steuer	500,-	500,-	500,-
Variable Kosten			
Wartung pro 1000 km	100,-	200,-	300,-
Benzinverbrauch pro 100 km in Liter	10	12	15

Ermitteln Sie die Gesamtkostenfunktionen für alle Fahrzeuge (variable Kosten gemessen in je 1 km Fahrleistung). Der Benzinpreis wird mit 1,50 € pro Liter angenommen.

Bei welcher Kilometerleistung ist welcher Fahrzeugtyp vorteilhaft?

Aufgabe 23: Kostenvergleichsrechnung ‚EMMA/13'

Die Lummerstädter Industrie AG beabsichtigt, für ihre E-Magneten-Produktion vom Typ EMMA/13 eine neue Maschine zu leasen. Sie hat zwei Angebote vorliegen.

Angebot A:

♦ Monatliche Leasingrate 1.278,- €
♦ Lohnkosten pro Stunde 29,80 €
♦ Materialkosten je Stück 12,38 €
♦ Anteilige Raumkosten 584,30 € pro Monat.

Die Maschine kann 6 E-Magneten vom Typ EMMA/13 pro Stunde produzieren.

Angebot B:

- ◆ monatliche Leasingraten 7.281,- €
- ◆ Lohnkosten pro Stunde 31,35 €
- ◆ Materialkosten pro Stück 9,21 €
- ◆ anteilige Raumkosten pro Monat 962,90 €

Die Maschine kann 22 E-Magneten vom Typ EMMA/13 pro Stunde produzieren.

Der Betrieb arbeitet an 240 Tagen im Jahr jeweils 8 Stunden täglich. Der Monat wird mit durchschnittlich 20 Arbeitstagen gerechnet.

(1) Welche Maschine sollte angeschafft werden, wenn eine Jahresproduktion von 8.000 Stück E-Magneten vom Typ EMMA/13 geplant ist?

(2) Stellen Sie den Verlauf der Stückkosten in Abhängigkeit von der Produktionsmenge für beide Alternativen zeichnerisch dar.

(3) Welches ist die kritische Menge, bei der sich die beiden Stückkosten-Kurven schneiden?

Aufgabe 24: Kapitalwertrechnung ‚Lotteriegewinn'

Herr Glücklich hat in einer **Lotterie** den Hauptpreis gewonnen. Er erhält 100.000,- € in bar oder alternativ 10 Jahre lang monatlich 1.000,- €.

Er entscheidet sich für eine der beiden Alternativen mit Hilfe der Kapitalwertmethode, wobei er einen Kalkulationszinssatz von 8 % zugrunde legt.

Wofür wird er sich entscheiden?

Aufgabe 25: Kapitalwertrechnung ‚Investitionsvorhaben'

Ermitteln Sie den Kapitalwert für ein **Investitionsvorhaben** aufgrund folgender Daten:

Kapitaleinsatz C		60.000,- €
a_0 23.000,- €		
a_1 28.000,- €	e_1 28.000,- €	
a_2 28.000,- €	e_2 40.000,- €	
a_3 35.000,- €	e_3 60.000,- €	
a_4 40.000,- €	e_4 60.000,- €	
a_5 34.000,- €	e_5 60.000,- €	
a_6 22.000,- €	e_6 50.000,- €	
	e_7 30.000,- €	

Restwert (Liquidationserlös) e_r 6.000,- €

Nutzungsdauer 7 Jahre, Kalkulationszinsfuß i   10 %

Aufgabe 26: Kapitalwertrechnung ‚Dienstwagen'

Bei der Anschaffung eines neuen Dienstfahrzeuges ist zu prüfen, ob der Wagen gekauft oder geleast werden soll.

Der Kaufpreis für das gewählte Modell beträgt 30.000,- €. Die jährlichen Unterhaltskosten belaufen sich auf insgesamt 3.000,- €. Nach der vorgesehenen 5jährigen Nutzungsdauer wird von einem Wiederverkaufswert von 15.000,- € ausgegangen.

Alternativ könnte der Wagen geleast werden. Das Angebot sieht eine Einmalzahlung von 10.000,- € und jährliche Leasingraten von 6.000,- € vor. Die Unterhaltskosten trägt in diesem Falle das Leasingunternehmen. Die Betriebskosten (Benzin, Waschen etc.) sind in beiden Fällen gleich hoch. Nach fünf Jahren wird das geleaste Fahrzeug ohne weitere Verrechnung zurückgegeben.

Ermitteln Sie nach der Kapitalwertmethode bei einem Alternativzinssatz von 8 % die kostengünstigere Beschaffungsform.

Aufgabe 27: Kapitalwertrechnung ‚Druckmaschine'

Für das Staatliche Bildungsinstitut in Frauheim soll für die Hausdruckerei eine neue **Druckmaschine** angeschafft werden. Es liegen zwei Angebote vor. Die Maschine A wird zum Kauf, die Maschine B jedoch ausschließlich im Leasingverfahren angeboten.

Die Entscheidung soll aufgrund einer Investitionsrechnung nach der Kapitalwertmethode getroffen werden. Hierzu wurden folgende Daten ermittelt:

Maschine A (Kauf):

Kaufpreis 10.000,- €, jährl. Unterhaltskosten 1.000,- €, Ertrag 4.000,- € jährlich, Restwert nach fünf Jahren 3.000,- €.

Maschine B (Leasing):

Einmalzahlung bei Lieferung 5.000,- €, jährl. Leasingraten (incl. Unterhaltskosten) 2.000,- €, Ertrag 3.500,- € jährlich, Rückgabe nach fünf Jahren ohne weitere Zahlungen/Erlöse.

a) Berechnen Sie die Barwerte der Angebote bei einem Kalkulationszinssatz von 8 % und einer vorgesehenen Nutzungsdauer von fünf Jahren.

b) In welche Richtung und warum würde sich der Kapitalwert von Maschine A verändern, wenn:

ba) der Kaufpreis erst im zweiten Jahr der Nutzung fällig wäre?

bb) die Nutzungsdauer mit mehr als fünf Jahren angenommen würde?

bc) der Kalkulationszinssatz höher als 8 % angenommen würde?

Aufgabe 28: Kapitalwertrechnung ‚Vermögensanlage'

Die Spar- und Vermögensverwaltungsgesellschaft mbH bietet ihren Privatkunden folgendes Anlagekonzept:
Es werden vier Jahre lang monatlich 1.000,- € angespart. Die angesparte Summe ruht danach für drei Jahre.
In den folgenden drei Jahren werden dem Anleger monatlich 2.000,- € zurückgezahlt. Zusätzlich erhält der Anleger zum Ende dieser drei Jahre eine Einmalzahlung von 10.000,- €.
Beurteilen Sie das Angebot nach der Kapitalwertmethode bei einem Kalkulationszinssatz von 8 % p.a..
Wie hoch ist der Saldo der Barwerte dieser Anlageofferte?

Aufgabe 29:

Kapitalwertrechnung ‚Anlageinvestitionen'

Die **Maschinen und Anlagen GmbH** steht vor der Entscheidung für eine neue Fertigungsanlage. Zwei konkurrierende Konzepte sind in der engeren Wahl. Die Entscheidung für eines von beiden soll aufgrund einer Investitionsrechnung nach der Kapitalwertmethode getroffen werden.
Anlage A kostet 70.000,- € und hat eine Nutzungsdauer von sieben Jahren, an deren Ende ein Restwert von 20.000,- € verbleibt. Die Unterhalts- und Betriebskosten belaufen sich auf 15.000,- € im ersten Jahr. Man nimmt an, dass sie in den Folgejahren um je 3 % zunehmen. Die Erträge summieren sich im ersten Jahr auf 30.000,- €. Sie werden in den Folgejahren aufgrund des erwarteten Preisdrucks voraussichtlich um jährlich 1.000,- € zurückgehen.
Anlage B kostet 50.000,- € und hat eine Nutzungsdauer von vier Jahren. Der Restwert wird mit 10.000,- € angenommen. Die Unterhalts- und Betriebskosten betragen im ersten Jahr 10.000,- € und steigern sich um 1.000,- € jährlich. Im dritten Jahr wird zusätzlich eine Generalüberholung erforderlich, die mit 10.000,- € veranschlagt wird.
Der Ertrag der Anlage beträgt im ersten Jahr 40.000,- €, fällt dann aber aufgrund der abnehmenden Leistung der Anlage und der Preisentwicklung um 5.000,- € jährlich ab.
Berechnen Sie für die beiden Anlagen die Kapitalwerte bei einem Kalkulationszinssatz von 10 % p. a..

Aufgabe 30: Investitionsentscheidung ‚Fuhrpark'

a) Die **Fern Spezialtransporte GmbH** erneuert einen Teil des Fuhrparks. Drei Fahrzeuge werden ausgemustert und ersetzt. Für die neuen Fahrzeuge liegen Angebote von drei verschiedenen Herstellern vor. Bei der Entscheidung sollen neben Rentabilitätskriterien auch qualitative Aspekte berücksichtigt werden.

Die Wirtschaftlichkeit soll nach der Kapitalwertmethode beurteilt werden, deren Ergebnisse in eine Nutzwertanalyse einfließen.

Es ist beabsichtigt, die drei Fahrzeuge als Eigentum zu erwerben und nach vier Jahren zu veräußern und zu ersetzen.

Hersteller *A* bietet die Fahrzeuge zu einem Kaufpreis von zusammen 2.000.000,- € an. Bei der angenommenen durchschnittlichen Fahrleistung von 200.000 km im Jahr belaufen sich die Unterhalts- und Betriebskosten auf jährlich 250.000,- € je Fahrzeug. Aufgrund der kalkulierten Beförderungskapazität der Fahrzeuge wird mit einem Ertrag von 400.000,- € pro Fahrzeug und Jahr gerechnet. Der Restwert nach Ablauf der Nutzungsdauer wird mit 1.300.000,- € angenommen.

Bei **Hersteller *B*** würden die Fahrzeuge zusammen 1.700.000,- € kosten, die jährlichen Unterhalts- und Betriebskosten bei gleicher Fahrleistung jedoch 300.000,- € je Fahrzeug betragen. Die etwas geringere Kapazität lässt Erträge von 350.000,- € pro Jahr und Fahrzeug erwarten. Der Restwert nach vier Jahren wird auf 300.000,- € je Fahrzeug geschätzt.

Hersteller *C* offeriert die Fahrzeuge für zusammen 2.200.000,- €, räumt jedoch für die Hälfte des Kaufpreises ein Zahlungsziel von 15 Monaten ein. Die Unterhalts- und Betriebskosten sind hier mit 350.000,- € pro Jahr und Fahrzeug am höchsten, dem steht jedoch ein hoher Ertrag von 450.000,- € jährlich pro Fahrzeug entgegen. Ebenso kann mit einem hohen Restwert von 1.500.000,- € kalkuliert werden.

Berechnen Sie die Kapitalwerte der Angebote bei einem Kalkulationszinssatz von 8 % p.a.

b) Die Kapitalwerte werden mit weiteren Kriterien in eine Nutzwertanalyse einbezogen. Sie berücksichtigt neben dem Kapitalwert die Sicherheit, die Zuverlässigkeit und die Leistungsreserve der Fahrzeuge.

Für die Gewichtung der Kriterien gilt, dass der Kapaitalwert soviel wiegt wie die übrigen Kriterien zusammen. Sicherheit und Zuverlässigkeit haben das gleiche Gewicht, die Leistungsreserve hat ein Fünftel des Gewichtes des Kapitalwertes.

Angebote mit einem negativen Kapitalwert erhalten die geringste Punktzahl (1). Die höchste Punktzahl wird bei Kapitalwerten von mehr als 300.000,- € vergeben (5). Fahrzeuge des Herstellers A haben eine hervorragende Sicherheitsausstattung (5), eine gute Leistungsreserve (4), sie gelten aber als relativ unzuverlässig (2). Die von Hersteller B gebauten Fahrzeuge haben eine ungenügende Sicherheitsausstattung (1) und eine nur mäßige Leistungsreserve (2), gelten aber als besonders zuverlässig (5).

Hersteller C bietet Fahrzeuge mit sehr hohen Leistungsreserven (5) und hohen Sicherheitsstandards (4) bei befriedigender Zuverlässigkeit (3).

Nehmen Sie anhand dieser Daten eine Nutzwertanalyse vor.

Aufgabe 31: Kapitalwertrechnung ‚Immobilienprojekt'

Herr Schleicher hat von einer verstorbenen Tante 500.000,- € geerbt.

Ein Anlageberater empfiehlt ihm, den Betrag in ein Immobilienprojekt zu investieren und zwar zu folgenden Konditionen:

Herr Schleicher erwirbt durch Zahlung von 500.000,- € einen Anteil an dem Immobilienobjekt. In den ersten beiden Jahren (Bauphase) ist mit Einkünften aus der Beteiligung nicht zu rechnen. Im dritten Jahr soll ein Einnahmenüberschuß von 10.000,- € erzielt werden, der sich in den folgenden drei Jahren jeweils verdoppelt. In den folgenden vier Jahren werden keine weiteren Einnahmenüberschüsse erwartet. Nach Ablauf dieser Zeit verpflichtet sich die Betreibergesellschaft den Anteil zu einem Kaufpreis von 1.000.000,- € zurückzukaufen.

Alternativ könnte Herr Schleicher die Erbschaft bei seiner Bank anlegen. Sie bietet ihm eine festverzinsliche Anlage zu 6 % Zins per anno und gleicher Gesamtlaufzeit wie das Immobilienprojekt.

Herr Schleicher vergleicht die beiden Anlageofferten nach der Kapitalwertmethode.

(1) Welche der beiden Angebote ist hiernach günstiger?

(2) Wie hoch ist die Differenz der Kapitalwerte der beiden Angebote?

Aufgabe 32: Optimaler Verschuldungsgrad

Die Max Gewinn GmbH plant ihre Finanzierung für das kommende Geschäftsjahr. Sie will den optimalen Verschuldungsgrad realisieren, bei dem die Eigenkapitalrendite den höchstmöglichen Wert erreicht.

Aus den Offerten der potentiellen Fremdkapitalgeber hat sie in Abhängigkeit von dem Verschuldungsgrad folgende Funktion für den Fremdkapitalzins ermittelt:

$$i = 0{,}04 + 0{,}01\, t^2$$

Unabhängig von der Art der Finanzierung rechnet das Unternehmen damit, eine Gesamtkapitalrendite von 8 % zu erreichen.

a) Bestimmen Sie den optimalen Verschuldungsgrad für die Max Gewinn GmbH.

b) Stellen Sie das Ergebnis zeichnerisch dar.

Aufgabe 33: Eigenkapitalrendite

Das in der Unternehmung 'Surprise' eingesetzte gesamte Kapital in Höhe von 20 Mio. € verzinse sich mit 13,5 %. Die Unternehmung überlegt, ihre Finanzierungsstruktur zu optimieren. Fremdkapital ist bis zu einer Höhe von 10 Mio. € zu 10 % zu erhalten. Darüber hinausgehende Fremdmittel sind nur mit einem kumulierenden Risikozuschlag von jeweils 1 % für jede weitere 1 Mio. € zu erhalten.

(1) Wie viel Fremdkapital sollte die Firma 'Surprise' einsetzen, um das dann verbleibende Eigenkapital mit einer maximalen Rendite auszustatten?

(2) Wie hoch ist in diesem Falle die EK-Rendite?

Aufgabe 34: Grundbegriffe des Rechnungswesens

Ordnen Sie die Stromgrößen:

- Einzahlungen,
- Aufwendungen,
- Auszahlungen,
- Erträge,
- Einnahmen,
- Ausgaben

den drei Bestandsgrößen

- Zahlungsmittelbestand,
- Geldvermögen und
- Reinvermögen

zu.

Aufgabe 35: Abschreibungen ,Anlage'

Eine Anlage, die für 80.000,- € angeschafft wurde, kann wahlweise mit 10 % p.a. linear oder der mit 20 % p.a. geometrisch-degressiv abgeschrieben werden.

a) Nach wieviel Jahren der Nutzung ist der Restbuchwert nach der linearen Abschreibung erstmals niedriger als nach der degressiven?

b) Wie schlägt sich ein Verkauf der Anlage nach x Jahren zum Buchwert in der Bilanz nieder?

Aufgabe 36: Abschreibungen ,Lastwagen'

Eine Unternehmung kauft im Jahre 2010 einen Lastwagen für 60.000,- €. Am Ende einer geschätzten Gesamtfahrleistung von 300.000 km wird ein Veräußerungserlös (Restwert) von 6.000,- € erwartet. In den Jahren 2010, 2011 und 2012 wird der LKW je 20.000, 30.000 und 40.000 km gefahren..

(1) Wie hoch sind die planmäßigen Abschreibungen bei leistungsmäßiger Abschreibung in den Jahren 2010, 2011 und 2012?

(2) Wie hoch sind die Abschreibungen bei linearer Abschreibung? (Die zugrundegelegte Abschreibungsdauer ist von Ihnen selbst zu begründen).

(3) Wie hoch sind die Werte in diesen Jahren bei geometrisch-degressiver Abschreibung und einem Abschreibungssatz von 20 %?

Aufgabe 37: Kostenrechnung (BAB)

Die Lummerstädter Industrie AG bearbeitet im Zuge ihrer Kostenrechnung einen Betriebsabrechnungsbogen (BAB). Die Daten der Buchhaltung sind bereits ermittelt und den Kostenstellen zugeordnet.

Schließen Sie den BAB bitte ab, indem Sie die Umlagen durchführen, die Gemeinkostenzuschläge (Ist-Zuschläge) errechnen und mit den Soll-Zuschlägen (Normal-Zuschlägen) vergleichen.

Für die Umlagen gilt folgender Verteilschlüssel:

Umlage 1 im Verhältnis 10 : 20 : 15 : 25 : 20 : 5 : 5

Umlage 2a im Verhältnis 60 : 40

Umlage 2b im Verhältnis 50 : 50

Betriebsabrechnungsbogen (BAB)

Kostenart / Kostenstelle	Zahlen der Buchhaltung	Allgem. Kostenstelle	Material-stelle	Hilfs-kosten-stelle 1	Hilfs-kosten-stelle 2	Fertig.-haupt-stelle 1	Fertig.-haupt-stelle 2	Verw.-stelle	Vertr.-Stelle
Fertigunsmaterial	30.000		30.000						
Fertigungslöhne	150.000					100.000	50.000		
Betriebsstoffe	10.000	1.000	1.500	2.000	500	2.000	2.500	300	200
Raumkosten	15.000	1.000	2.000	1.000	800	5.000	4.000	800	400
Abschreibungen	40.000	5.000	3.000	4.000	3.000	11.000	10.000	3.000	1.000
Summe									
Umlage 1									
Summe									
Umlage 2a									
Umlage 2b									
Summe									
Ist-Zuschlag (%)									
Soll-Zuschlag (%)			25 %			25 %	50 %	2 %	2 %
Soll-Gemeinkosten									
Über-/ Unterdeckung									

8.2 Lösungshinweise

zu Aufgabe 1: Standortwahl

Land A: 40 % Steuersatz und <u>keine</u> Abziehbarkeit als Betriebsausgabe

Überschuss : 1.000.000,- ← Steuerbemessungsgrundlage

- Steuern 40%: 400.000,-

- FK-Zinsen   : 300.000,-

Gewinn nach Steuern: 300.000,-

Land B: 50 % <u>und</u> Abziehbarkeit als Betriebsausgabe

Überschuss : 1.000.000,-

- FK-Zinsen   : 300.000,-

700.000,- ← Steuerbemessungsgrundlage

- Steuern 50 % : 350.000,-

Gewinn nach Steuern: 350.000,-

Effektiver Steuersatz $= \dfrac{Steuerbetrag}{\ddot{U}berschuss} \bullet 100 \quad oder = \dfrac{Steuerbetrag}{\ddot{U}berschuss} \bullet 100 - FK - Zinsen$

Land A $= \dfrac{400.000}{1.000.000} \bullet 100 = 40\% \rightarrow \dfrac{400.000}{700.000} \bullet 100 = 57,1\%$

Land B $= \dfrac{350.000}{1.000.000} \bullet 100 = 35\% \rightarrow \dfrac{350.000}{700.000} \bullet 100 = 50\%$

zu Aufgabe 2: Entscheidung bei Risiko und Unsicherheit

(1) Erwartungswerte für

a_1 = 30

a_2 = 24

a_3 = 20,5

a_4 = 25

(2) Aktion a_3

(3) a) für a_2 oder a_3

b) für a_1

(4)	a_1	=	**22**
	a_2	=	21
	a_3	=	21
	a_4	=	20

zu Aufgabe 3: Entscheidung unter Risiko

(1)

	Wachstumsrate in %	Z_1 0	Z_2 1	Z_3 2	Z_4 3	Erwartungswert
Alterntive	Wahrscheinlichkeit in %	10	30	40	20	
A1		16	17	18	19	17,7
A2		15	16	19	20	17,9
A3		14	16	18	22	17,8
A4		12	16	20	24	**18,8**

(2)

	Wachstums-rate in %	0	1	2	3	Erwartungswert
Alternative	Wahrscheinlichkeit in %	20	30	40	10	
A1		16	17	18	19	17,4
A2		15	16	19	20	17,4
A3		14	16	18	22	17,0
A4		12	16	20	24	**17,6**

zu Aufgabe 4: Entscheidung unter Unsicherheit

	Z_1	Z_2	Z_3	Zeilen max.	Zeilen min.	$\lambda = 0{,}2$	λ -0,2 = 0,8	Hur-wicz
A_1	5	9	20	**20**	5	4	4	8
A_2	10	9	10	10	**9**	2	7,2	**9,2**
A_3	15	9	6	15	6	3	4,8	7,8

zu Aufgabe 5: Entscheidung nach der Hurwicz-Regel

	XA	XB	XC	XD	Zeilen-max.	Zeilen-min.	Zeilen-max.	Zeilen-min.	HR
Bingo-Twingo	0	-10	10	20	20	-10	12	-4	8
Nix-Nutz	-20	30	-20	0	30	-20	18	-8	**10**

Bertal Steinein kann geholfen werden. Nach der Hurwicz-Regel sollte man sich am Nix-Nutz-Spiel beteiligen.

zu Aufgabe 6: Nutzwertanalyse ‚Dienstwagen'

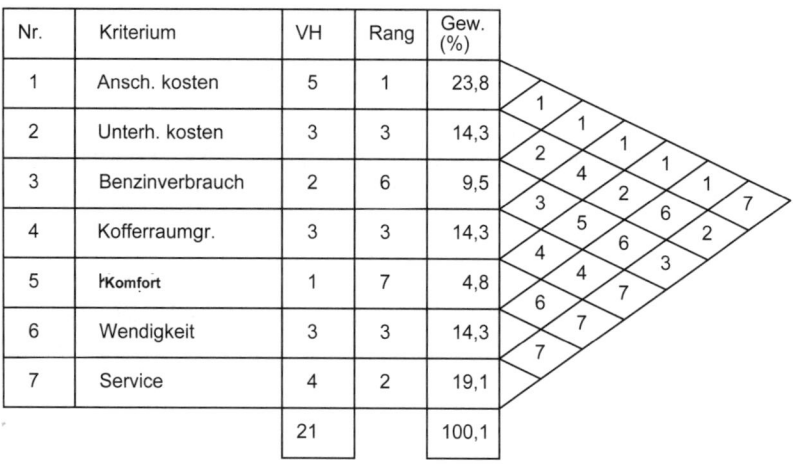

Nr.	Kriterium	VH	Rang	Gew. (%)
1	Ansch. kosten	5	1	23,8
2	Unterh. kosten	3	3	14,3
3	Benzinverbrauch	2	6	9,5
4	Kofferraumgr.	3	3	14,3
5	Komfort	1	7	4,8
6	Wendigkeit	3	3	14,3
7	Service	4	2	19,1
		21		100,1

zu Aufgabe 7:

Akzeptanz und Diskriminanz

$$D = \frac{800 - 650}{800} * 100 = 18,75\ \%$$

$$A = \frac{800}{1000} * 100 = 80\%$$

zu Aufgabe 8: Nutzwertanalyse ‚DV-Anlage'

Nr.	Bezeichnung	VH	Gew. (%)	Angebot 1		Angebot 2		Angebot 3	
				Bew.	TNW	Bew.	TNW	Bew.	TNW
1	A. -Preis	-	20	5	100	3	60	4	80
2	U. h. -Kosten	-	10	4	40	1	10	3	30
3	Betr. sicherh.	-	10	3	30	4	40	4	40
4	Kundend.	-	40	2	80	5	200	3	120
5	Handhab.	-	20	3	60	4	80	1	20
		-	100		310		390		290

$$D = \frac{390 - 310}{390} * 100 = 20,5\ \%$$

$$A = \frac{390}{500} * 100 = 78\%$$

zu Aufgabe 9: Nutzwertanalyse ‚Rechenzentrum'

Nr.	Bezeichnung	Gew. (%)	RZ Bew.	RZ TNW	PC. Bew.	PC. TNW
1	Anschaffungskosten	20	3	60	5	100
2	Unterhaltskosten	30	4	120	5	150
3	Störanfälligkeit	20	2	40	5	100
4	Kommunikation	15	4	60	3	45
5	Fachwissen	15	4	60	2	30
		100		**340**		**425**

(Spaltenüberschrift: Alternativen — RZ / PC.)

$$D = \frac{425 - 340}{425} * 100 = 20\ \% \qquad A = \frac{425}{500} * 100 = 85\ \%$$

zu Aufgabe 10: Nutzwertanalyse ‚Schreibdienst'

Skalen zur Bewertung nach den Kriterien:

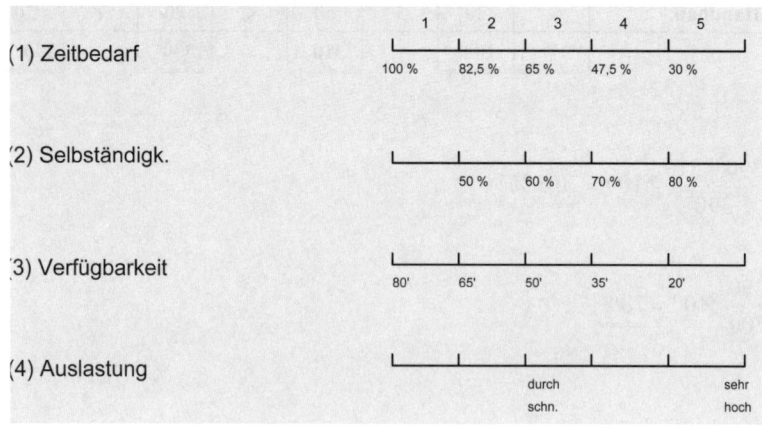

(1) Zeitbedarf

    1   2   3   4   5

  100 % 82,5 % 65 % 47,5 % 30 %

(2) Selbständigk.

  50 % 60 % 70 % 80 %

(3) Verfügbarkeit

  80' 65' 50' 35' 20'

(4) Auslastung

  durch schn. sehr hoch

Nutzwerttabelle			Zentraler Schreibdienst		Dezentraler Schreibdienst	
Nr.	Bezeichnung	Gew. (%)	Bew.	TNW	Bew.	TNW
1	Zeitbedarf	25	2	50	4	100
2	Selbständigkeit	15	1	15	4	60
3	Verfügbarkeit	20	3	60	1	20
4	Auslastung	40	5	200	3	120
		100		325		300

$$D = \frac{325 - 300}{325} * 100 = \underline{\underline{7,7 \%}} \qquad A = \frac{325}{500} * 100 = \underline{\underline{65 \%}}$$

zu Aufgabe 11: Nutzwertanalyse ‚Stromversorgung'

Skalen zur Bewertung

1. Anschaffungskosten

2. Unterhaltskosten

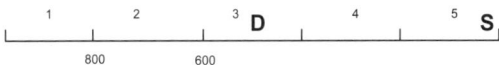

6. Störanfälligkeit

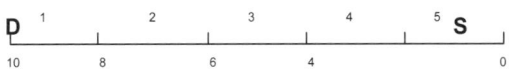

			Alternativen			
Kriterien			**Dieselaggregat**		**Solargenerator**	
Nr.	**Bezeichnung**	**Gew.(%)**	**Bew.**	**TNW**	**Bew.**	**TNW**
1	Anschaffungskosten	10	4	40	1	10
2	Unterhaltskosten	5	3	15	5	25
3	Lebensdauer	25	1	25	5	125
4	Autonomie	20	2	40	5	100
5	Wartung	10	1	10	4	40
6	Störanfälligkeit	30	1	30	5	150
				160		**450**

$$D = \frac{450 - 160}{450} * 100 = 64,4\ \% \qquad\qquad A = \frac{450}{500} * 100 = 90\ \%$$

zu Aufgabe 12: Organisatorische Tiefengliederung

Unter einer flachen Organisationsstruktur ist zu verstehen, dass ein Betrieb nur wenige Hierarchieebenen aufweist. Daraus folgt eine tendenzielle Verlagerung von Entscheidungskompetenzen auf die unteren Ebenen.

Vorteilhaft hieran ist insbesondere das schnellere Reagieren auf Wünsche von Außenstehenden (z.B. den Kunden). Die Anpassungsgeschwindigkeit und Flexibilität des Betriebes wird dadurch gefördert. Außerdem trägt die Verlagerung von Handlungs- und Entscheidungsbefugnissen auf nachgeordnete Stellen zur Förderung der Motivation der Mitarbeiter bei.

Nachteilig kann aber bei einer solchen Organisationsstruktur die Schwierigkeit der Koordination von Entscheidungen sein. Die Vielzahl von Entscheidungsträgern kann die Einheitlichkeit des betrieblichen Handelns und die Steuerbarkeit insgesamt beeinträchtigen. Außerdem ergeben sich, bedingt durch die geringere Zahl von vorgesetzten Ebenen, weniger Aufstiegsmöglichkeiten und Karrierechancen.

zu Aufgabe 13: Funktionalorganisation

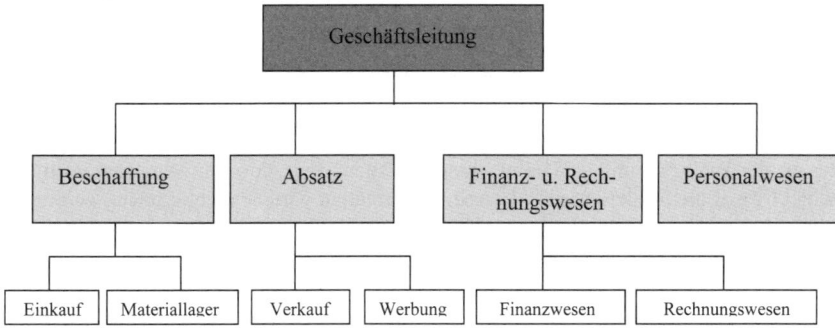

zu Aufgabe 14: Funktionen der Führung

Unter **Lokomotionsfunktion** werden alle diejenigen Aktivitäten verstanden, welche dem Ziel dienen, das Handeln der Mitarbeiter konkret auf die beabsichtigten Organisationsziele hin auszurichten. Hierzu gehören z.b.: Erläuterung der zu erledigenden Aufgaben, Klärung missverständlicher Sachverhalte, Setzen von Terminen, individuelles Leistungs-Feedback, Beschaffung und Weitergabe der notwendigen Informationen, Hilfestellung bei sachlichen Problemen.

Bei der **Kohäsionsfunktion** steht die Aufrechterhaltung und Förderung der Beziehungen zwischen Vorgesetztem und Mitarbeiter sowie der Mitarbeiter untereinander im Vordergrund. Hierdurch soll auch die Motivation der Mitarbeiter gefördert werden. Beispiele hiefür sind: Abbau sozio-emotionaler Spannungen, Schutz einzelner Mitarbeiter vor persönlichen Angriffen, Motivation durch Belohnungen, Förderung von „Teamgeist" bei Arbeitsgruppen, Abbau von Ängsten und Unsicherheiten, die sich aus den betrieblichen Abläufen ergeben, Aufbau eines vertrauensvollen Arbeitsklimas.

zu Aufgabe 15: Führung der Führungskräfte

Durch die Vorgaben einer höheren Führungskraft kann der Vorgesetzte in dem Handlungsspielraum gegenüber seinen Mitarbeitern eingeengt sein. Dies führt u.U. dazu, dass er sich zu einem Verhalten veranlasst sieht, welches nicht seiner Überzeugung entspricht. Dadurch wiederum besteht die Möglichkeit einer Verringerung seiner persönlichen Autorität bei den Untergebenen.

Typisch für „mittlere" Vorgesetzte sind die Problematiken, die sich aus einer solchen „Sandwichposition" ergeben. Von beiden Seiten werden gegebenenfalls unterschiedliche, eventuell sogar unvereinbare, Erwartungen an die Führungskraft gestellt. Da er ihnen gleichzeitig kaum gerecht werden kann, wird er sich für eine Lösungsstrategie entscheiden müssen.

zu Aufgabe 16: Management by Objectives

Abteilungsleiter Beschaffungsbereich:
Der Abteilungsleiter hat seine Zielvorgaben aus dem übergeordneten Unternehmensziel „ Steigerung der Eigenkapitalrentabilität" abgeleitet. Da die Ziele eindeutig quantitativ bestimmt sind, ist eine Zielkontrolle möglich.

Der Fehler des Abteilungsleiters liegt in der fehlenden Beteiligung seiner Mitarbeiter an der Zielbestimmung. Dieses entspricht nicht dem Konzept Management by Objectives. Eine Förderung der Mitarbeitermotivation wird so nicht erreicht werden und damit wird dem übergeordneten Unternehmensziel "Verringerung der Mitarbeiterfluktuation" in keiner Weise Rechnung getragen.

Abteilungsleiter Vertriebsbereich:
Hier wird Zielvereinbarung praktiziert. Die Zielvorgaben sind mit den übergeordneten Unternehmenszielen kompatibel. Die leistungsabhängige Entlohnung wirkt sich positiv auf das Engagement und die Motivation der Mitarbeiter aus. Dadurch wird der Mitarbeiterfluktuation entgegengewirkt. Das Verhalten dieses Abteilungsleiters entspricht den Grundsätzen von Management by Objectives.

Abteilungsleiter Verwaltung:
Diese Führungskraft hat keinerlei konkrete Ziele für ihren Bereich aus den übergeordneten Unternehmenszielen abgeleitet. Die Mitarbeiter haben hier keinerlei Orientierungen, aus denen sie zielbezogen ihr Handeln ableiten können. Insofern ist auch keine Kontrolle des Handelns in dieser Abteilung möglich. Mit Management by Objectives hat dieses Verhalten nichts zu tun.

zu Aufgabe 17: Kosten der Materialbeschaffung

Bei der Ermittlung der optimalen Bestellmenge sind folgende Kostengrößen zu berücksichtigen:

Beschaffungskosten
Sie ergeben sich grundsätzlich aus der Beschaffungsmenge mal Beschaffungspreis je Einheit, vermindert um Rabatte u.Ä. und erhöht um Transportkosten, Mindermengenaufpreise und sonstige wertabhängige Beschaffungskosten.

Bestellkosten
Sie sind unabhängig von der Beschaffungsmenge. Ihre Höhe ist von der Beschaffungshäufigkeit abhängig. Hierunter fallen Kosten der Suche und Auswahl von Lieferanten, der Einholung von Angeboten, der Planung der Termine, sowie Kosten des Wareneingangs und der Qualitätskontrolle.

Lagerhaltungskosten
Diese setzen sich im Wesentlichen zusammen aus den Kapitalbindungskosten (= dem durchschnittlichen Wert der Lagervorräte), den Kosten, die durch den Lagerraum entstehen sowie den Löhnen der im Lager Beschäftigten.

zu Aufgabe 18: Optimale Bestellmenge I

Die Gesamtkosten pro Packung sollen minimiert werden:

$$KQ = \frac{GK}{Q} \rightarrow \min!$$

Die Gesamtkosten selber betragen:

$$GK = 2,99 \cdot Q + 0,01 \cdot Q^2 + 100$$

Entsprechend ergeben sich die Gesamtkosten pro Packung als:

$$KQ = 2,99 + KL + KB \quad \text{oder:} \quad KQ = 2,99 + 0,01 \cdot Q + \frac{100}{Q}$$

$$\frac{dKQ}{dQ} = 0,01 + (-1) \cdot 100 \cdot Q^{-2} = 0$$

$$0,01 = 100 \cdot Q^{-2}$$

$$0,01 \cdot Q^2 = 100$$

$$Q^2 = 10.000$$

$$\underline{\underline{\mathbf{Q = 100}}}$$

Die Gesamtkosten pro Packung erreichen ihr Minimum bei einer Bestellmenge von $\underline{Q = 100.}$

zu Aufgabe 19: Optimale Bestellmenge II

Optimale Bestellmenge: $\quad Q_{opt} = \sqrt{\dfrac{2\,B\,K_f}{p\,q}}$

B = Jahresbedarf
p = Preis pro Mengeneinheit
K_f = Bestellfixe Kosten pro Bestellung
q = zusammengefasster Zins- und Lagerkostenzinssatz
m = Bestellmenge

$B = 8000$; $K_f = 100$ €; $p = 8$ €; $q = 20\% (0,2)$

$Q_{opt} = \sqrt{2 * 8000 * 100 / 8 * 0,2}$

$Q_{opt} = \sqrt{1.600.000 / 1,6}$

$Q_{opt} = \sqrt{1.000.000}$

$\underline{\underline{\mathbf{Q_{opt} = 1000}}}$

zu Aufgabe 20: Fertigungsmethoden

Bei der **Werkstattfertigung** werden gleichartige Tätigkeiten räumlich zusammengefasst. Die einzelnen Werkstücke müssen zur Bearbeitung von Werkstatt zu Werkstatt befördert werden.

Vorteile:

- hohe betriebliche Flexibilität z.B. beim Ausfall von Betriebsmitteln oder Arbeitskräften oder bei kurzfristigen Änderungen im Absatzprogramm
- Nacharbeiten sind leicht möglich
- geringerer Kapitalbedarf, Investitionen sind sukzessiv möglich
- Ausbildung von Spezialisten ist relativ leicht möglich

Nachteile:

- Rationalisierung ist schwieriger
- höhere Vorräte an Material erforderlich
- gleichmäßige Nutzung der Betriebsmittel ist schwieriger
- hoher Bedarf an Spezialisten
- hohe Anforderungen an die Ablauforganisation

Bei der **Fließfertigung** sind alle für die Fertigung eines Erzeugnisses notwendigen Bearbeitungsschritte in der technisch notwendigen Reihenfolge hintereinander angeordnet.

Vorteile:

- erleichterte Rationalisierung
- höhere Arbeitsproduktivität durch Lernerfolge
- übersichtliche Fertigung
- kleinere Lager notwendig, dadurch geringere Kapitalbindung

Nachteile:

- geringere Flexibilität
- hoher Investitionsbedarf (in der Regel zu einem Zeitpunkt)
- Gefahr der Produktionsunterbrechung
- Monotonie der Arbeit

zu Aufgabe 21: Dienstleistungsproduktion

Um die Spitzennachfrage während der Saison abdecken zu können, sollte Herr Pfiffig überlegen, inwieweit noch Möglichkeiten einer kurzfristigen Erweiterung seiner Übernachtungskapazität bestehen oder ob in diesen Fällen eine Kooperation mit einem anderem Hotel möglich ist. Zu prüfen sind weiterhin Maßnahmen der Preispolitik.

Um die Nachfrage außerhalb der Spitzenzeiten zu glätten, müssten Maßnahmen überlegt werden, um die Attraktivität der Übernachtungsmöglichkeiten zu erhöhen. Diese könnte in einer entsprechend gestaffelten Preisstruktur oder aufgewerteten bzw. angereicherten Dienstleistungsangeboten bestehen (z.B. Zimmer einer höheren Preiskategorie oder gastronomische Zusatzleistungen werden ohne Aufpreis angeboten).

Weiterhin sollte Herr Pfiffig die Kapazität des Servicepersonal möglichst flexibel der Nachfrage anpassen (beispielsweise durch eine entsprechende Arbeitszeitreglung oder die Einstellung von Aushilfskräften für die Spitzenmonate).

zu Aufgabe 22: Kostenvergleichsrechnung ,Straßenbauamt'

(1) Ermittlung der Gesamtkostenfunktionen für alle Fahrzeuge

Typ	A	B	C
Fixe Kosten			
kalkulatorische, lineare Abschreibungen	16.000,-	12.000,-	8.000,-
kalkulatorische Zinsen	4.000,-	3.000,-	2.000,-
KFZ-Versicherung	2.000,-	1.800,-	1.900,-
KFZ-Steuer	500,-	500,-	500,-
Fixe Kosten gesamt pro Jahr	22.500,-	17.300,-	12.400,-
Variable Kosten pro 1000 km			
Wartung pro 1000 km	100,-	200,-	300,-
Benzinverbrauch pro 1000 km	10 . 10 . 1,5 = 150,-	12 . 10 . 1,5 = 180,-	15 . 10 . 1,5 = 225,-
Variable Kosten pro 1000 km gesamt; variable Kosten pro km	250,- 0,25	380,- 0,38	525,- 0,525

Die Gesamtkostenfunktionen lauten dann:

$K_A = 22.500 + 0,25 \cdot$ gefahrene km

$K_B = 17.300 + 0,38 \cdot$ gefahrene km

$K_C = 12.400 + 0,525 \cdot$ gefahrene km

Fazit: Die Fahrzeugtypen unterscheiden sich in Bezug auf die fixen und in Bezug auf die variablen Kosten. Ihre Vorteilhaftigkeit hängt von der geschätzten Kilometerleistung pro Jahr ab.

(2) Vorteilhafte Kilometerleistung je Fahrzeugtyp

Typ C: bei 0 bis 33.793,103 km

Typ B: bei mehr als 33.793,103 und bis 40.000 km

Typ A: bei mehr als 40.000 km.

zu Aufgabe 23: Kostenvergleichsrechnung ‚EMMA/13'

(1) Angebot A:
* Leasinggebühr jährlich 1278,-*12 = 15.336,-
* Raumkosten jährlich 584,30*12 = 7.011,60

♦♦♦ Fixkosten jährlich 22.347,60 €

♦♦♦ Fixkostenanteil je Stück 22.347,60/8.000 = **2,79 €**

* Lohnkosten je Stück 29,80/6 = 4,97 €
* Materialkosten je Stück 12,38 €

♦♦♦ varialble Kosten je Stück **17,35 €**

♦♦♦♦♦♦♦♦ Stückkosten gesamt bei 8.000 Stück   <u>**20,14 €**</u>

Angebot B:
* Leasinggebühr jährlich 7.281,-*12 = 87.372,-
* Raumkosten jährlich 962,90*12 = 11.554,80

♦♦♦ Fixkosten jährlich 98.926,80

♦♦♦ Fixkostenanteil je Stück 98.926,80/8.000 = **12,36 €**

* Lohnkosten je Stück 31,35/22 = 1,43 €
* Materialkosten je Stück 9,21 €

♦♦♦ varialble Kosten je Stück **10,64**

♦♦♦♦♦♦♦♦ Stückkosten gesamt bei 8.000 Stück   <u>**23,- €**</u>

(2)

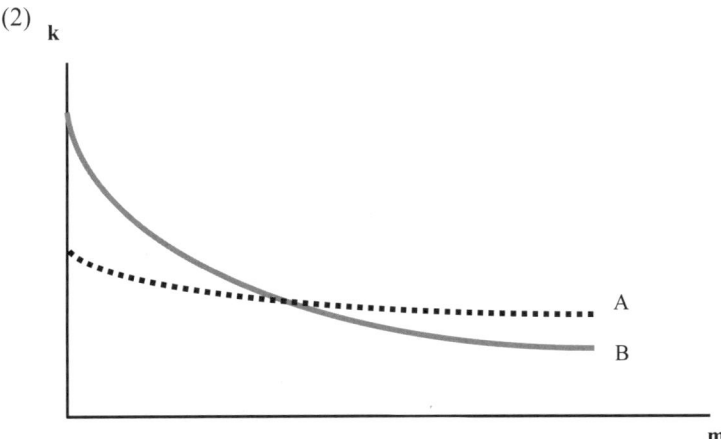

(3)

$$k(A) = k(B)$$

$$((1.278,- + 584,30) * 12 / m) + 29,80 / 6 + 12,38$$

$$= ((7.281,- +962,90) * 12 / m) + 31,35 / 22 +9,21$$

$$m (31,35 /22 +9,21 -29,80/6 -12,38) = (1862,30 - 8243,90) * 12$$

$$-6,71m = -76579,20$$

$$\mathbf{m = \underline{11.412,7}}$$

zu Aufgabe 24: Kapitalwertrechnung ‚Lotteriegewinn'

Zeit-punkt	Faktor	Betrag (€)	Barwert (€)
0	-	-	-
1	0,9259	12.000,-	11.110,80
2	0,8573	12.000,-	10.287,60
3	0,7938	12.000,-	9.525,60
4	0,7350	12.000,-	8.820,-
5	0,6806	12.000,-	8.167,20
6	0,6202	12.000,-	7.562,40
7	0,5835	12.000,-	7.002,-
8	0,5403	12.000,-	6.483,60
9	0,5002	12.000,-	6.002,40
10	0,4632	12.000,-	5.558,40
			80.520,-

zu Aufgabe 25: Kapitalwertrechnung ‚Investitionsvorhaben'

Zeit-punkt	Faktor	Einnahmen (€)		Ausgaben (€)	
		Betrag	Barwert	Betrag	Barwert
0	1	-	-	83.000,-	83.000,-
1	0,9091	28.000,-	25.454,80	28.000,-	25.454,80
2	0,8264	40.000,-	33.056,-	28.000,-	23.139,20
3	0,7513	60.000,-	45.078,-	35.000,-	26.295,80
4	0,6830	60.000,-	40.980,-	40.000,-	27.320,-
5	0,6209	60.000,-	37.254,-	34.000,-	21.110,60
6	0,5645	50.000,-	28.225,-	22.000,-	12.419,-
7	0,5131	30.000,- 6.000,-	15.396,- 3.079,20	-	-
Summe		+	228.523,-	-	218.739,10
Saldo		+	9.783,90		-

zu Aufgabe 26: Kapitalwertrechnung ‚Dienstwagen'

Alternative "Kauf"

Zeit-punkt	Faktor	Einnahmen (€)		Ausgaben (€)	
		Betrag		**Betrag**	
0	1	-	-	30.000,- 3.000,-	30.000,- 3.000,-
1	0,9259	-	-	3.000,-	2.777,70
2	0,8573	-	-	3.000,-	2.571,90
3	0,7938	-	-	3.000,-	2.381,40
4	0,7350	-	-	3.000,-	2.205,-
5	0,6806	15.000,-	10.209,-	-	-
	Summe		10.209,-		42.936,-
	Saldo		-		- 32.727,-

Alternative "Leasing"

0	1	-	-	10.000,- 6.000,-	10.000,- 6.000,-
1	0,9259	-	-	6.000,-	5.555,40
2	0,8573	-	-	6.000,-	5.143,80
3	0,7938	-	-	6.000,-	4.762,80
4	0,7350	-	-	6.000,-	4.410,-
	Summe		-		35.872,-
	Saldo		-	-	35.872,-

zu Aufgabe 27: Kapitalwertrechnung ‚Druckmaschine'

"Kauf"

Zeit-punkt	Faktor	Einnahmen (€)		Ausgaben (€)	
		Betrag	Barwert	Betrag	Barwert
0	1	-	-	11.000,-	11.000,-
1	0,9259	4.000,-	3.703,60	1.000,-	925,90
2	0,8573	4.000,-	3.429,20	1.000,-	857,30
3	0,7938	4.000,-	3.175,20	1.000,-	793,80
4	0,7350	4.000,-	2.940,-	1.000,-	735,-
5	0,6806	7.000,-	4.764,20	-	-

Saldo: + 3.700,20

"Leasing"

Zeit-punkt	Faktor	Einnahmen (€)		Ausgaben (€)	
		Betrag	Barwert	Betrag	Barwert
0	1	-	-	7.000,-	7.000,-
1	0,9259	3.500,-	3.240,65	2.000,-	1.851,80
2	0,8573	3.500,-	3.000,55	2.000,-	1.714,60
3	0,7938	3.500,-	2.778,30	2.000,-	1.587,60
4	0,7350	3.500,-	2.572,50	2.000,-	1.470,-
5	0,6806	3.500,-	2.382,10	-	-

Saldo: + 350,10

zu Aufgabe 28: Kapitalwertrechnung ‚Vermögensanlage'

Zeit-punkt	Faktor	Ausgaben (€)		Einnahmen (€)	
		Betrag	Barwert	Betrag	Barwert
0	1	12.000,-	12.000,-	-	-
1	0,9259	12.000,-	11.110,80	-	
2	0,8573	12.000,-	10.287,60	-	-
3	0,7938	12.000,-	9.525,60	-	-
4	0,7350	-	-	-	-
5	0,6806	-	-	-	-
6	0,6302	-	-	-	-
7	0,5835	-	-	-	-
8	0,5403	-	-	24.000,-	12.967,20
9	0,5002	-	-	24.000,-	12.004,80
10	0,4632	-	-	34.000,-	15.748,80
			- 42.924,-		+ 40.720,80
			- 2.203,20		-

zu Aufgabe 29: Kapitalwertrechnung ‚Anlageinvestitionen'

Anlage A

Zeit-punkt	Faktor	Ausgaben (€)		Einnahmen (€)	
		Betrag	Barwert	Betrag	Barwert
0	1	70.000,-	70.000,-		
		15.000,-	15.000,-	-	-
1	0,9091	15.000,-		30.000,-	27.273,-
		x 1,030*	14.045,60		
2	0,8264	15.000,-		29.000,-	23.965,60
		x 1,061	13.139,76		
3	0,7513	15.000,-		28.000,-	21.036,40
		x 1,093	12.283,76		
4	0,6830	15.000,-		27.000,-	18.441,-
		x 1,126	11.576,85		
5	0,6209	15.000,-		26.000,-	16.143,40
		x 1,159	10.803,66		
6	0,5645	15.000,-		25.000,-	14.114,50
		x 1,194	10.076,33		
7	0,5132			24.000,-	22.580,80
		-	-	20.000,-	
*Faktor $1,030^n$			- 156.925,96		+ 143.552,70
			- 13.373,26		-

Anlage B

Zeit-punkt	Faktor	Ausgaben (€)		Einnahmen (€)	
		Betrag	Barwert	Betrag	Barwert
0	1	50.000,-	60.000,-	-	-
		10.000,-			
1	0,9091	11.000,-	10.000,-	40.000,-	36.364,-
2	0,8264	22.000,-	18.180,80	35.000,-	28.924,-
3	0,7513	13.000,-	9.766,90	30.000,-	22.539,-
4	0,6830	-	-	25.000,-	23.905,-
				10.000,-	
			- 97.947,80		+ 111.732,-
			-		+ 13.784,20

zu Aufgabe 30: Investitionsentscheidung ‚Fuhrpark'

Teil a: Investitionsrechnung

Herst.	Zeitp.	Faktor	A-Betrag (€)	A-Barwert (€)	E-Betrag (€)	E-Barwert (€)
A.	0	1	2.000.000,- 750.000,-	2.750.000,-	-	-
	1	0,9259	750.000,-	694.425,-	1.200.000,-	1.111.080,-
	2	0,8573	750.000,-	642.975,-	1.200.000,-	1.028.760,-
	3	0,7938	750.000,-	595.350,-	1.200.000,-	952.560,-
	4	0,7350			1.200.000,-	
			-	-	1.300.000,-	1.837.500,-
				- 4.682.750,-		+ 4.929.900,-
				-		**+ 247.150,-**
B.	0	1	1.700.000,- 900.000,-	2.600.000,-	-	-
	1	0,9259	900.000,-	833.310,-	1.050.000,-	972.195,-
	2	0,8573	900.000,-	771.570,-	1.050.000,-	900.165,-
	3	0,7938	900.000,-	714.420,-	1.050.000,-	833.490,-
	4	0,7350	-	-	1.050.000,- 900.000,-	1.433.250,-
				- 4.919.300,-		+ 4.139.100,-
				- 780.200,-		-
C.	0	1	1.100.000,- 1.050.000,-	2.150.000,-	-	-
	1	0,9259	1.100.000,- 1.050.000,-	1.990.685,-	1.350.000,-	1.249.965,-
	2	0,8573	1.050.000,-	900.165,-	1.350.000,-	1.157.355,-
	3	0,7938	1.050.000,-	833.490,-	1.350.000,-	1.071.630,-
	4	0,7350			1.350.000,-	2.094.750,-
			-	-	1.500.000,-	
				- 5.874.340,-		+ 5.573.700,-
				- 300.640,-		-

Teil b: Nutzwertanalyse

Nr.	Bezeichnung	Gew. (%)	Hersteller A		Hersteller B		Hersteller C	
			Bew.	TNW	Bew.	TNW	Bew.	TNW
1	Barwert	50	4	200	1	50	1	50
2	Sicherheit	20	5	100	1	20	4	80
3	Zuverlässigkeit	20	2	40	5	100	3	60
4	Leistungsreserve	10	4	40	2	20	5	50
		100		**380**		**190**		**240**

$$D = \frac{380 - 240}{380} * 100 = \underline{\underline{36{,}8\ \%}}$$

$$A = \frac{380}{500} * 100 = \underline{\underline{76\ \%}}$$

zu Aufgabe 31: Kapitalwertrechnung ‚Immobilienprojekt'

Zeit-punkt	Faktor	Ausgaben (€)		Einnahmen (€)	
		Betrag	Barwert	Betrag	Barwert
0	1	500.000,-	500.000,-	-	
1	0,9434	-	-	-	
2	0,8900	-		-	
3	0,8396	-		10.000,-	8.396,-
4	0,7921	-		20.000,-	15.842,-
5	0,7473	-		40.000,-	29.892,-
6	0,7050	-		80.000,-	56.400,-
7	0,6651	-		-	
8	0,6274	-		-	
9	0,5919	-		-	
10	0,5584	-		1.000.000,-	558.400,-
			- 500.000,-		+ 668.930,-
			-		**+ 168.930,-**

zu Aufgabe 32:

Optimaler Verschuldungsgrad

a) Optimaler Verschuldungsgrad: $i = R$

$$0,08 = 0,04 + 0,01\, t^2$$
$$0,01\, t^2 = 0,04$$
$$t^2 = 4$$
$$\underline{t = 2}$$

b)

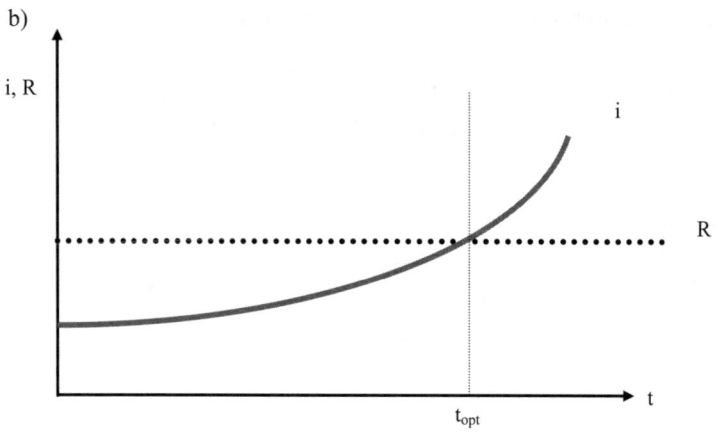

zu Aufgabe 33: Eigenkapitalrendite

Die Gesamtkapitalrendite beträgt 13,5%. Es wird solange Fremdkapital (FK) eingesetzt, wie der FK-Zinssatz unterhalb der GK-Rendite liegt.

Fremdkapitaleinsatz:

10 Mio. a 10 %	=	1,00 Mio. € Zinsen
1 Mio. a 11 %	=	0,11 Mio. € Zinsen
1 Mio. a 12 %	=	0,12 Mio. € Zinsen
1 Mio. a 13 %	=	0,13 Mio. € Zinsen
FK gesamt **13 Mio.** mit		1,36 Mio. € Zinsen

Ertrag:

Gesamtertrag   13,5 % auf 20 Mio. GK   =   2,7 Mio. €

abzüglich FK-Zinsen   =   1,36 Mio. €

Eigenkapitalertrag   1,34 Mio. €

EK-Rendite = 1,34 Mio. / 7 Mio. = 19,1 %

zu Aufgabe 34: Grundbegriffe des Rechnungswesens

Bestandsgrößen	Stromgrößen
Zahlungsmittelbestand	Einzahlungen, Auszahlungen
Geldvermögen	Einnahmen, Ausgaben
Reinvermögen	Erträge, Aufwendungen

zu Aufgabe 35: Abschreibungen ‚Anlage'

Teil a:

n	Restwert nach n Jahren (€)									
	1	2	3	4	5	6	7	8	9	10
linear	72.000	64.000	56.000	48.000	40.000	32.000	24.000	16.000	8.000	0
geom.-degr.	64.000	51.200	40.960	32.768	26.214	20.972	16.777	13.422	10.737	8.590

Nach neun Jahren ist der Restwert nach der linearen Abschreibung erstmals niedriger als nach der degressiven.

Teil b:

Es findet ein sog. Aktivtausch statt: (Sach-) Anlagevermögen wird zu (Geld-) Umlaufvermögen.

zu Aufgabe 36: Abschreibungen ‚Lastwagen'

a) 60.000,- € - 6.000,- € (Restwert) = 54.000,- € Abschreibungssumme

54.000,- € / 300.000 km = 0,18 € je km

Abschreibungsbetrag 2006 = **3.600, - €**

Abschreibungsbetrag 2007 = **5.400,- €**

Abschreibungsbetrag 2008 = **7.200,- €**

b) Jährlicher Abschreibungsbetrag = **5.400,- €**

Es wird von einer Abschreibungsdauer von 10 Jahren ausgegangen (Gesamtkilometerleistung dividiert durch durchschnittliche jährliche Kilometerleistung).

c)

Jahr	Abschreibungsbetrag (€)	Restwert (€)
2006	10.800,-	43.200,-
2007	8.640,-	34.560,-
2008	6.912,-	27.648,-

zu Aufgabe 37: Kostenrechnung (BAB)

Kostenstelle / Kostenart	Zahlen der Buchhaltung	Allgem. Kosten- stelle	Material- stelle	Hilfs- kosten- stelle 1	Hilfs- kosten- stelle 2	Fertig.- haupt- stelle 1	Fertig.- haupt- stelle 2	Verw.- stelle	Vertr.- Stelle
Fertigunsmaterial	30.000		30.000						
Fertigungslöhne	150.000					100.000	50.000		
Betriebsstoffe	10.000	1.000	1.500	2.000	500	2.000	2.500	300	200
Raumkosten	15.000	1.000	2.000	1.000	800	5.000	4.000	800	400
Abschreibungen	40.000	5.000	3.000	4.000	3.000	11.000	10.000	3.000	1.000
Summe	65.000	7.000	6.500	7.000	4.300	18.000	16.500	4.100	1.600
Umlage 1			700	1.400	1.050	1.750	1.400	350	350
Summe	65.000		7.200	8.400	5.350	19.750	17.900	4.450	1.950
Umlage 2a						5.040	3.360		
Umlage 2b						2.675	2.675		
Summe	65.000		7.200			27.465	23.935	4.450	1.950
Ist-Zuschlag (%)			24 %			27 %	48 %	2 %	1 %
Soll-Zuschlag (%)			25 %			25 %	50 %	2 %	2 %
Soll- Gemeinkosten			7.500			25.000	25.000	4.719	4.719
Über-/ Unterde- ckung			-300			+2463	-1.065	-269	-2.769

Verzeichnis der Abbildungen

Literaturverzeichnis

Avenarius, Hermann: Recht von A – Z, 7. Aufl., Frankfurt/M. 1993.

Bachmann, Peter: Controlling für die öffentliche Verwaltung, 2. Aufl., Wiesbaden 2009.

Banner, Gerhard: Von der Behörde zum Dienstleistungsunternehmen. Die Kommunen brauchen ein neues Steuerungsmodell, in: VOP, Heft 1/1991, S. 6-11.

Banner, Gerhard: Kommunale Verwaltungsmodernisierung, in: Schröter, Eckhard (Hrsg.), Empirische Policy- und Verwaltungsforschung, Opladen 2001, S. 279-304.

Benz, Arthur: Einleitung: Governance – Modebegriff oder nützliches sozialwissenschaftliches Konzept?, in: Benz, Arthur (Hrsg.): Governance – Regieren in komplexen Regelsystemen. Eine Einführung, 1. Aufl., Wiesbaden 2004, S. 11-28.

Bestmann, Uwe (Hrsg.): Kompendium der Betriebswirtschaftslehre, 10. Aufl., München, Wien 2001.

Beyer, Lothar; Kinzel, Hans-Georg: Öffentliches Rechnungswesen: Kameralistik oder Doppik? In: von Bandemer, Stephan; Blanke, Bernhard; Nullmeier, Frank; Wewer, Göttrik (Hrsg.): Handbuch zur Verwaltungs-Reform, 3. Aufl., Opladen 2005, S. 351-360.

Bieberstein, Ingo: Dienstleistungsmarketing, 4. Aufl., Ludwigshafen 2008.

Bogumil, Jörg: Möglichkeiten und Grenzen der Optimierung lokaler Entscheidungsprozesse, in: Bogumil, Jörg u.a. (Hrsg.), Perspektiven kommunaler Verwaltungsmodernisierung, Berlin 2007, S. 39-43.

Bogumil, Jörg u.a.: Zehn Jahre Neues Steuerungsmodell – eine Bilanz kommunaler Verwaltungsmodernisierung, Berlin 2007.

Brede, Helmut: Grundzüge der Öffentlichen Betriebswirtschaftslehre, 2. Aufl., München, Wien 2005.

Brede, Helmut: Betriebswirtschaftslehre, 8. Aufl., München 2004.

Breitung, Karl; Filip, Pavel; Hass, Otto: Einführung in die Mathematik für Ökonomen, 3. Aufl., München, Wien 2001.

Bröckermann, Reiner: Personalwirtschaft, 4. Aufl., Stuttgart 2007.

Brüggemeier, Martin: Public Management – Modernisierung des öffentlichen Sektors, in: WISU, Heft 3/2004, S. 333-337.

Bruhn, Manfred: Marketing für Nonprofit-Organisationen, Grundlagen – Konzepte – Instrumente, Stuttgart 2005.

Brunner-Salten, Rolf: Handbuch Public Change Management, Frankfurt, Berlin u.a. 2003.

Budäus, Dietrich: Manifest zum öffentlichen Haushalts- und Rechnungswesen, Köln 2009.

Budäus, Dietrich: Public Management. Konzepte und Verfahren zur Modernisierung öffentlicher Verwaltungen, 4. Aufl., Berlin 1998.

Bühner, Rolf: Betriebswirtschaftliche Organisationslehre, 10. Aufl., München 2004.

Bundesministerium der Finanzen: Die wichtigsten Steuern im internationalen Vergleich, Berlin 2001.

Corsten, Hans; Gössinger, Ralf: Dienstleistungsmanagement, 5. Aufl., München, Wien 2007.

Dincher, Roland: Personalwirtschaft, 3. Aufl., Neuhofen/Pf. 2007.

Dincher, Roland; Ehreiser, Hans-Jörg; Müller-Godeffroy, Heinrich: Einführung in das betriebliche Rechnungswesen, 3. Aufl., Neuhofen/Pf. 2008.

Dincher, Roland; Müller-Godeffroy, Heinrich; Wengert, Anton: Einführung in das Dienstleistungsmarketing, Neuhofen/Pf. 2004.

Doppler, Klaus; Lauterburg, Christoph: Change Management, 11. Aufl., Frankfurt/ Main 2005.

Eichhorn, Peter: Öffentliche Betriebswirtschaftslehre, Berlin 1997.

Eilenberger, Guido: Betriebliches Rechnungswesen, 7. Aufl., München, Wien 1995.

Eilenberger, Guido: Betriebliche Finanzwirtschaft, 7. Aufl., München, Wien 2003.

Eisele, Wolfgang: Technik des betrieblichen Rechnungswesens, 8. Aufl., München 2009 (7. Aufl. 2002).

Eisenhardt, Ulrich: Gesellschaftsrecht, 14. Aufl., München 2009.

Fiedler, Rudolf: Organisation Kompakt, 2. Aufl., München 2010.

Gaitanides, Michael: Prozessorganisation, 2. Aufl., München 2007.

Gaugler, Eduard; Oechsler, Walter A.; Weber, Wolfgang: Personalwesen, in: Handwörterbuch des Personalwesens, hrsg. von E. Gaugler, W. A. Oechsler, und W. Weber, 3. Aufl., Stuttgart 2003, Sp. 1653-1663.

Grochla, Erwin: Grundlagen der organisatorischen Gestaltung, Stuttgart 1982.

Grüning, Gernod: Grundlagen des New Public Management, Münster 2000.

Gutenberg, Erich: Grundlagen der Betriebswirtschaftslehre, Bd. I, Die Produktion, 24. Aufl., Berlin, Heidelberg, New York 1984.

Hauer, Georg; Ultsch, Michael: Unternehmensführung kompakt, München 2010.

Heinold, Michael: Der Jahresabschluss, 3. Aufl., München, Wien 1995.

Hentze, Joachim; Graf, Andrea; Kammel, Andreas; Lindert, Klaus: Personalfürungslehre, 4. Aufl., Bern, Stuttgart, Wien 2005.

Hieber, Fritz: Öffentliche Betriebswirtschaftslehre, 5. Aufl., Sternenfels 2005.

Horváth, Péter: Controlling – Entwicklung und Stand einer Konzeption zur Lösung der Adaptions- und Koordinationsprobleme der Führung, in: ZfB, 48. Jg., H. 3, 1978, S. 194-208.

Horváth, Péter: Controlling, 11. Aufl., München 2009.

Internationaler Controller Verein: Controller-Leitbild, www.controllerverein.de, Aufruf am 31.05.2010.

Jacob, Wolfgang: Einkommensteuer, 4. Aufl., München 2008.

Jann, Werner: Neues Steuerungsmodell, in: Blanke, Bernhard; Bandemer, Stephan von; Nullmeier, Frank; Wewer, Göttrik (Hrsg.): Handbuch zur Verwaltungsreform, 3. Aufl., Wiesbaden 2005, S. 74-84.

Jann, Werner u.a.: Status-Report Verwaltungsreform. Eine Zwischenbilanz nach zehn Jahren, Berlin 2004.

Jann, Werner: Neues Steuerungsmodell, in: Blanke, Bernhard; Bandemer, Stephan von; Nullmeier, Frank; Wewer, Göttrik (Hrsg.): Handbuch zur Verwaltungsreform, 3. Aufl., Wiesbaden 2005, S. 74 –84.

Jann, Werner; Röber, Manfred; Wollmann, Hellmut (Hrsg.): Public Management – Grundlagen, Wirkungen, Kritik, Berlin 2006.

Jung, Hans: Allgemeine Betriebswirtschaftslehre, 11. Aufl., München 2009.

Jung, Hans: Personalwirtschaft, 8. Aufl., München 2008.

Kieser, Alfred; Walgenbach, Peter: Organisation, 5. Auflage, Stuttgart, 2007.

Kieser, Alfred; Kubicek, Herbert: Organisation, 3. Aufl., Berlin, New York 1992.

Kirchhoff, Ulrich; Müller-Godeffroy, Heinrich: Finanzierungsmodelle für kommunale Investitionen, 6. Aufl., Stuttgart 1996.

Klümper, Bernd; Möllers, Heribert; Zimmermann, Ewald: Kommunale Kosten- und Wirtschaftlichkeitsrechnung, 15. Aufl., Witten 2006.

Kommunale Gemeinschaftsstelle für Verwaltungsvereinfachung (KGSt): Das Neue Steuerungsmodell. Begründung, Konturen, Umsetzung, KGSt-Bericht 5/1993, Köln 1993.

Kosiol, Erich: Einführung in die Betriebswirtschaftslehre, Wiesbaden 1968.

Kosiol, Erich: Organisation der Unternehmung, 2. Aufl., Wiesbaden 1976.

Korndörfer, Wolfgang: Allgemeine Betriebswirtschaftslehre, 13. Aufl., Wiesbaden 2003.

Kuhlmann, Sabine: Evaluation lokaler Verwaltungspolitik: Umsetzung und Wirksamkeit des Neuen Steuerungsmodells in den deutschen Kommunen. In: Politische Vierteljahresschrift, Heft 3/2004, S. 370-394.

Lechner, Karl; Egger, Anton; Schauer, Reinbert: Einführung in die Allgemeine Betriebswirtschaftslehre; 24. Aufl., Wien 2008.

Lewin, Kurt: Group Decision and Social Change, in: Maccoby, E. E.; Newcomb, T. M.; Hartley, E. L. (Hrsg.): Readings in Social Psychology, 3. Aufl., New York, 1958, S. 197-211.

Löffler, Elke: Governance – die neue Generation von Staats- und Verwaltungsmodernisierung, in: Verwaltung & Management, Heft 4/2001, S. 212-215.

Lorig, Wolfgang: Modernisierung des öffentlichen Dienstes. Politik und Verwaltungsmanagement in der bundesdeutschen Parteiendemokratie, Opladen 2001.

Maleri, Rudolf: Grundlagen der Dienstleistungsproduktion, 5. Aufl., Berlin u.a. 2008.

Mastronardi, Philippe; Schedler, Kuno: New Public Management in Staat und Recht, 2. Aufl., Bern 2004.

Mayntz, Renate: Die soziale Organisation des Industriebetriebes, Stuttgart 1958.

Meffert, Heribert; Burmann, Christoph; Kirchgeorg, Manfred: Marketing, 10. Aufl., Wiesbaden 2008.

Meffert, Heribert; Bruhn, Manfred: Dienstleistungsmarketing, 6. Aufl., Wiesbaden 2009.

Meyer, Uwe: Gesellschaftsformen in Deutschland, StWK 2010, Gruppe 17, S. 545-554.

Naschold, Frieder: Leistungstiefenpolitik und öffentlicher Sektor, in: Naschold, Frieder u.a.: Leistungstiefe im öffentlichen Sektor. Erfahrungen, Konzepte, Methoden, 2. Aufl., Berlin 2000, S. 17-37.

Naschold, Frieder; Bogumil, Jörg: Modernisierung des Staates, 2. Auflage, Opladen 2000.

Neuberger, Oswald: Führen und Führen lassen, 6. Aufl., Stuttgart 2002.

Neus, Werner: Einführung in die Betriebswirtschaftslehre, 5. Aufl., Tübingen 2007.

Nieschlag, Robert; Dichtl, Hans; Hörschgen, Hans: Marketing, Berlin 2002.

Oechsler, Walter A.: Personal und Arbeit, 8. Aufl., München, Wien 2006.

Oehlrich, Marcus: Betriebswirtschaftslehre: Eine Einführung am Businessplan-Prozess, München 2009.

Olfert, Klaus: Organisation, 15. Aufl., Ludwigshafen/Rh. 2008.

Olfert, Klaus: Kompakt-Training Kostenrechnung, 6. Aufl., Ludwigshafen/Rh. 2010.

Olfert, Klaus; Rahn, Horst-Joachim: Einführung in die Betriebswirtschaftslehre, 9. Aufl., Ludwigshafen/Rh. 2008.

Pepels, Werner: Marketing, 4. Aufl., München 2004.

Picot, Arnold; Dietl, Helmut; Franck, Egon: Organisation. Eine ökonomische Perspektive, 4. Aufl., Stuttgart 2005.

Piduch, Erwin A.: Bundeshaushaltsrecht, Loseblattsammlung, 38. Erg.-Lfg., Stuttgart 2001.

Preißner, Andreas: Praxiswissen Controlling. Grundlagen, Werkzeuge, Anwendungen, 4. Aufl., München, Wien 2005.

Raffée, Hans; Fritz, Wolfgang; Wiedmann, Peter: Marketing für öffentliche Betriebe, Stuttgart 1994.

Reichard, Christoph: Institutionelle Wahlmöglichkeiten bei der öffentlichen Aufgabenwahrnehmung, in: Budäus, Dietrich: Organisationswandel öffentlicher Aufgabenwahrnehmung, Baden-Baden 1998, S. 121-153.

Reichard, Christoph: Der Produktansatz im „Neuen Steuerungsmodell" – von der Euphorie zur Ernüchterung, in: Grunow, Dieter; Wollmann, Hellmut (Hrsg.): Lokale Verwaltungsreform in Aktion. Fortschritte und Fallstricke. Basel u.a. 1998, S. 85-102.

Reichard, Christoph: Umdenken im Rathaus. Neue Steuerungsmodelle in der deutschen Kommunalverwaltung, 5. Aufl., Berlin 1996.

Reichard, Christoph; Banner, Gerhard (Hrsg.): Kommunale Managementkonzepte in Europa, Köln u.a.: Deutscher Gemeindeverlag 1993.

Reichmann, Thomas: Controlling mit Kennzahlen und Managementberichten, 7. Aufl., München 2006.

Ritz, Adrian: Evaluation von New Public Management, Bern u.a. 2003.

Schäfers, Michael; Zimmermann, Joachim (Hrsg.): Im Mittelpunkt steht der Mensch, Münster 2004.

Schedler, Kuno; Proeller, Isabella: New Public Management, 3. Aufl., Bern u.a. 2006.

Schierenbeck, Henner; Wöhle, Claudia B.: Grundzüge der Betriebswirtschaftslehre, 17. Aufl., München, Wien 2008.

Schierenbeck, Henner: Grundzüge der Betriebswirtschaftslehre, Übungsbuch, 9. Aufl., München, Wien 2004

Schmalen, Helmut; Pechtl, Hans: Grundlagen und Probleme der Betriebswirtschaft, 14. Aufl., Stuttgart 2009.

Schmidt, Hans-Jürgen: Betriebswirtschaftslehre und Verwaltungsmanagement, 7. Aufl., Heidelberg 2009.

Schmidt, Jürgen: Wirtschaftlichkeit in der öffentlichen Verwaltung, 7. Aufl., Berlin 2006.

Schreyögg, Georg: Organisation, 5. Aufl., Wiesbaden 2008.

Schröder, Christoph: Industrielle Arbeitskosten im internationalen Vergleich, IW-trends, 3/2005.

Schröter, Eckhard; Wollmann, Hellmut: New Public Management, in: Blanke, Bernhard; Bandemer, Stephan von; Nullmeier, Frank; Wewer, Göttrik (Hrsg.): Handbuch zur Verwaltungsreform, 3. Aufl., Wiesbaden 2005, S. 63-74.

Schulte-Zurhausen, Manfred: Organisation, 5. Aufl., München 2010.

Schuppert, Gunnar F.: Der Gewährleistungsstaat - Ein Leitbild auf dem Prüfstand, 1. Aufl., Baden-Baden 2005.

Schuppert, Gunnar F.: Verwaltungswissenschaft, Baden Baden 2000.

Schwarz, Horst: Betriebsorganisation als Führungsaufgabe, 9. Aufl., München 1983.

Schwarze, Jochen: Grundlagen der Statistik I - Beschreibende Verfahren, 11. Aufl., Herne, Berlin 2009.

Schwarze, Jochen: Grundlagen der Statistik II - Wahrscheinlichkeitsrechnung und induktive Statistik, 9. Aufl., Herne, Berlin 2009.

Seewald, Ottfried: Kommunalrecht, in: Steiner, Udo (Hrsg.), Besonderes Verwaltungsrecht, 8. Aufl., Heidelberg 2006, S. 1 – 184.

Staehle, Wolfgang H.: Management, 8. Aufl., München 1999.

Steffen, Karl-Heinz: New Public Management, Dänischenhagen 2005.

Steinmann, Horst; Schreyögg, Georg: Management – Grundlagen der Unternehmensführung. Konzepte – Funktionen – Fallstudien, 6. Aufl., Wiesbaden, 2005.

Spremann, Klaus: Investition und Finanzierung, 4. Aufl. München, Wien 1991.

Steinebach, Nikolaus: Verwaltungsbetriebslehre, 5. Aufl., Regensburg 1998.

Thommen, Jean-Paul; Achleitner, Ann-Kristin: Allgemeine Betriebswirtschaftslehre, 6. Aufl., Wiesbaden 2009.

Vahs, Dietmar; Schäfer-Kunz, Jan: Einführung in die Betriebswirtschaftslehre, 5. Aufl., Stuttgart 2007.

Weber, Jürgen; Schäffer, Utz: Einführung in das Controlling, 12. Aufl., Stuttgart 2008.

Wehrheim, Michael: Grundzüge der Unternehmensbesteuereung, 2. Aufl., München 2008.

Weis, Hans Christian: Marketing, 14. Aufl., Ludwigshafen/Rh. 2007.

Williamson, Oliver E.: The Economics of Organization: The Transaction Cost Approach, in: American Journal of Sociology, Vol. 87/1981, S. 548-577.

Wöhe, Günther; Döring, Ulrich: Einführung in die Allgemeine Betriebswirtschaftslehre, 23. Aufl., München 2008 (21. Aufl. 2002).

Wunderer, Rolf: Führung und Zusammenarbeit, 8. Aufl., Neuwied 2009.

Ziegenbein, Klaus: Controlling, 8. Aufl., Ludwigshafen/Rh. 2004.

Zimmermann, Werner; Fries, Hans-Peter; Hoch, Gero: Betriebliches Rechnungswesen, 8. Aufl., München, Wien 2003.

Stichwortverzeichnis

Anhang: Tabelle der Abzinsfaktoren

Abzinsungsfaktor: $\dfrac{1}{(1+i)^n}$

Barwert des Kapitals vom Betrag 1, das erst am Ende von n Jahren fällig wird

Nut-zungs-dauer n Jahre	Kalkulationszinssatz (i) in v. H./Jahr						
	4	5	6	7	8	9	10
1	0,9615	0,9524	0,9434	0,9346	0,9259	0,9174	0,9091
2	0,9246	0,9070	0,8900	0,8734	0,8573	0,8417	0,8264
3	0,8890	0,8638	0,8396	0,8163	0,7938	0,7722	0,7513
4	0,8548	0,8227	0,7921	0,7629	0,7350	0,7084	0,6830
5	0,8219	0,7835	0,7473	0,7130	0,6806	0,6499	0,6209
6	0,7903	0,7462	0,7050	0,6663	0,6302	0,5963	0,5645
7	0,7599	0,7107	0,6651	0,6227	0,5835	0,5470	0,5132
8	0,7307	0,6768	0,6274	0,5820	0,5403	0,5019	0,4665
9	0,7026	0,6446	0,5919	0,5439	0,5002	0,4604	0,4241
10	0,6756	0,6139	0,5584	0,5083	0,4632	0,4224	0,3855
11	0,6496	0,5847	0,5268	0,4751	0,4289	0,3875	0,3505
12	0,6246	0,5568	0,4970	0,4440	0,3971	0,3555	0,3186
13	0,6006	0,5303	0,4588	0,4150	0,3677	0,3262	0,2897
14	0,5775	0,5051	0,4423	0,3878	0,3405	0,2992	0,2633
15	0,5553	0,4810	0,4173	0,3624	0,3152	0,2745	0,2394
16	0,5339	0,4581	0,3936	0,3387	0,2919	0,2519	0,2176
17	0,5134	0,4363	0,3714	0,3166	0,2703	0,2311	0,1978
18	0,4936	0,4155	0,3503	0,2959	0,2502	0,2120	0,1799
19	0,4746	0,3957	0,3305	0,2765	0,2317	0,1945	0,1635
20	0,4564	0,3769	0,3118	0,2584	0,2145	0,1784	0,1486
21	0,4388	0,3589	0,2942	0,2415	0,1987	0,1637	0,1351
22	0,4220	0,3418	0,2775	0,2257	0,1839	0,1502	0,1228
23	0,4057	0,3256	0,2618	0,2109	0,1703	0,1378	0,1117
24	0,3901	0,3101	0,2470	0,1971	0,1577	0,1264	0,1015
25	0,3751	0,2953	0,2330	0,1842	0,1460	0,1160	0,0923
26	0,3607	0,2812	0,2198	0,1722	0,1352	0,1064	0,0839
27	0,3468	0,2678	0,2074	0,1609	0,1252	0,0976	0,0763
28	0,3335	0,2551	0,1956	0,1504	0,1159	0,0895	0,0693
29	0,3207	0,2429	0,1846	0,1406	0,1073	0,0822	0,0630
30	0,3083	0,2314	0,7141	0,1314	0,0994	0,0754	0,0573
31	0,2965	0,2204	0,1643	0,1228	0,0920	0,0691	0,0521
32	0,2851	0,2099	0,1550	0,1147	0,0852	0,0634	0,0474
33	0,2741	0,1999	0,1462	0,1072	0,0789	0,0582	0,0431
34	0,2636	0,1904	0,1379	0,1002	0,0730	0,0534	0,0391
35	0,2534	0,1813	0,1301	0,0937	0,0676	0,0490	0,0356
40	0,2083	0,1420	0,0972	0,0668	0,0460	0,0318	0,0221
45	0,1712	0,1113	0,0727	0,0476	0,0313	0,0207	0,0137
50	0,1407	0,0872	0,0543	0,0339	0,0213	0,0134	0,0085
55	0,1157	0,0683	0,0406	0,0242	0,0145	0,0087	0,0053
60	0,0951	0,0535	0,0303	0,0173	0,0099	0,0057	0,0033
65	0,0781	0,0419	0,0227	0,0123	0,0067	0,0037	0,0020
70	0,0642	0,0329	0,0169	0,0088	0,0046	0,0024	0,0013
75	0,0528	0,0258	0,0126	0,0063	0,0031	0,0016	0,0008
80	0,0434	0,0202	0,0095	0,0045	0,0021	0,0010	0,0005
85	0,0357	0,0158	0,0071	0,0032	0,0014	0,0007	0,0003
90	0,0293	0,0124	0,0053	0,0023	0,0010	0,0004	0,0002
95	0,0241	0,0097	0,0039	0,0016	0,0007	0,0003	0,0001
100	0,0198	0,0076	0,0029	0,0012	0,0005	0,0002	0,0001

Roland Dincher:
Personalwirtschaft,
Lehr- und Übungsbuch, 317 S.,
3. Aufl., 2007
ISBN 978-3-936098-33-4

Das Personalwesen hat in den vergangenen Jahrzehnten in der betrieblichen Praxis wesentlich an Bedeutung gewonnen. Personalwirtschaftliche Kenntnisse werden heute in vielen Bereichen vorausgesetzt.

Die vorliegende Lehr- und Übungsbuch zur betrieblichen Personalwirtschaft gibt eine kompakte Darstellung der wichtigsten Grundfragen des Personalwesens.

Nach einer Einführung in die Ziele und Aufgaben und die verhaltenswissenschaftlichen Grundlagen des Personalwesens werden zunächst die Handlungsebenen und die einzelnen Personalfunktionen behandelt: Personalbedarfsplanung, Personalbeschaffung, Personaleinsatz, Personalerhaltung, Personalentwicklung, Freisetzung. Der funktionale Ansatz hebt den inneren Zusammenhang der personalpolitischen Instrumente hervor und fördert eine ganzheitliche Sichtweise des Personalwesens.

Die Darstellung wird unterstützt durch zahlreiche Schaubilder, Übersichten und Beispiele. Am Ende eines jeden Kapitels gibt es Wiederholungsfragen zur Festigung des Wissens.

Ein umfangreicher Übungsteil am Ende des Bandes mit ausführlichen Lösungen dient der weiteren Vertiefung des Stoffes und seiner praktischen Umsetzung.

Das Buch wendet sich an Studierende an Hochschulen und Akademien, deren Lehrpläne und Prüfungsordnungen das Personalwesen einschließen, ebenso an Praktiker aus allen Berufssparten, die mit personalwirtschaftlichen Fragen konfrontiert sind, sowie an angehende Arbeitsvermittler und Berufsberater.

Roland Dincher; Hans-Jörg Ehreiser; Heinrich Müller-Godeffroy:
Einführung in das betriebliche Rechnungswesen,
Lehr- und Übungsbuch, 226 S.,
3. Aufl., 2008
ISBN 978-3-936098-34-1

Die vorliegende Einführung in das betriebliche Rechnungswesen ist als Lehr- und Übungsbuch konzipiert, das einen Überblick über die wichtigsten Teilbereiche des Rechnungswesen gibt: die Buchführung, den Jahresabschluss und die Kostenrechnung. Die Ausführungen sind verständlich und übersichtlich. Zahlreiche Schaubilder strukturieren den Stoff und unterstützen das Lernen.

Die Ausführungen im Text werden durch viele praktische Beispiele erläutert, die das Verständnis fördern und den Transfer in die Praxis erleichtern sollen.

Am Ende eines jeden Kapitels wird der Stoff anhand von Wiederholungsfragen repetiert. Die Wiederholung des Stoffes festigt das Wissen und gibt eine Rückmeldung über den erreichten Lernerfolg.

Ganz besonderer Wert wurde darauf gelegt, den Nutzern dieses Bandes umfangreiche Übungsmöglichkeiten zu bieten. Kapitel 7 umfasst zahlreiche kleine und große Übungsaufgaben, zu denen jeweils ausführliche Lösungshinweise gegeben werden. Die Bearbeitung der Übungsaufgaben bewirkt nicht nur eine Festigung und Vertiefung des Wissens, sie wird oft auch als eine willkommene Abwechslung beim Lernen empfunden.

Das Buch richtet sich in erster Linie an Studierende an Hochschulen und an Auszubildende, deren Lehrpläne das betriebliche Rechnungswesen beinhalten. Es eignet sich darüber hinaus vor allem für Praktiker ohne betriebswirtschaftliche Vorbildung, die sich in das betriebliche Rechnungswesen einarbeiten oder sich darin weiterbilden möchten, insbesondere auch für Mitarbeiter der öffentlichen Verwaltungen.

Roland Dincher; Heinrich Müller-Godeffroy; Anton Wengert:
Einführung in das Dienstleistungsmarketing,
Lehr- und Übungsbuch, 192 S., 2004
ISBN 3-936098-05-0

Die öffentlichen Verwaltungen befinden sich in einem Modernisierungsprozess ohnegleichen. Ein Paradigmenwechsel hat stattgefunden. Die überkommene Verwaltungskultur wird zunehmend abgelöst von einer am Unternehmensleitbild orientierten Managementkultur. Deren Philosophie ist die Orientierung an Erfolgszielen, die vom Markt her definiert werden. Damit ist das Marketing in das Zentrum der modernen Verwaltungsführung gerückt. Die Denkweisen des Marketings, dessen Terminologie und Methodik prägen immer mehr die Kultur und die Arbeitsweisen der Verwaltungen.

Das vorliegende Lehr- und Übungsbuch gibt eine kompakte Darstellung des Marketings. Auf dieser allgemeinen Marketinggrundlage werden die Besonderheiten des Dienstleistungsmarketings herausgearbeitet. So wird ein Einstieg in die Materie ermöglicht, ohne dass bereits Marketingkenntnisse vorausgesetzt werden müssten.

Die Darstellung wird unterstützt durch zahlreiche Schaubilder, Übersichten und Beispiele. Am Ende eines jeden Kapitels gibt es Wiederholungsfragen zur Festigung des Wissens.

Ein umfangreicher Übungsteil am Ende des Bandes mit ausführlichen Lösungen dient der weiteren Vertiefung des Stoffes.

Das Buch wendet sich vor allem an Studierende der Verwaltungsfachhochschulen und sonstigen Bildungseinrichtungen der öffentlichen Verwaltungen sowie an Mitarbeiter auf allen Ebenen und Funktionen der Verwaltung, die sich ein solides Marketing-Grundwissen aneignen wollen.

Roland Dincher:
Personalmarketing und Personalbeschaffung.
Einführung und Fallstudie zur Anforderungsanalyse und
Personalakquisition, 104 S.,
2. Aufl., 2007
ISBN 978-3-936098-26-6

Die Beschaffung von Personal ist eines der wesentlichen Arbeitsfelder des betrieblichen Personalwesens. Die wachsende Bedeutung des Themas in der Praxis beweist die Tatsache, dass in den letzten Jahren eine ganze Dienstleistungsbranche entstanden ist, die den Betrieben ihre Unterstützung bei der Personalbeschaffung anbietet. Es handelt sich vor allem um Personalberater und Personalvermittler, Arbeitsvermittler, Arbeitsberater und Arbeitnehmerüberlasser.

Das erste Kapitel gibt eine Einführung in die Personalbeschaffung aus der Perspektive des Personalmarketings. Es bildet die theoretische Grundlage für die Bearbeitung der nachfolgenden Fallstudie.

Die Fallstudie (Kap. 2) wird aus der Sichtweise eines Vermittlers dargestellt, der für einen Betrieb einen Einkäufer sucht. Sie beginnt mit der Kontaktaufnahme und den Vorbereitungen für einen Betriebsbesuch, thematisiert ausführlich die Anforderungsanalyse, und gelangt schließlich zur Personalwerbung mittels einer Stellenanzeige. Durch eine ausführliche Materialsammlung wird eine realitätsnahe Fallgestaltung angestrebt.

Im dritten Kapitel werden ausführliche Bearbeitungs- und Lösungshinweise gegeben, die es erlauben, die Fallstudie auch ohne persönliche Anleitung sinnvoll und nutzbringend zu bearbeiten.
Das Buch richtet sich vor allem an Studierende, die sich auf eine Aufgabe im Personalwesen oder in der Personaldienstleistung - Personalberatung, Personalvermittlung, Arbeitsberatung, Arbeitsvermittlung, Fallmanagement - vorbereiten, ebenso an Praktiker, die sich in die Aufgaben der Personalbeschaffung einarbeiten wollen.

Forschungsstelle für Betriebsführung und
Personalmanagement e.V.

Schriftenreihe

Band 1
Roland Dincher:
Die Arbeitsverwaltung als Personaldienstleister.
Ergebnisse und Analysen zum Dienstleistungsmarketing der
Arbeitsverwaltung, 218 S., 2001,
ISBN 3-936098-01-8

Band 2
Claudia Prusik:
Implizite außerfachliche Auswahlkriterien von Betrieben bei der Einstellung
von Auszubildenden, 94 S., Diplomarbeit, 2003
ISBN 3-936098-02-6

Band 3
Roland Dincher:
Personalwirtschaft,
Lehr- und Übungsbuch, 317 S., 3. Aufl., 2007
ISBN 978-3-936098-33-4

Band 4
Roland Dincher; Hans-Jörg Ehreiser; Heinrich Müller-Godeffroy:
Einführung in das betriebliche Rechnungswesen,
Lehr- und Übungsbuch, 226 S., 3. Aufl., 2008
ISBN 978-3-936098-34-1

Band 5

Roland Dincher; Heinrich Müller-Godeffroy; Anton Wengert:
Einführung in das Dienstleistungsmarketing,
Lehr- und Übungsbuch, 192 S., 2004
ISBN 3-936098-05-0

Band 6

Roland Dincher:
Personalmarketing und Personalbeschaffung.
Einführung und Fallstudie zur Anforderungsanalyse und Personalakquisition,
104 S., 2. Aufl., 2007
ISBN 978-3-936098-26-6

Band 7

Roland Dincher; Heinrich Müller-Godeffroy; Michael, Scharpf;
Tino Schuppan:
Einführung in die Betriebswirtschaftslehre für die Verwaltung,
Lehr- und Übungsbuch, 327 S., 3. Aufl., 2010
ISBN 978-3-936098-37-2